供排水系统防雷技术

吴春富 黄 剑 杨悦新 编著

中国建筑工业出版社

前　言

　　雷电作为自然界中一种特殊的气象现象，危及人类生命安全及毁坏生存环境，是联合国公布的最严重的十种自然灾害之一。随着电子信息设备的普及，雷电危害的范围已从电力、建筑等传统领域扩展到几乎所有行业。因此，如何采取防护措施、减少雷电给人类带来的损害变得越来越重要。

　　供排水系统属于水务行业，承担着城市的供水生产及输配、污水收集处理及排放、防洪排涝等任务，其安全可靠运行涉及千家万户的日常生活以及整个城市的正常秩序。供排水系统包括净水厂、污水处理厂、原水泵站、排水泵站、供水加压泵站及输水管网等设施，这其中包含各类建（构）筑物及大量的电气、电子设备和各种线缆、管道，占地面积大，线路长而暴露，并通常处于空旷而潮湿的环境，具有雷击选择性特征，易发生雷击损害事故。同时，作为城市基础设施的供排水系统往往采用分期建设、分期运行模式，建设年代可能相隔数年甚至数十年，其工程设计及施工所依标准的变更、建设年代久远等因素可能导致防雷及接地保护系统存在差异、混乱或者缺失。实际运行中也发现，供排水系统设备因雷击损坏停运的情况较为多发，雷击对供排水系统的正常运行及从业人员人身安全构成一定威胁。

　　防雷技术属于电子类学科的雷电防护专业，与气象学科关系密切。本书秉承行业细分模式，探讨水务行业内雷电防护的相关问题，力求内容全面、具体、有针对性和可操作性。为供排水系统的防雷设计、施工、工程验收提供技术参考，为供排水企业防雷设施的运行维护、安全管理，以及为防雷工程立项整改提供参考依据。

　　本书立足于现行国家防雷标准，以深圳市水务集团内部规范：《供排水系统防雷技术规范（暂行）》（Q/SZWG 0001—2010 主审 张金松）为基础资料编写。

　　第 1 章～第 3 章为基础知识和行业背景介绍，包括雷电防护基本知识、防雷保护装置和供排水行业概述。

　　第 4 章为供排水系统防雷设计，包括设计前期资料收集、设计文件组成、建筑物防雷和设备防雷。

　　第 5 章介绍了供排水系统设施防雷保护，包括供配电系统防雷保护、高压直配电机防雷保护、自动化系统防雷保护、自动化仪表防雷保护、消毒系统防雷保护。

　　第 6 章为供排水系统防雷工程实践相关内容，包括防雷工程预算、防雷工程招标投标、防雷工程施工、防雷工程验收、防雷装置维护管理、防雷工程实例。

　　第 7 章为防雷企业与防雷产品介绍，包括防雷企业的分类、雷电定位和预警监测设备、雷电防护产品的沿革与实例。

　　第 8 章介绍了防雷行政许可与技术服务内容，包括防雷法律法规体系层级、防雷行政许可与技术服务的业务流程和要求。

　　附录为国内现行防雷法规，包括《防雷减灾管理办法》、《防雷装置设计审核和竣工验收规定》、《防雷工程专业资质管理办法》。

　　需要说明的是，本书从不同角度（如设计、施工）介绍供排水系统防雷技术，为保持阅读的连续性，部分相同或相似图表均在相应章节示出。

　　限于时间和水平，疏漏和错误在所难免，敬请读者批评指正并提出宝贵意见。

编　者

2013 年 7 月

目　　录

第 1 章　雷电防护基本知识

1.1　雷电成因

1.1.1　雷电

雷电是自然界中一种特殊的气象现象，发生时产生强烈的声、光、电，其能量足以威胁到人畜的生命安全，给人们的生产、生活设施造成损害。但是，雷电并非一无是处，雷电造成的合成有机化合物，可能在地球生命起源中起到一定作用，雷电产生的臭氧对自然界细菌生成有一定抑制作用，雷电还可能在某种程度上杀死生物害虫，有利于植物和庄稼的生长。人们通过在密室中模拟地球原始大气进行放电实验，结果由无机物合成了 11 种氨基酸，这些物质，正是构成生命的基础。因此，一些生命起源学说认为：是雷电孕育了地球上的生命，正是因为有了雷电，才有了今天地球上的文明。可以说，雷电与人类有着非常密切的关系。

雷电具有巨大的瞬时功率，一个中等强度的雷暴功率可达数万千瓦，相当于一座小型核电站的输出功率。雷击放电时释放出大量热能，瞬间能使空气温度升高 1 万～2 万摄氏度，空气的压强可达 70 个大气压。雷击放电时的电流高达数十万安培，电压高达数百万伏特。雷击放电时间极短，一般约 50～100 微秒。这样大的能量瞬时爆发，使闪电通道中温度骤增，使空气急剧膨胀，从而产生冲击波。瞬间爆发时产生极强的破坏力，导致发生火灾、爆炸和人畜伤害事故，同时产生的强磁场也会使周围的物体遭到侵害。雷电现象见图 1-1。

图 1-1　雷电现象

1.1.2　雷电的形成

雷电一般产生于积雨云，积雨云在形成过程中，某些云团带正电荷，某些云团带负电荷。由于它们对大地的静电感应作用，使地面或建（构）筑物表面产生异性电荷，当电荷积聚到一定程度时，不同电荷云团之间或云与大地之间的电场强度可以击穿空气，开始游离放电，我们称之为"先导放电"。云对地的先导放电是云向地面跳跃式逐渐发展的，当到达地面时（地面上的建筑物，架空输电线等），便会产生由地面向云团的逆导主放电，称之为"迎面先导"。在主放电阶段里，由于异性电荷的剧烈中和，会出现很大的雷电流，并随之发生强烈的闪电和巨响，这就是雷电。但是即使科技发展到了今天，关于雷电仍然有许多现象无法解释，人类仍然未能完全了解雷电的成因和机理。

雷击放电有的是在云层与云层之间进行，有的是在云层与大地之间进行。按照闪电通道是否触及地面，把闪电分为云闪和云地闪两类。按照发生的空间位置的不同，云闪又可分为云内闪电、云际闪电和云空闪电，云闪占闪电总数的绝大部分。云地闪放电也就是落地雷，它对建筑物、电气及信息设备、人畜有很大的危害。在一些文献和本书中，用来描述云闪或者云地闪的几个术语"雷电"、"闪电"、"雷击放电"等，可以互换使用。

雷电放电过程示意，见图1-2，雷电放电种类见图1-3。

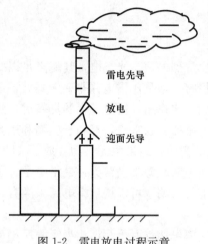

图1-2 雷电放电过程示意

图1-3 雷电放电种类

1.2 雷电危害

雷电在造福人类（有关生命起源、杀菌和有利植物生长等）的同时，更多的是危害人类生命及毁坏生存环境。雷电危害范围很广，几乎涉及人类生产、生活的各个方面，是联合国公布的最严重的十种自然灾害之一。

1.2.1 雷电的分类

1. 直击雷

直击雷是指雷电直接击在建筑物或动植物上，造成建筑物损坏或人员伤亡的一种危害，若无防护措施，将直接造成损害。而对已经安装了防直击雷避雷设施的建筑物而言，雷电流大部分会通过接闪器（避雷针、带、网、线）、引下线及接地装置构成的电气通路泄入大地。雷电直接击中建筑物时，雷电约50%的能量将会从防直击雷避雷设施泄放到大地，接近40%的能量进入建筑物的供电系统，5%左右的能量进入建筑物的通信网络线缆，其余的雷击能量进入建筑物的其他金属管道、缆线。能量进入的比例会随着建筑物内的布线状况和管线结构而有所不同，这些进入的能量将对各种设施构成威胁。

2. 雷击电磁脉冲

雷击放电时，在附近导体上产生的静电感应和电磁感应等现象称之为感应雷击。以往把直击雷之外的危害称为感应雷或雷电二次效应,但这种说法不够确切,近年国际上逐渐用雷击电磁脉冲(LEMP)取而代之。雷击电磁脉冲的概念比感应雷包含更广,可以说包括了除直击雷以外的所有雷击危害。某一地区发生雷击时,其周围 1.5km 内均为电磁脉冲有效影响范围,在此范围所有导体上均可能产生足够强度的感应浪涌。因此分布于建筑物内外的各种电力、信息线路将会因感应雷电而导致设备、线路损坏。雷击电磁脉冲的入侵途径包括:

(1) 避雷针接闪时产生的二次感应雷击效应,将雷电流感应到各种线路上。

(2) 通过电源线、信号线或天线引入感应雷击,通过电感性耦合(磁感应)耦合到各类传输线而破坏设备。

(3) 地电位反击引入感应雷击通过阻性耦合方式经数据线破坏设备;通过阻性耦合方式产生高达 6000V 冲击电压经中性线及地线破坏电子设备。

感应雷虽然没有直击雷猛烈,但其发生的几率比直击雷高得多。直击雷只发生在雷云对地闪击时才会对地面造成灾害,而感应雷则不论云地闪击或者云间闪击,都可能发生并造成灾害。此外直击雷一般一次只能袭击一个小范围的目标,而一次雷闪击可以在较大范围内的多个小局部同时产生感应雷过电压现象,并且这种感应高电压可以通过电力线、通信线等线路传输到很远,使雷害范围扩大。

3. 球形雷

球形雷是一种特殊的雷电现象,也称球雷。球形雷是橙或红色,或似红色火焰的发光球体(也有带黄色、绿色、蓝色或紫色的),直径约为 10~20cm,最大的直径可达 1m,存在的时间大约为百分之几秒至几分钟,一般是 3~5s。其下降时有的无声,有的发出嘶嘶声,一旦遇到物体或电气设备会产生燃烧或爆炸。球形雷主要是沿建筑物的孔洞或开着的门窗像火球一样侵入室内,也有的由烟囱或通气管道滚进楼房,多数沿带电体消失,消失时发出巨响,能量足以破坏普通的建筑物。由于爆炸时空气发生了化学反应,生成臭氧和一氧化氮,故球形闪电消失后有一股难闻的味道。球形雷是自然界可怕的现象之一,现有的理论尚不能完全解释球形闪电之谜,球形闪电可能是一系列作用过程的结果。球形雷见图 1-4。

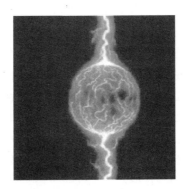

图 1-4　球形雷

4. 雷电侵入波

雷电侵入波是指雷击在架空线路、金属管道上会产生冲击电压,使雷电波沿线路和管道迅速传播,若侵入建筑内可造成配电装置和电气线路绝缘层击穿产生短路或使建筑物内的易燃可燃物品燃烧或爆炸。据有关资料介绍，雷电侵入波造成的事故在雷电事故总数中占有较大的比重。

1.2.2   雷电的危害

雷电的危害主要包括直击雷危害和雷击电磁脉冲危害，雷电危害的破坏作用主要是通过其产生的电效应、热效应、机械效应、电磁场效应等方式形成。雷电危害的方式见图 1-5。

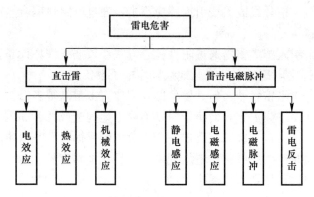

图 1-5   雷电危害的方式

1. 电效应

在雷电放电时，能产生高达数万伏甚至数百万伏的冲击电压，过电压会击穿发电机、电动机、电力变压器、电缆等电气设备的绝缘，使高压窜入低压，造成设备损坏或发生触电事故，甚至发生火灾和爆炸。在雷雨天，室内电气设备突然爆炸起火或损坏，人在屋内使用电器或打电话时突然遭电击身亡等都可能属于雷击电效应导致的事故。

另一方面雷电流通过导体产生电磁力，由电磁学可知，载流导体周围的空间存在着磁场，在磁场中的载流导体会产生电磁力，因此，在载流导体通过巨大的雷电流时产生的电磁力的作用下，载流导体有可能会变形，甚至发生折断。

2. 热效应

当强大的雷电流通过被雷击的物体时，在极短的时间内将产生大量的热能，雷击点的发热量达数百焦耳，温度可达 1 万～2 万摄氏度，这一能量可瞬间熔化钢筋等物体。雷击在易燃物上容易引起火灾，同时雷电产生的热能还将导致物体内部的水分蒸发为气体，气体膨胀使被雷击物体内部出现强大压力，造成设施破坏或发生爆炸。

3. 机械效应

在发生雷击时，雷电的机械效应表现为两种形式，即电效应产生的电磁力及热效应产生的物体内部压力。

4. 静电感应

当金属物处于雷云和大地电场中时，由于静电感应的作用会感生出大量的电荷。当雷击放电后，雷云与大地间的异种电荷迅速中和，但金属物上感应积聚的电荷却来不及立即消散，这样就会产生高达几万伏的感应电压，称为静电感应电压。静电感应电压可以击穿数十厘米的空气间隙，发生火花放电，对信息系统和电气设备均能造成破坏，甚至造成人员伤亡，若发生在易燃易爆场所还可能发生火灾和爆炸。静电感应属于雷电的间接破坏作用，具有更大的危害范围。

5. 电磁感应

雷电产生的高电压和大电流，使它周围的空间里产生强大的交变电磁场，电磁场中的导体会感应出较大的电动势，并且还会在构成闭合回路的金属物体上产生感应电流，这时如回路上有的地方接触电阻过大，就会局部发热或发生火花放电。若发热或发生火花放电发生在易燃易爆场所，就可能发生火灾和爆炸。雷电的电磁感应与静电感应也称为感应雷或二次雷，电磁感应与静电感应一样属于雷电的间接破坏作用，具有更大的危害范围。

6. 电磁脉冲

电磁脉冲的定义为：与雷电放电时的电磁辐射所产生的电场和磁场能够耦合到电气和电子系统中，产生暂态过电压和过电流。暂态过电压会对信息系统、电器设备以及接触这些设备的人造成危害。暂态过电流经接地体流入大地，在周围地面产生的电位差（跨步电压），也对人身安全造成威胁。

7. 雷电反击

雷电反击是指接受直击雷的金属体（包括接闪器、接地引下线和接地体），在接闪瞬间与大地间存在很大的电压，进而对与大地连接的其他金属物品发生闪击的现象。此外，当雷击到树等物体时，树上的高电压与它附近的房屋、金属物品之间也会发生闪击。当防雷装置接受雷击时，在接闪器、引下线和接地体上都具有很高的电压，如果防雷装置与建筑物内外的电气设备、电气线路或其他金属管道的相隔距离很近，它们之间就会产生放电，可能引起电气设备绝缘破坏、金属管道烧穿等后果。

雷电反击还包括地电位反击，如果雷电直接击中具有避雷装置的建筑物或设施，接地网的地电位会在数微秒之内被抬高数万或数十万伏。雷电流将从各种装置的接地部分，流向供电系统或各种弱电信号系统，或者击穿大地绝缘而流向另一设施的供电系统或弱电信号系统，从而破坏或损害电子电气设备。同时，在未实行等电位连接的导线回路中，可能存在诱发高电位而产生火花放电的危险。

1.2.3　电子信息时代雷电危害的特点

随着科学技术的发展，人类社会的生产、生活状况得到了很大改变，电子技术的应用已经渗透到生产和生活的各个领域。电子器件极端灵敏，这一特点很容易受到雷击电磁脉冲（LEMP）无孔不入的的作用，造成电子设备失控或者损坏。在这个改变中，雷电本身并没有变，是人类生活方式的改变使雷灾的主要对象集中在了电子器件上。为此，当今时代的防雷工作的重要性、迫切性、复杂性大大增加了，雷电的防御已从直击雷、感应雷防护演变到除了对直击雷进行防护外，重点是对雷击电磁脉冲（LEMP）的防护，雷电危害呈现出以下特点：

（1）受灾面大大扩大：从电力、建筑等传统领域扩展到几乎所有行业。

（2）空间范围扩大：从闪电直击和过电压波沿线路传输，变为空间闪电的脉冲电磁场从三维空间入侵到任何角落。一次闪电可能造成附近设施同时受到雷灾。

（3）雷灾的经济损失和危害程度大大增加：它袭击的对象本身的直接经济损失有时并不太大，但由此产生的间接经济损失和影响可能会难以预料。

配电柜遭受雷击见图1-6。

图1-6 配电柜遭受雷击

1.3 雷电特性

雷电具有高电流、高电压、变化快、放电时间短、辐射强等特征。实践证明雷电活动具有一定规律，分析、掌握雷电的特性，对如何进行科学雷电防护具有重要的现实意义。

1.3.1 雷击及雷电流

统计资料表明，每次雷击闪电电流大小和波形有很大差别，尤其是不同种类放电差别更大。雷电流在流通过程中是变化的，其在几个微秒内达到最大值，数十至数百千安，然后在几十微秒内衰减。雷电流大小和波形与许多因素有关，其中主要的有地理位置、地质条件、季节和气象条件。由于气象情况有很大的随机性，因此研究雷电流大多数采用大量观测记录，用统计的方法寻找出它的概率分布的方法。雷电破坏作用与峰值电流及其波形有最密切的关系。

由典型的雷云电荷分布可知，雷云下部带负电荷，而上部带正电荷。根据云层带电极性来定义雷电流的极性时，云层带正电荷对地放电称为正闪电，而云层带负电荷对地放电称为负闪电。正闪电时正电荷由云到地，为正值，负闪电时负电荷由云到地，故为负值。一次雷击大多数分成3~4次放电，一般是第一次放电的电流最大，正闪电的电流比负闪电的电流大。

云地间放电形成的先导是从云层内的电荷中心伸向地面，这叫做向下先导。其最大电场强度出现在云体的下边缘或地上高耸的物体顶端。雷电先导也可能是从接地体向云层推进的向上先导。只沿着先导方向发生电荷中和的闪电叫无回击闪电，可以分成四类，如图1-7（a）所示。当发生先导放电之后还出现逆先导方向放电的现象，称为有回击闪电，可以分成四类，如图1-7（b）所示。

1.3.2 闪电的电荷量

雷云是否会向大地发生闪击，由几个基本因素决定，其一是云层带电荷多少，其二是云地间的电场强度，或者说把云层与大地之间形成的电容模拟为平板电容时，它对大地的电容是多少。当然这个模拟电容两极之间的电压就是由电容和带电量决定的。当这个模拟电容内的电位梯度达到闪击值时就会发生闪击。当闪击一旦发生，云地之间即发生急剧的电荷中和。

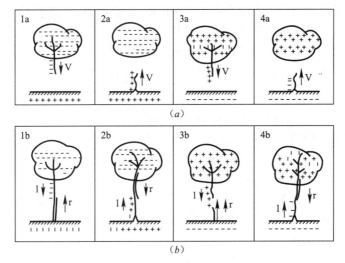

图 1-7 八类闪电（根据先导和回击的方向）
V——先导；r——回击；l——发展方向

闪电电荷量是指一次闪电中正电荷与负电荷中和的数量。这个数量直接反映一次闪电放出的能量，也就是一次闪电的破坏力。闪电电荷的多少是由雷云带电荷情况决定的，与地理条件和气象情况有关，也存在很大的随机性。大量观测数据表明，一次闪电放电电荷可从零点几库仑到 1000 多库仑。在一次雷击中，在同一地区它们的数量分布符合概率的正态分布，第一次闪击的放电量在 10 多库仑者居多。这些电荷在微秒的时间内瞬时放电，所以，云层对大地之间的电压高达几百万到几千万伏。

雷电之所以破坏性很强，主要是因为它把雷云蕴藏的能量在短短的几十微秒放出来，从瞬间功率来讲，它是巨大的。但据有关资料计算，每次闪击发出的总能量并不大，只相当燃烧几千克石油所放出的能量。

1.3.3　雷电过电压及分类

雷电过电压又称大气过电压或外部过电压，它是由于设备或构筑物遭受来自大气中的雷击或闪电感应而引起的过电压。这种过电压通常为单极性，持续时间约为几十微秒，实际波形有很大分散性，具有脉冲的特性，故也称为雷电冲击波或闪电电涌。雷电流是产生过电压的根源，雷电电磁场则是产生感应过电压的根源。雷电过电压主要包括直击雷过电压、感应雷过电压、侵入雷电波过电压及雷电流引起的过电压。雷电过电压幅值与系统标称电压无关，因此对中、低压系统绝缘危害最大，对高压系统绝缘也有较大的危害。雷电冲击波，其电压和电流幅值远远超过了设备系统正常工作的电压电流范围，必须采取有效措施加以防护。

1. 直击雷过电压

直接雷击过电压是指雷云直接对电器设备或电力线路放电，雷电流流过这些设备或线路时，在雷电流流通路径的阻抗（包括接地电阻）上产生冲击电压，引起过电压。这种过电压称为直接雷击过电压。

2. 感应雷过电压

感应雷过电压是指在设备或架空电力线路的附近发生闪电，虽然雷电没有直接击中设备或线路，但在设备或线路上会感应出大量的和雷云极性相反的束缚电荷，形成雷电过电压。在雷电放电的初始阶段，由于雷电中积聚大量的电荷，在静电感应的作用下，在设备或线路上积聚大量的异性束缚电荷。当雷云向附近的物体放电时，雷电中的电荷向大地快速释放而迅速流入地中，设备或线路上的感应电荷不受束缚而迅速流动，电荷的迅速流动产生感应雷过电压。感应雷过电压可达几万至几十万伏。

3. 侵入雷电波过电压

雷电波侵入（闪电电涌侵入）是指当电力线路受到直接雷击或感应雷击时，在电力线路上将产生的雷电冲击波沿导线向两侧传播。雷电冲击波沿电力线路传播到变电所或建筑物，可能会破坏电气设备绝缘，甚至引发火灾、爆炸、人身事故等，应采取措施进行防护。雷电波侵入引起的过电压一般采用避雷器或电涌保护器进行防护。

4. 雷电流引起过电压

雷电流引起的过电压通常是指雷电流引起的高电压反击。当雷击防雷装置时，雷电流沿接地引下线入地，在防雷装置上产生高电位。若避雷针与被保护物之间的空中距离 S_a 或它们的接地体在土壤中的距离 S_e 不能承受此高电位时，就会造成 S_a 或 S_e 间隙击穿或闪络，这种现象称为反击。为了防止反击的发生，避雷针必须与被保护物之间保持一定的安全距离。

1.3.4   雷电波的频谱

虽然各种雷电波总体的轮廓相似，但是每一次雷电闪击的电流、电压波形仍然存在很大的随机性。雷电波频谱是研究避雷的重要依据，从雷电波频谱结构可以获悉雷电波电压、电流的能量在各频段的分布。根据这些数据可以估算被保护系统在其频带范围内雷电冲击波的幅度和数值，进而确定防雷措施。另一方面，可以根据它的频谱特性来选择合适的传输线。根据雷电的标准波形，由计算可知，从 0～30MHz 的电流峰值明显较大，并且峰值大致相同；30MHz 以上的电流峰值明显下降，频率越高，电流峰值越低。雷电能量的大约 90% 以上分布在低频率范围，并随频率升高而递减。在波尾相同时，波前越陡高次谐波越丰富；在波前相同的情况下，波尾越长，低频部分越丰富。实践中，可以根据频谱分析结果设计防雷方案，以期用最小的投资，达到足够安全的效果。雷电流的脉冲波形，主要由三个参数来表征：幅值、波头和波长。雷电流波形示意见图1-8。

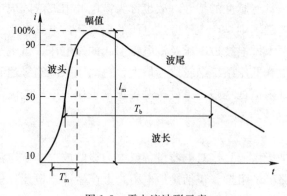

图 1-8   雷电流波形示意

1.4 雷电活动参数

雷电活动的频繁程度因地区而异。雷电日、雷电小时和地面落雷密度是描述雷电活动的三个基本参数，另外也有科学家认为应该用雷闪频数来表征雷电活动的强弱。这些参数在防雷设计中占有十分重要的地位。通过长期的雷电观测，我国目前已逐步累积起关于这些基本参数的统计数据和经验公式，并已编入有关的设计规范。

1.4.1 雷电日

不同地区雷电活动的频繁程度通常以年平均雷电日数来度量，雷电日的天数越多，表示该地区雷电活动越强，反之则越弱。雷电日的定义是：在指定地区内一年四季所有发生雷电放电的天数，以 T_d 表示。一天内只要听到一次或一次以上的雷声就算是一个雷电日。这里所说的雷声既包括雷云对地放电发出的，也包括雷云之间放电发出的。由此可知，雷电日并不仅仅表征地面落雷的频繁程度。由于在不同年份中观测到的雷电日数变化较大，所以要将多年份雷电日观测数据进行平均，取其平均值（即年平均值）作为防雷设计中使用的雷电日数据。

雷电活动从季节来讲以夏季最活跃，冬季最少；从地区分布来讲是赤道附近最活跃，随纬度升高而减少，极地最少。由于我国幅员辽阔，各地区的雷电日数之间存在着较大的差异。我国平均雷电日的分布，大致可以划分为四个区域：西北地区一般在 15 日以下，长江以北大部分地区（包括东北）平均雷电日在 15 日以下，长江以南地区平均雷电日达 40 日以上，北纬 23°以南地区平均雷电日达 80 日。海南省和广东的雷州半岛是我国雷电活动最为频繁的地区，它们的年平均雷电日高达 100~133。根据雷电活动的频繁程度，通常把我国年平均雷电日数超过 90 的地区叫做强雷区，把超过 40 的地区叫做多雷区，把超过 25 的地区叫做中雷区，把不足 25 的地区叫做少雷区。

全国部分城市的年平均雷电日见表 1-1 所示。

全国部分城市的年平均雷电日　　　　表 1-1

地　名	雷暴日数（d/a）	地　名	雷暴日数（d/a）
北京	35.2	长沙	47.6
天津	28.4	广州	73.1
上海	23.7	南宁	78.1
重庆	38.5	海口	93.8
石家庄	30.2	成都	32.5
太原	32.5	贵阳	49.0
呼和浩特	34.3	昆明	61.8
沈阳	25.9	拉萨	70.4
长春	33.9	兰州	21.1
哈尔滨	33.4	西安	13.7
南京	29.3	西宁	29.6
杭州	34.0	银川	16.5

地 名	雷暴日数（d/a）	地 名	雷暴日数（d/a）
合肥	25.8	乌鲁木齐	5.9
福州	49.3	大连	20.3
南昌	53.5	青岛	19.6
济南	24.2	宁波	33.1
郑州	20.6	厦门	36.5
武汉	29.7		

1.4.2　雷电小时

为了区别不同地区每个雷电日内雷电活动持续时间的差别，有时需要用雷电小时数来作为雷电活动频繁程度的计量单位。雷电小时的定义是：在一个小时内，只要听到一次或一次以上雷声就算是一个雷电小时。我国大部分地区的一个雷电日约有 3 个雷电小时，在西北一些少雷地区，一个雷电日略少于 2 个雷电小时，而像广东等强雷地区，一个雷电日甚至可达 4 个雷电小时以上。

1.4.3　地面落雷密度

雷电日和雷电小时的统计均未区分雷云之间放电和雷云对地放电，从大量的观察结果来看，雷云之间放电远多于雷云对地放电。雷云对地放电的频繁程度称为地面落雷密度，是指每个雷暴日每平方公里地面上的平均落雷次数，用 γ 来表示。在一定区域内，如果雷电日数越多，则雷云对地放电的比例也就越大，也就是地面落雷密度越大。雷云之间放电与雷云对地放电之比在温带约为 $1.5 \sim 3$，在热带约为 $3 \sim 6$。对于建筑物防雷设计来说，更具有实际意义的是雷云对地放电的地面落雷密度，但目前还缺乏这方面可靠的观察统计数据。

1.4.4　雷闪频数

人们耳朵能听到的雷声，一般距离只能在 15km 左右，更远的雷声一般就听不到了，所以雷电日只能反映局部地区雷电活动的情况。一些科学家认为用雷电日表征一个地区雷电活动不够准确，因为一天当中听到一次雷声就算一个雷电日，听到 1000 次雷声也算一个雷电日。他们认为应以测试地区 1000 平方公里范围内发生的闪击次数来统计，这样就得出一种新的评价雷电活动的方法，叫雷闪频数。也就是说雷闪频数是 1000 平方公里内一年共发生的闪击数（也可以用每 1 平方公里一年内的闪击次数为单位）。显然，以 1000 平方公里作为一个地区单位来评价雷电活动的情况，对航空、航海、气象、通信等现代技术更为适合。雷闪频数的测试方法只能借助于仪器，用耳朵来听是无能为力的。

1.5　雷击选择性

年平均雷电日这一数字只能给人们提供概略的情况。事实上，即使在同一地区内，雷电活动也有所不同，有些局部地区，雷击要比邻近地区多得多。如广州的沙河、北京的十三陵等地，我们称这些地方为雷击区，把同一区域内雷击分布不均匀的现象称为雷击选择性。

雷击区与地质结构有关，科学家采用模拟试验的方法已经证明：如果地面土壤电阻率的分布不均匀，则在电阻率较小的地区，雷击的几率较大。这是因为在雷电先驱放电阶段中，地中的电导电流主要是沿着电阻率较小的路径流通，使地面电阻率较小的区域被感应而积累了大量与雷云相反的异性电荷，雷电自然就朝这些地区发展。所以，土壤中有金属矿床的地区、河岸、地下水出口处、山坡与稻田接壤的地上，以及具有不同电阻率土壤的交界地段容易遭受雷击。湖沼、低洼地区和地下水位高的地方也容易遭受雷击。

此外，地面上的设施情况也是影响雷击选择性的重要因素。当放电通道发展到离地面不远的空中时，电场受地面物体影响而发生畸变。如果地面上有较高的尖顶建筑物，由于这些建筑物的尖顶具有较大的电场强度，雷电先驱自然会被吸引向这些建筑物，这就是高耸突出的建筑物容易遭受雷击的缘故。在旷野，即使建筑物并不高，但是由于它比较孤立、突出，因此也容易遭受雷击。建筑物的结构、内部设备情况和状态，对雷击选择性都会产生很大的影响。金属结构的建筑物、内部有大型金属体的厂房，或者内部经常潮湿的房屋（如牲畜棚等），由于具有很好的导电性，都比较容易遭受雷击。

浙江某山村每年遭雷击十几次，如图1-9所示。

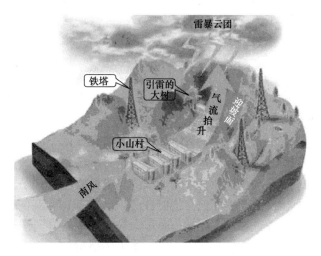

图1-9 浙江某山村每年遭雷击十几次

雷灾事故的历史统计资料和实验研究证明，雷击的地点以及遭受雷击的部位是有一定规律的，掌握雷击选择性的资料，对防雷工作有重要意义。我们可以根据雷击选择性资料决定哪些地区、哪些建筑物应该加避雷装置，哪些地区、哪些建筑物在防雷投资上可以少投入一些或甚至不必花费投资。同一区域容易遭受雷击的地点和部位见表1-2。

易遭受雷击的地点和部位	表 1-2
易遭雷击的地点	1. 土壤电阻率较小的地方，如有金属矿床的地区、河岸、地下水出口处、湖沼、低洼地区和地下水位高的地方； 2. 山坡与稻田接壤处； 3. 具有不同电阻率土壤的交界地段

续表

易遭受雷击的建（构）筑物	1. 高耸突出的建筑物，如水塔、电视塔、高楼等； 2. 排出导电尘埃、废气热气柱的厂房、管道等； 3. 内部有大量金属设备的厂房； 4. 地下水位高或有金属矿床等地区的建（构）筑物； 5. 孤立、突出在旷野的建（构）筑物
同一建（构）筑物易遭受雷击的部位	1. 平屋面和坡度≤1/10 的屋面、檐角、女儿墙和屋檐； 2. 坡屋度＞1/10 且＜1/2 的屋面、屋角、屋脊、檐角和屋檐； 3. 坡度≥1/2 的屋面、屋角、屋脊和檐角； 4. 建（构）筑物屋面突出部位，如烟囱、管道、广告牌等

1.6 雷电防护的一般方法

人类很早就与雷害进行斗争，在雷电研究的历史上，取得卓越成就的有 18 世纪中叶著名科学家富兰克林、罗蒙诺索夫及黎赫曼等人，他们通过大量实验建立了雷电学说，创立了避雷理论，发明了避雷针。我国古籍中，有关雷电理论和避雷实践的记载也十分丰富，并且在实际中加以应用。这些理论与应用为现代雷电理论和避雷技术的建立、为人类更好的防止雷电灾害起到了重要作用。

1.6.1 防护基础

1. 法拉第笼

在一个有孔或有缝隙的金属结构内，我们可以对雷电引起的电磁场进行比较完善的防护。我们称这个封闭的导体结构为法拉第笼。法拉第笼是以电磁学的奠基人迈克尔·法拉第的姓氏命名的一种用于演示等电势、静电屏蔽和高压带电作业原理的设备。法拉第笼的防护原理是由于金属的静电等势性，可以有效地屏蔽外电场的干扰。法拉第屏罩无论被加上多高的电压内部也不存在电场。而且由于金属的导电性，即使笼子通过很大的电流，内部的物体通过的电流也微乎其微。在面对电磁波时，可以有效地阻止电磁波的进入。由于法拉第屏罩的静电屏蔽原理，在汽车中的人是不会被雷击中的。同样，也是因为法拉第屏罩的原理，有金属外皮的同轴电缆也可以不受干扰地传播讯号。如果电梯内没有中继器的话，那么当电梯关上的时候，里面也收不到任何电子信号。所以，我们可以利用法拉第笼的原理设计防雷保护装置。

法拉第笼的结构示意见图 1-10。

2. 多级屏蔽

屏蔽是利用各种金属屏蔽体来阻挡和衰减加在电子设备上的电磁干扰或过电压能量。具体可分为建筑物屏蔽、设备屏蔽和各种线缆（包括管道）屏蔽。建筑物屏蔽可利用建筑物钢筋、金属构架、金属门窗、地板等均相互连接在一起，形成一个法拉第笼，并与地网进行可靠电气连接，形成初级屏蔽网。

我们已经知道了法拉第笼的屏蔽效果具有避雷作用，但法拉第笼所提供的安全防护概念在实际应用中的价值是有限的。在现实生活中，大多数金属结构都不具有完全屏蔽作用，如水管、电缆线路，以及像金属窗户这样的有孔结构，也就是说还有一定强度的电磁

图 1-10 法拉第笼的结构示意

场传播进了封闭结构。所以，在实际应用中通常需要按国际电工委员会 IEC 划分的雷电防护区（LPZ）施行多级屏蔽来设计雷电保护系统。多级屏蔽的效果首先取决于初级屏蔽网的衰减程度，其次取决于屏蔽层对于电磁波的反射损耗和吸收损耗程度。对入户的金属管道、通信线路和电力线缆要在入户前进行屏蔽（使用屏蔽线缆或穿金属管）并进行接地处理。

多级屏蔽示意如图 1-11 所示。

3. 避雷针

（1）避雷针的发明

现代避雷针是美国科学家富兰克林发明的。富兰克林认为闪电是一种放电现象。为了证明这一点，他在 1752 年 7 月的一个雷雨天，做了著名的风筝实验：将一个系着金属导线的风筝放飞进雷雨云中，在金属线末端拴了一串铜钥匙，当雷电发生时，钥匙上有电火花，手上有麻木感。这个极其危险的试验，也让科学家付出了惨痛代价，1753 年，俄国著名电学家黎赫曼为了验证富兰克林的实验，不幸被雷电击死。富兰克林通过实验进而推断，若能在高物上安置一种尖端装置，闪电也和人工产生的电一样

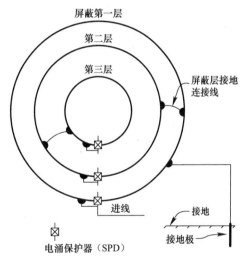

图 1-11 多级屏蔽示意

能被尖端吸收，就可能把雷电引入地下。富兰克林把这种尖端装置称为避雷针。

（2）避雷针的工作原理

在雷雨天气，高楼上空出现带电云层时，避雷针和高楼顶部都被感应上大量与云层相反的电荷，这些电荷大部分会聚集到避雷针的尖端。同时避雷针与这些带电云层间形成的电容器，由于避雷针较尖，电容器的两极板正对面积小，电容量就小，它所能容纳的电荷就少。当云层上电荷达到一定的值后，避雷针与云层之间的空气就很容易被击穿放电。带电云层与避雷针击穿形成的导体通路，通过避雷针的接地系统将云层上的电荷导入大地，这样不停地将建筑物上的电荷中和掉，使之达不到会使建筑物遭到损坏的强烈放电所需要

图 1-12　避雷针与带电云层间放电

的电荷，从而保证了建筑物的安全。避雷针与带电云层间放电见图 1-12。

显然，要使避雷针起作用，必须保证尖端的尖锐和接地通路的良好。一个接地通路损坏的避雷针将会使建筑物更容易遭受雷击。避雷针目前在《建筑物防雷设计规范》GB 50057—2010 中，被称为"接闪杆"。

（3）避雷针的保护范围

避雷针保护范围的计算方法主要有折线法和滚球法。折线法的主要特点是设计直观，计算简便，可节省投资，但不适用于高度大于 20m 的建筑物；滚球法的主要特点是可以计算避雷针或避雷带与网格组合时的保护范围，但计算相对复杂，按此方法计算出的投资成本较大。

折线法即单支避雷针的保护范围是一个以避雷针为轴的折线圆锥体。单支避雷针的保护范围在《交流电气装置的过电压保护和绝缘配合》DL/T 620—1997 标准中有所规定。单支避雷针折线保护圆锥见图 1-13。

滚球法即假设以一定半径 h_r（根据建筑物防护等级的不同，100m、60m、45m、30m 不等）的球体，沿建筑物的外表面滚动，当球体只触及接闪器（包括与大地接触能承受雷击的金属物）和地面，而不触及需要保护的部位时，该部位就得到接闪器的保护。通俗地说，这个球体能够接触到的地方就是雷能够打到的地方，球体接触不到的地方就处于接闪器的保护范围之内。"滚球法"是国际电工委员会（IEC）推荐的接闪器保护范围计算方法之一，在 GB 50057—2010 中把"滚球法"作为计算避雷针保护范围的方法。滚球法示意见图 1-14，滚球法计算的单支避雷针保护范围示意见图 1-15。

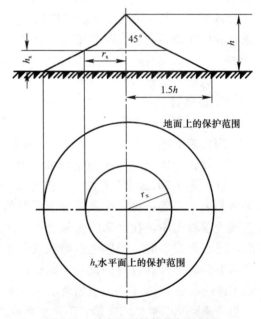

图 1-13　单支避雷针折线保护圆锥

避雷针的保护范围计算在本书第 2.1.1 节有详细介绍。

（4）避雷带和避雷网

当受建筑物造型或施工限制不便直接使用避雷针或避雷线时，可在建筑物上设置避雷带或避雷网来防直接雷击。避雷带和避雷网的工作原理与避雷针和避雷线类似。在许多情况下，采用避雷带或避雷网来保护建筑物既可以收到良好的效果，又能降低工程投资，因此在现代建筑物的防雷设计中避雷带和避雷网得到了十分广泛的应用。避雷带、避雷网和避雷针在《建筑物防雷设计规范》GB 50057—2010 中，被通称为"接闪器"。

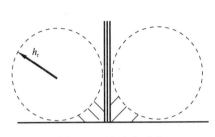

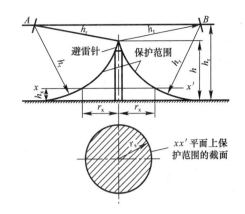

图 1-14　滚球法示意　　　　　图 1-15　滚球法计算的单支避雷针保护范围示意

4. 电涌保护器与避雷器

雷电产生的高电压、大电流若进入电气、电子设备，将导致发生如击穿绝缘等情况而损坏，因此，设法阻止高电压、大电流进入设备或将其限制在一定水平以下便成了防护手段。电涌保护器（Surge Protective Device，简称 SPD），即是设计用来限制瞬态过电压及泄放相应的瞬态过电流的装置，它内含的非线性元件用来完成这个任务。

避雷器与电涌保护器工作原理相似，都是当电压超过一定值时，内部的非线性电器元件阻抗迅速减小，将雷击等产生的过电压变成电流释放掉（泄流入地），来保护电路不受大的损害。电涌保护器常用于电气和电子设备，避雷器一般仅用于电气设备。关于电涌保护器及避雷器，以后的章节还将做详细介绍。

1.6.2　防护原理

所谓雷击防护，就是通过合理、有效的手段将雷电流的能量尽可能地引入到大地。防护原则是疏导，而不是堵雷或消雷。一个完整的防雷系统一般应包括：直接雷防护和防雷电电磁脉冲，缺少任何一面都是不完整的、有缺陷的和有潜在危险的。一般我们将其分为外部防雷和内部防雷两部分。由接闪器（避雷针、带、网、线）、引下线和接地系统构成外部防雷系统，主要是为了保护建筑物免受雷击引起火灾事故及人身安全事故；而内部防雷系统是防止雷电和其他形式的过电压侵入设备造成损坏或危及人身安全，这是外部防雷系统无法保证的。内部防雷系统需对建筑物进出各保护区的电缆、金属管道等安装多级过电压保护器并同时进行良好接地。

雷击防护应注意以下几个方面。

1. 建筑物分类保护原则

建筑物应根据重要性、使用性质、发生雷电事故的可能性和后果，进行分类设防。建筑物防雷分为三类，各类划分详见本书第 4.3.1 节。

2. 设备分类多级保护原则

分类多级保护即是根据电气、电子信息设备的不同功能、受保护的程度和所属保护区域确定防护要点作分类保护；根据雷击电磁脉冲危害的可能通道，对电源线和数据、通信线路作多级保护。

雷电防护区 LPZ 应根据电磁场强度的衰减情况，划分为 $LPZ0_A$、$LPZ0_B$、LPZ1 及

LPZn+1区。各防雷保护区划分详见本书第4.4.1节。

3. 外部防护

在0级保护区作外部无源防护，主要依靠接闪器（避雷针、带、网、线）、引下线和接地装置。当雷云放电接近地面时，它使地面电场发生畸变。在接闪器（避雷针、带、网、线）顶部，形成局部电场强度畸变，以影响雷电先导放电的发展方向，引导雷电向接闪器（避雷针、带、网、线）放电，再通过接地引下线、接地装置将雷电流引入大地，从而使被保护物免受雷击，这是人们长期实践证明有效的防直击雷方法。

4. 内部防护

（1）电源部分防护

大部分雷电侵害是通过电气线路侵入，对高压部分配电系统采用专用高压避雷装置保护，避雷装置把对地的电压限制到小于6000V（IEC62.41）。对380V低压线路则采用电涌保护器（SPD）进行专门过电压保护。低压配电系统过电压保护按国家规范应设置三级防护，即：在变压器后端到建筑总配电盘前端的电缆内芯线两端应对地加装电涌保护器，作为一级保护；在建筑总配电盘至各楼层分配电箱间的电缆内芯线两端应对地加装电涌保护器，作为二级保护；在所有重要的、精密的设备以及UPS的前端应对地加装电涌保护器，作为三级保护。三级防护目的是用分流（限幅）技术即采用分流设备（电涌保护器）将雷电过电压（脉冲）的能量分流泄入大地，以达到保护目的。在这里，电涌保护器的品质、性能的好坏是防护的关键，选择合格优良的电涌保护器至关重要。

（2）信号部分保护

对于信息系统，分为粗保护和精细保护。粗保护量级根据信息系统所属保护区的级别确定，精细保护则根据电子设备的敏感度来确定。一般的保护措施是在所有信息系统进入楼宇的电缆内芯线端加装信号电涌保护器，以限制通过信号线传入的冲击电压幅度，同时将电缆中的空线对应接地，并同时做好屏蔽接地。

5. 良好接地

在雷电防护中，一定要有一个良好的接地系统，所有防雷系统都需要通过接地系统把雷电流泄入大地，才能保护建筑物、设备及人身安全。如果接地系统做得不好或欠缺，将会使整个被保护系统暴露于雷击环境中，引来更大的雷击事故及灾害。另外还有防干扰的屏蔽问题、防静电的问题都需要通过建立良好的接地系统来实现。

通常整个建筑物的接地系统有：建筑物地网、电源地（要求地阻小于4Ω）、逻辑地（也称信号地）、防雷地等，有的建筑要求另设专用独立地供计算机机房等设施用，要求接地电阻小于1Ω。然而，各接地系统如果相互之间距离达不到规范要求的话，则容易出现地电位反击事故。因此，各接地系统之间应尽可能连接在一起，如实际情况不允许直接连接的，可通过地电位均衡器实现等电位连接。

1.7   防雷组织措施及标准规范

1.7.1   雷电防护的组织措施

防雷和每个人息息相关，同时又是社会问题，所以要由行政部门主管，以一系列行政措施来做好防雷工作。目前我国防雷工作的行政主管部门是国家气象局,相关劳动、建设、公安、教育、旅游及技监等部门配合开展工作。雷电防护的组织机构由国家气象局、各省市地方气象局及下属防雷中心组成,在中国气象局下发的《防雷减灾管理办法》中规定:

(1)国务院气象主管机构负责组织管理和指导全国防雷减灾工作。

(2)地方各级气象主管机构在上级气象主管机构和本级人民政府的领导下,负责组织管理本行政区域内的防雷减灾工作。

(3)国务院其他有关部门和地方各级人民政府其他有关部门应当按照职责做好本部门和本单位的防雷减灾工作,并接受同级气象主管机构的监督管理。

雷电防护的组织机构示意见图 1-16。

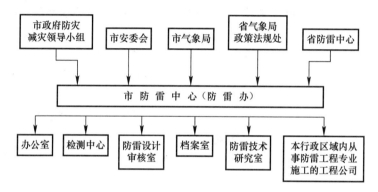

图 1-16 雷电防护的组织机构示意

1.7.2 防雷标准与规范

1. 国际防雷标准概况

国际电工委员会建筑物防雷分委会(IEC/TC 81)是从 1980 年开始工作的,其主要技术内容是防雷。1990 年发布第一项标准《建筑物防雷》之后,陆续出版了如下系列防雷标准(或草案):

(1)IEC 61024 系列(直击雷防护)。目前已颁布的 61024-1,2,3 和 1-1,1-2 都是外部防雷标准,但均与内部防雷关联。IEC 61024-2 对高于 60m 的建筑物的防雷提出了防雷的附加条件,IEC 61024-3 对易燃易爆场所的防雷提出了附加条件;

(2)IEC 61312 系列(雷电电磁脉冲防护系列);

(3)IEC 61663(关于通信线路防雷标准),IEC 61662(雷击损害危险度确定标准),IEC 61819(模拟防雷装置各部件效应的测量参数)。由于 IEC 内部的分工和配合,在 IEC/TC 37,TC 64 和 TC 77 同期出版了相关标准,形成对 TC 81 标准的补充和完善;

(4)IEC 60364 系列(建筑物电气设施);

(5)2005 年 IEC 公布了以"雷电防护"为总标题的 IEC 62305 防雷标准,它包括五部分:第一部分总则,第二部分风险管理,第三部分建筑物的有形损害和生命损害,第四部分建筑物内的电气系统、电子系统,第五部分服务设施。

此外,有些国家也制定了一些相应的标准,如美国防火协会的《雷电防护规程》

NFPA780：1992，英国标准的《构筑物避雷的实用规程》BS6651：1992，日本工业标准《建筑物等的避雷设备（避雷针）》JIS A4201—1992。

上述防雷标准也对船舶、风力发电站、体育场、大帐篷、树木、桥梁、停泊的飞机、储罐、海滨游乐场、码头乃至露天家畜养殖场的外部防雷做出了规定。特别要提出的是，一些标准对岩石山地的接地装置在很难达到规定的低阻值时做出这样的规定：在地面平铺环型扁钢，并与被保护物的引下线在四个方向连接，环型地的半径不应小于5m，这种等电位连接方式同样能起作用。

2. 国内防雷标准概况

我国的建筑物防雷标准最早为《建筑物防雷设计规范》GBJ 57—83，1994年11月参照IEC 61024直击雷防护系列规范进行了修订，即《建筑物防雷设计规范》GB 50057—94。2010年11月又重新发布了修订本：《建筑物防雷设计规范》GB 50057—2010。这个标准是目前我国防雷技术标准中最具权威性的标准，它结合了我国的地理环境、气象条件、经济发展水平并考虑到过去长期使用的标准的延续性。1995年IEC 61312发布了雷电电磁脉冲的防护系列规范，我国《建筑物防雷设计规范》GB 50057—94中也增加了第六章：雷电电磁脉冲的防护。

《建筑物防雷设计规范》GB 50057—2010适用范围为新建建筑物的防雷设计，但不适于天线塔、共用天线电视接收系统、油罐、化工户外装置的防雷设计。截至目前，我国颁布的有关防雷及涉及防雷（部分条文）的相关标准和规范，总数量有100余个，目前常用的标准主要有：

(1)《建筑物防雷设计规范》GB 50057—2010；

(2)《建筑物防雷工程施工与质量验收规范》GB 50601—2010；

(3)《建筑物电子信息系统防雷技术规范》GB 50343—2012；

(4)《爆炸和火灾危险环境电力装置设计规范》GB 50058—92；

(5)《汽车加油加气站设计与施工规范》GB 50156—2012；

(6)《电子信息系统机房设计规范》GB 50174—2008；

(7)《电子信息系统机房施工及验收规范》GB 50462—2008；

(8)《建筑物防雷装置检测技术规范》GB/T 21431—2008；

(9)《爆炸和火灾危险环境防雷装置检测技术规范》QX/T 110—2009；

(10)《低压配电设计规范》GB 50054—2011；

(11)《智能建筑设计标准》GB/T 50314—2006；

(12)《电能质量　暂时过电压和瞬态过电压》GB/T 18481—2001；

(13)《低压电涌保护器（SPD）第1部分：低压配电系统的电涌保护器性能要求和试验方法》GB 18802.1—2011；

(14)《低压配电系统的电涌保护器（SPD）第12部分：选择和使用导则》GB 18802.12—2006；

(15)《雷击电磁脉冲的防护　第1部分：通则》GB/T 19271.1—2003；

(16)《城镇燃气设计规范》GB 50028—2006；

(17)《电气装置安装工程爆炸和火灾危险环境电气装置施工及验收规范》GB 50257—96；

(18)《建筑电气工程施工质量验收规范》GB 50303—2002；

(19)《综合布线系统工程设计规范》GB 50311—2007；

(20)《消防通信指挥系统设计规范》GB 50313—2013；

(21)《新一代天气雷达站防雷技术规范》QX 2—2000；

(22)《气象信息系统雷击电磁脉冲防护规范》QX 3—2000；

(23)《气象台（站）防雷技术规范》QX 4—2000；

(24)《电涌保护器　第1部分：性能要求和试验方法》QX 10.1—2002；

(25)《电涌保护器　第2部分：在低压电气系统中的选择和使用原则》QX/T 10.2—2007；

(26)《电涌保护器　第3部分：在电子系统信号网络中的选择和使用原则》QX/T 10.3—2007；

(27)《雷电防护　第1部分：总则》GB/T 21714.1—2008/IEC 62305—1：2006；

(28)《雷电防护　第2部分：风险管理》GB/T 21714.2—2008/IEC 62305—2：2006；

(29)《雷电防护　第3部分：建筑物的物理损坏和生命危险》GB/T 21714.3—2008/IEC 62305—3：2006；

(30)《雷电防护　第4部分：建筑物内电气和电子系统》GB/T 21714.4—2008/IEC 62305—4：2006。

3. 防雷常用的标准图集

(1) 国家建筑标准设计图集

1)《建筑物防雷设施安装》99（07）D501—1；

2)《接地装置安装》03D501—4；

3)《独立避雷针》第1分册，钢筋结构独立避雷针；第2分册，钢筋混凝土环形杆独立避雷针 D565；

4)《利用建筑物金属体做防雷及接地装置安装》03D501—3；

5)《等电位联结安装》02D501—2。

(2) 建筑安装工程施工图集《电气工程》第三版

第13节防雷及接地装置安装；第17节防雷装置。

第 2 章　防雷保护装置

用以对某一空间进行雷电效应防护的装置称为防雷保护装置，它由外部防雷装置、内部防雷装置两部分组成。在特定情况下，防雷装置构成的雷电防护系统可以仅由外部防雷装置或内部防雷装置组成。外部防雷装置包括接闪器、引下线和接地装置，主要用于防护直击雷，主要设施有：避雷针、避雷线、避雷带、避雷网、引下线、接地线及接地极等。除外部防雷装雷外，所有其他附加设施均为内部防雷装置，主要用于减小和防护雷电流在需要防护空间内所产生的电磁效应，主要设施有：避雷器、电涌保护器、等电位连接、屏蔽、防静电装置、接地线及接地极等。

2.1　接闪器

为了防止直击雷对设备和建筑物的破坏以及人畜伤亡，通常在户外设施、建筑物、电力架空线路上方装设接闪器，通过接地引下线将接闪器与接地装置连接起来。接闪器安装于被保护物体顶部或上方，位置比被保护物体高，其功能是把接引来的雷电流，通过引下线和接地装置向大地中泄放，保护建筑物及其他设备免受直击雷害。常用的接闪器有避雷针、避雷线、避雷带和避雷网（《建筑物防雷设计规范》GB 50057—2010 中分别称为接闪杆、接闪线、接闪带、接闪网）。接闪器的保护范围通常按照滚球法确定。

2.1.1　避雷针

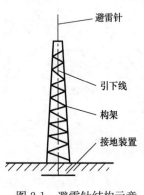

图 2-1　避雷针结构示意

1. 避雷针结构

避雷针系统由接闪器、引下线、构架和接地装置组成，其结构如图 2-1 所示。避雷针一般适用于保护那些比较低矮的地面建筑物以及保护高层楼房顶上突出的设施，特别适合于保护那些要求防雷引下线与内部各种金属管道隔离的建筑物。

避雷针一般采用热镀锌圆钢或钢管焊接制成。为了保证足够的雷电流通流量，其直径应不小于表 2-1 给出的数值。避雷针顶端的针尖应做成圆锥状，具有较大的尖度，并要求外表光滑。

避雷针接闪器最小直径（mm）　　　　　　　　　表 2-1

针　型	圆　钢	钢　管
烟囱顶上的针	20	40
针长 1~2m	16	25
针长 1m 以下	12	20

2. 避雷针的保护范围

避雷针的保护范围以它能防护直击雷的空间来表示，我国多年来遵循《工业与民用电力装置的过电压保护设计规范》GBJ 64—1983 的要求采用折线法计算，事实证明是较为可靠的。但按此方法，可得出避雷针越高，则避雷针的保护范围越大，事实上却并不是这样，许多高耸的铁塔或者建筑物上的避雷针不但无法按圆锥体实现保护，往往自身的中部和下部会遭遇雷击。从 20 世纪 80 年代起，经过讨论和研究，世界上大多数国家均采用 IEC 推荐的滚球法计算避雷针的保护范围。用这种计算方法，则不会得出"避雷针越高保护范围越大"的结论。以下分别介绍这两种方法。

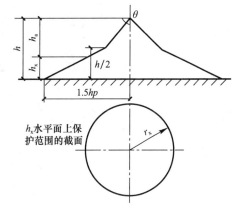

图 2-2　单支避雷针保护范围

（$h{\leqslant}30\mathrm{m}$ 时，$\theta{=}45°$）

（1）折线法

1）单支避雷针的保护范围，如图 2-2 所示。

① 避雷针在地面上的保护半径，应按式（2-1）计算：

$$r = 1.5hp \tag{2-1}$$

式中　r——保护半径（m）；

　　　h——避雷针的高度（m）；

　　　p——高度影响系数，$h{\leqslant}30\mathrm{m}$ 时，$p{=}1$；$30\mathrm{m}{<}h{\leqslant}120\mathrm{m}$ 时，$p{=}5.5/\sqrt{h}$；$h{>}120\mathrm{m}$ 时，取其 $h{=}120\mathrm{m}$。

② 在被保护物高度 h_{x} 水平面上的保护半径，应按式（2-2）确定。

a. 当 $h_{\mathrm{x}}{<}h/2$ 时有：

$$r_{\mathrm{x}} = (1.5h - h_{\mathrm{x}})p \tag{2-2}$$

式中　r_{x}——避雷针在 L 水平面上的保护半径（m）；

　　　h_{x}——被保护物的高度（m）；

　　　p——高度影响系数，$h{\leqslant}30\mathrm{m}$ 时，$p{=}1$；$30\mathrm{m}{<}h{\leqslant}120\mathrm{m}$ 时，$p{=}5.5/\sqrt{h}$；$h{>}120\mathrm{m}$ 时，取其 $h{=}120\mathrm{m}$。

b. 当 $h_{\mathrm{x}}{\geqslant}h/2$ 时有：

$$r_{\mathrm{x}} = (h - h_{\mathrm{x}})p = h_{\mathrm{a}}p \tag{2-3}$$

式中　h_{a}——避雷针的有效高度（m）。

2）两支等高避雷针的保护范围，如图 2-3 所示。

① 两针外侧的保护范围，应按单支避雷针的计算方法确定。

② 两针间的保护范围，应按通过两针顶点及保护范围上部边缘最低点 O 的圆弧确定。圆弧的半径为 R_0'；O 点为假想避雷针的顶点，其高度应按式（2-4）计算：

$$h_0 = h - D/7p \tag{2-4}$$

式中　h_0——两针间保护范围上部边缘最低点高度（m）；

　　　D——两针间的距离（m）。

两针间 h_{x} 水平面上保护范围的一侧最小宽度，应按式（2-5）计算：

$$b_{\mathrm{x}} = 1.5(h_0 - h_{\mathrm{x}}) \tag{2-5}$$

式中 b_x——保护范围的一侧最小宽度（m），当 $D=7h_a p$ 时，$b_x=0$。求得 b_x 后，可按图 2-3 绘出两针间的保护范围。

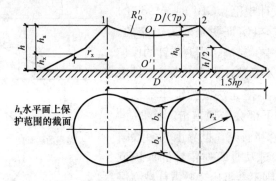

图 2-3   高度为 h 的两等高避雷针的保护范围

保护变电所用的避雷针，两针间距离与针高之比 D/h 不宜大于 5。

3）多支等高避雷针的保护范围，如图 2-4 所示。

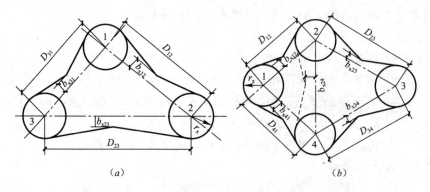

图 2-4   三、四支等高避雷针在 h_x 水平面上的保护范围

(a) 三支等高避雷针在 h_x 水平面上的保护范围；(b) 四支等高避雷针在 h_x 水平面上的保护范围

① 三支等高避雷针所形成的三角形的外侧保护范围，应分别按两支等高避雷针的计算方法确定。如在三角形内被保护物最大高度 h_x 水平面上，各相邻避雷针间保护范围的一侧最小宽度 $b_x \geqslant 0$ 时，则全部面积受到保护。

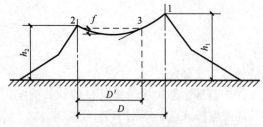

图 2-5   两支不等高避雷针的保护范围

② 四支及以上等高避雷针所形成的四角形或多角形，可先将其分成两个或数个三角形，然后分别按三支等高避雷针的方法计算。如各边的保护范围一侧最小宽度 $b_x \geqslant 0$，则全部面积受到保护。

4）不等高避雷针保护范围，如图 2-5 所示。

① 两支不等高避雷针外侧的保护范围，应分别按单支避雷针的计算方法确定。

② 两支不等高避雷针间的保护范围，应按单支避雷针的计算方法，先确定较高避雷针 1 的保护范围，然后由较低避雷针 2 的顶点，作水平线与避雷针 1 的保护范围相交于点 3，取点 3 为等效避雷针的顶点，再按两支等高避雷针的计算方法确定避雷针 2 和 3 间的保护范围。

通过避雷针 2、3 顶点及保护范围上部边缘最低点的圆弧，其弓高应按式(2-6)计算：

$$f = D'/7p \tag{2-6}$$

式中　f——圆弧的弓高（m）；

　　　D'——避雷针 2 和等效避雷针 3 之间的距离（m）。

③ 对多支不等高避雷针所形成的多角形，各相邻两避雷针的外侧保护范围，按两支不等高避雷针的计算方法确定；如在三角形内被保护物高度 h_x 水平面上，各相邻避雷针间保护范围内一侧最小宽度 $b_x \geqslant 0$，则全部面积受到保护。

5）保护电力装置用的山地和坡地上的避雷针，由于地质、地形、气象及雷电活动的复杂性，避雷针的保护范围应有所减小。避雷针的保护范围可按式（2-1）～式（2-4）的计算结果乘以系数 0.75 求得；式（2-4）可修改为 $h_0 = h - D/5p$；式（2-6）可修改为 $f = D'/5p$。

利用山势设立的远离被保护物的避雷针，不得作为主要保护装置。

保护建（构）筑物用的山地和坡地上的避雷针，其保护范围宜分别减小为相应保护范围的 75%。独立避雷针应尽量靠近建（构）筑物装设，但独立的避雷针与建（构）筑物的距离，应符合防止反击的要求。利用山势设立的远离建（构）筑物的避雷针，不得作为对第一、二类工业建（构）筑物和民用第一类建（构）筑物的主要保护装置。

（2）滚球法

滚球法是以 h_r 为半径的一个球体，沿需要防直击雷的部位滚动，当球体只触及接闪器（包括被利用作为接闪器的金属物），或只触及接闪器和地面（包括与大地接触并能承受雷击的金属物），而不触及需要保护的部位时，则该部分就得到接闪器的保护。当采用避雷针做接闪器时，应按表 2-2 规定的不同建筑物防雷级别的滚球半径，采用滚球法计算避雷针的保护范围。

不同建筑物防雷类别的滚球半径（m）　　　　　　表 2-2

建筑物防雷类别	滚球半径 h_r
第一类防雷建筑物	30
第二类防雷建筑物	45
第三类防雷建筑物	60

1）单支避雷针的保护范围

单支避雷针的保护范围应按图 2-6 的作图方法确定。

① 当避雷针高度 $h \leqslant h_r$ 时。

a. 距地面 h_r 处作一条平行于地面的平行线。

b. 以针尖为圆心，h_r 为半径，作弧线交于平行线的 A、B 两点。

c. 以 A、B 为圆心，h_r 为半径作弧线，该弧线与针尖相交并与地面相切，从此弧线起到地面止就是保护范围。保护范围是一个对移的锥体。

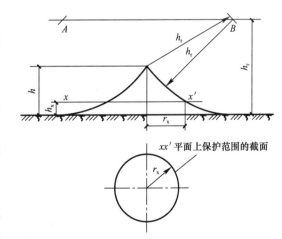

图 2-6　单支避雷针的保护范围

d. 避雷针在 h_x 高度的 xx' 平面上和在地面上的保护半径，按式（2-7）和式（2-8）确定：

$$r_x = \sqrt{h(2h_r - h)} - \sqrt{h_x(2h_r - h_x)} \tag{2-7}$$

$$r_0 = \sqrt{h(2h_r - h)} \tag{2-8}$$

式中　r_x——避雷针在 h_x 高度 xx' 的平面上的保护半径（m）；

　　　　h_r——滚球半径，按表 2-2 确定（m）；

　　　　h_x——被保护物的高度（m）；

　　　　r_0——避雷针在地面上的保护半径（m）。

② 当避雷针高度 $h > h_r$ 时，在避雷针上取高度 h_r 的一点代替单支避雷针针尖作为圆心，其余的做法同上①。

2）双支等高避雷针的保护范围

在避雷针高度 $h \leqslant h_r$ 的情况下，当两支避雷针的距离 $D \geqslant 2\sqrt{h(2h_r - h)}$ 时，应各按单支避雷针的方法确定；当 $D < 2\sqrt{h(2h_r - h)}$ 时，应按图 2-7 的作图方法确定。

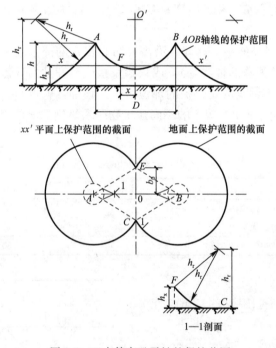

图 2-7　双支等高避雷针的保护范围

① $AEBC$ 外侧的保护范围，按照单支避雷针的方法确定。

② C、E 点位于两针间的垂直平分线上。在地面每侧的最小保护宽度 b_0 按式（2-9）计算：

$$b_0 = CO = EO = \sqrt{h(2h_r - h) - \left(\frac{D}{2}\right)^2} \tag{2-9}$$

③ 在 AOB 轴线上，距中心线任一距离 x 处，其在保护范围上边线上的保护高度 h_x 按式（2-10）确定：

$$h_x = h_r - \sqrt{(h_r - h)^2 + \left(\frac{D}{2}\right)^2 - x^2} \tag{2-10}$$

该保护范围上边线是以中心线距地面 h_r 的一点 O' 为圆心，以 $\sqrt{(h_r - h)^2 + \left(\frac{D}{2}\right)^2}$ 为半径所作的圆弧 AB。

④ 两针尖 $AEBC$ 内的保护范围，ACO 部分的保护范围按以下方法计算：在任一保护范围高度 h_x 和 C 点处垂直平面上，以 h_x 作为假想避雷针，按单支避雷针的方法确定，如图 2-7 中的 1-1 剖面所示。确定 BCO、AEO、BEO 部分的保护范围的方法与 ACO 部分的相同。

确定 xx' 平面上保护范围截面的方法：以单支避雷针的保护半径 r_x 为半径，以 A、B 为圆心作弧形与四边形 $AEBC$ 相交，再以单支避雷针的 $(r_0 - r_x)$ 为半径，以 E、C 为圆心作弧线与上述弧线相接，如图 2-7 中的粗虚线所示。

3）双支不等高度避雷针的保护范围

在 $h_1 \leqslant h_r$ 和 $h_2 \leqslant h_r$ 的情况下，当 $D \geqslant \sqrt{h_1(2h_r - h_1)} + \sqrt{h_2(2h_r - h_2)}$ 时，应各按单支避雷针所规定的方法确定；当 $D < \sqrt{h_1(2h_r - h_1)} + \sqrt{h_2(2h_r - h_2)}$ 时，应按图 2-8 的作图方法确定。

① $AEBC$ 外侧的保护范围，按照单支避雷针的方法确定。

② CE 线或 HO' 线的位置按式（2-11）计算：

$$D_1 = \frac{(h_r - h_2)^2 - (h_r - h_1)^2 + D^2}{2D} \tag{2-11}$$

③ 在地面上每一侧的最小保护宽度 b_0 按式（2-12）计算：

$$b_0 = CO = EO = \sqrt{h_1(2h_r - h_1) - D_1^2} \tag{2-12}$$

④ 在 AOB 轴线上，A、B 间保护范围上边线按式（2-13）计算：

$$h_x = h_r - \sqrt{(h_r - h_1)^2 + D_1^2 - x^2} \tag{2-13}$$

式中　x——距 CE 线或 HO' 线的距离（m）。

该保护范围上边线以 HO' 线上距地面 h_r 的一点 O' 为圆心，以 $\sqrt{(h_r - h_1)^2 + D_1^2}$ 为半径所作的圆弧 AB。

⑤ 两针间 $AEBC$ 内的保护范围，ACO 与 AEO 是对称的，BCO 与 BEO 是对称的。ACO 部分的保护范围按以下方法确定：在 h_x 和 C 点所处的垂直平面上，以 h_x 作为假想避雷针，按单支避雷针的方法确定，如图 2-8 中的 1-1 剖面所示。确定 AEO、BCO、BEO 部分的保护范围的方法与 ACO 部分的相同。

⑥ 确定平面 xx' 上保护范围截面的方法与双支等高避雷针相同。

4）矩形布置的四支等高避雷针的保护范围

在 $h \leqslant h_r$ 的情况下，当 $D_3 \geqslant 2\sqrt{h(2h_r - h)}$ 时，应各按双支等高避雷针的方法确定；当 $D_3 < 2\sqrt{h(2h_r - h)}$ 时，应按图 2-9 作图方法确定。

① 四支避雷针的外侧各按双支避雷针的方法确定。

② B、E 避雷针连线上的保护范围如图 2-9 的 1-1 剖面所示，外侧部分按单支避雷针的方法确定。两针间的保护范围按以下方法确定：以 B、E 两针针尖为圆心，h_r 为半径作

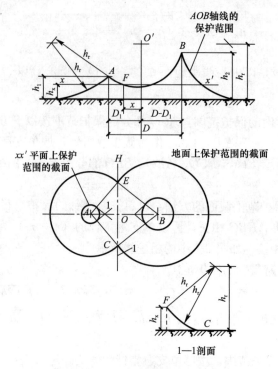

图 2-8   双支不等高避雷针的保护范围

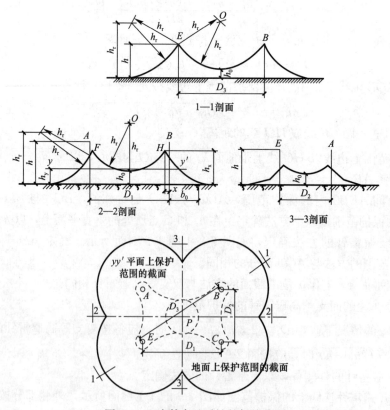

图 2-9   四支等高避雷针的保护范围

弧相交于 O 点，以 O 点为圆心，h_r 为半径作圆弧，与针尖相连的这段圆弧即为针间保护范围。保护范围最低点的高度按式（2-14）计算：

$$h_0 \sqrt{h_r^2 - \left(\frac{D_3}{2}\right)^2} + h - h_r \qquad (2-14)$$

③ 图 2-9 中的 2-2 剖面的保护范围，以 P 点的垂直线上的 O 点（距地面的高度为 $h_r +$
h_0）为圆心，h_r 为半径作圆弧，与 B、C 和 A、E 双支避雷针所作出的在该剖面的外侧保护范围延长圆弧相交于 F、H 点。F 点（H 点与此类同）的位置及高度可按下列计算式确定：

$$(h_r - h_x)^2 = h_r^2 - (b_0 + x)^2 \qquad (2-15)$$

$$(h_r + h_0 - h_x)^2 = h_r^2 - \left(\frac{D_1}{2} - x\right)^2 \qquad (2-16)$$

④ 确定图 2-9 中的 3-3 剖面保护范围的方法与③相同。

⑤ 确定四支等高避雷针中间在 h_0 至 h 之间于 h_y 高度的 yy' 平面上保护范围截面的方法：以 P 点为圆心、以 $\sqrt{2h_r(h_r - h_0) - (h_y - h_0)^2}$ 为半径作圆或圆弧，与各双支避雷针在外侧所作的保护范围截面组成该保护范围截面，见图 2-9 中的虚线。

2.1.2 避雷线

避雷线系统是由悬挂在空中的水平导线、接地引下线和接地体组成的。避雷线的结构示意如图 2-10 所示。用于保护架空输电线路的避雷线通过引下线和接地体连接，故也常称架空地线。避雷线一般采用截面积不小于 $50mm^2$ 的镀锌钢绞线，有时也可用热镀锌的直径为 $8mm$ 的圆钢或截面不小于 $50mm^2$、厚度不小于 $2.5mm$ 的扁钢。在腐蚀性较强的地区或高耸的建筑物上，避雷线的截面应根据具体情况适当加大。

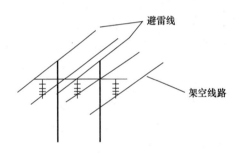

图 2-10 避雷线结构示意

水平悬挂的导线用于直接承受雷击，起接闪器的作用，避雷线设置在被保护物体的上方，能提供与自身线长相等的保护长度，其工作原理与避雷针相似，也是由于避雷线周围的电场畸变吸引下行先导，将雷击引向自身。避雷线广泛应用于高压架空输电线路的防雷保护，架设在架空高压输电线路的上方，保护输电线路免受直接雷击。高压架空输电线路跨越长距离范围，绵延分布在广阔的地面上，很容易遭受雷击，引起停电事故，在架空输电线路上方设置避雷线，就能利用避雷线的引雷作用将雷云的下行先导引向其自身，从而使输电线路免受雷击。但避雷线对周围电场的畸变效果不如避雷针，因此其引雷效果也不如避雷针。

多年来，避雷线也被用于保护地面上的建筑物和设施。在需要保护一大片建筑物且它们中有一部分或全部不便于或不允许装设避雷针时，往往采用避雷线。对于一片建筑群，当其需要保护的空间范围具有窄长的空间特征时，也宜采用避雷线来保护。对于那些存在着易燃易爆物品和含有易燃易爆气体粉尘的场所（变电所、油库、火药库、瓦斯库、炼油厂和面粉厂厂房等）也可采用避雷线来保护。

避雷线在供排水系统中应用较少，其保护范围可参考有关文献。

2.1.3 避雷带与避雷网

1. 避雷带结构

沿建筑物屋顶易遭受雷击部位明设或暗设的作为防雷保护接闪器用的金属带称为避雷带。避雷带通过引下线和接地装置相连,其结构如图 2-11 所示。避雷带通常是用圆钢或扁钢做成的长条带状体,用于构成避雷带的圆钢直径应不小于 8mm,扁钢的截面应不小于 50mm²,且厚度不小于 2.5mm。

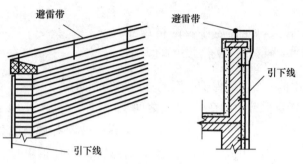

图 2-11 避雷带的结构示意

避雷带应保持与大地良好的电气连接,当雷云的下行先导向建筑物上的这些易受雷击部位发展时,避雷带率先接闪,承受直接雷击,将强大的雷电流引入大地,从而使建筑物得到保护。避雷带目前广泛应用于建筑物的防雷保护。

2. 避雷带设置

避雷带常装设在建筑物易受直接雷击的部位,如屋脊、屋檐(有坡面屋顶)、屋顶边缘及女儿墙或平屋面上,如图 2-12 所示。避雷带之间的间距按被保护建筑物防雷类别确定,见表 2-3。在采用避雷带对建筑物进行防雷保护时,如果遇到屋顶上有烟囱或其他突出物时,还需要另设避雷针或避雷带加以保护,如图 2-12 (a) 所示。

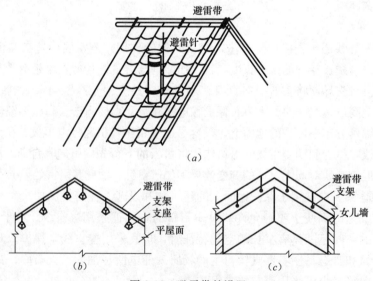

图 2-12 避雷带的设置

(a) 屋顶突出物上设避雷针;(b) 平屋面上设避雷带;(c) 女儿墙上设避雷带

3. 避雷网

避雷网实际上相当于纵横交错的避雷带叠加在一起，在建筑物上设置避雷网，可以实施对建筑物的全面防雷保护。避雷网通常采用圆钢或扁钢，其尺寸不应小于下列数值：圆钢直径为 8mm；扁钢截面积为 50mm²，厚度大于等于 2.5mm。避雷网的布置如图 2-13 所示。

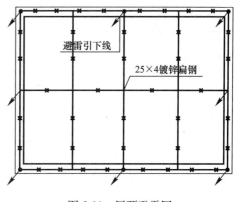

图 2-13 屋顶避雷网

避雷网防护雷电损害作用的效果与笼体的大小及其网格尺寸有关，笼体越小及网格尺寸越小，则其防雷效果就越好。网格尺寸的大小取决于被保护建筑物的重要性，见表 2-3。

避雷网网格尺寸（m）   表 2-3

建筑物防雷类别	避雷网网格尺寸
第一类防雷建筑物	≤5×5（或 6×4）
第二类防雷建筑物	≤10×10（或 12×8）
第三类防雷建筑物	≤20×20（或 24×16）

2.2 引下线

完整的外部防雷装置包括接闪器、引下线和接地装置。引下线指连接接闪器与接地装置的金属导体，处于承上启下的中间环节。防雷装置的引下线应满足机械强度、耐腐蚀和热稳定的要求。

2.2.1 引下线的一般规定

（1）引下线宜采用圆钢或扁钢，宜优先采用圆钢。圆钢直径不应小于 8mm，扁钢截面不应小于 50mm²，其厚度不应小于 2.5mm。当烟囱上的引下线采用圆钢时，其直径不应小于 12mm；采用扁钢时其截面不应小于 100mm²，厚度不应小于 4mm。在腐蚀性较强的场所，应采取加大引下线截面或其他防腐措施。以上要求及规定见表 2-4。

引下线最小规格   表 2-4

分　类	材　料	规　格
一般引下线	圆钢	直径 8mm
	扁钢	截面 50mm²
	扁钢	厚度 2.5mm
烟囱引下线	圆钢	直径 12mm
	扁钢	截面 100mm²
	扁钢	厚度 4mm

（2）专设引下线应沿建筑物外墙明敷，并经最短路径接地；建筑艺术要求较高者可暗敷，但其圆钢直径不应小于 10mm，扁钢截面不应小于 80mm²。

（3）建筑物的钢梁、钢柱、消防梯等金属构件，以及幕墙的金属立柱宜作为引下线，但其各部件之间均应连成电气贯通，可采用铜锌合金焊、熔焊、卷边压接、缝接、螺钉或螺栓连接，各金属构件可覆有绝缘材料。

（4）采用多根引下线时，宜在各引下线上于距地面 0.3～1.8m 之间装设断接卡。当利用混凝土内钢筋、钢柱作为自然引下线并同时采用基础接地体时，可不设断接卡，但利用钢筋作引下线时应在室内外的适当地点设若干连接板，该连接板可供测量、接人工接地体和作等电位连接用。当仅利用钢筋作引下线并采用埋于土壤中的人工接地体时，应在每根引下线上于距地面不低于 0.3m 处设接地体连接板。采用埋于土壤中的人工接地体时应设断接卡，其上端应与连接板或钢柱焊接。连接板处宜有明显标志。

（5）在易受机械损伤之处，地面上 1.7m 至地面下 0.3m 的一段接地线，应采用暗敷或采用镀锌角钢、改性塑料管或橡胶管等加以保护。

（6）第二类防雷建筑物或第三类防雷建筑物为钢结构或钢筋混凝土建筑物时，在其钢构件或钢筋之间的连接满足规范规定并利用其作为引下线的条件下，当其垂直支柱均起到引下线的作用时，可不要求满足专设引下线之间的间距。

2.2.2　注意问题

（1）对于工业厂房和低层建筑，作引下线的构件中的钢筋接点可绑扎或焊接。但对高层建筑来说，作为引下线的结构钢筋，必须通长焊接，搭焊长度不应小于 100mm。因为高层建筑高度很高，钢筋很长，钢筋的接点很多，若每个接点都采用绑扎，接触电阻就很大，这样多个接触不良的接点相串联，对雷电流的迅速流散不利。

（2）对于工业厂房和多层建筑，常采用 $\phi12$ 圆钢作为引下线。此时，引下线沿外墙抹灰层暗敷，支持卡间距为 1.5m。

（3）按防雷规范要求，30m 以上部分的金属栏杆、金属门窗和较大金属物体均应与防雷装置相连接。施工时，是将引下线与圈梁或楼层结构大梁连接，由圈梁或结构大梁引至预埋铁件，然后将预埋铁件焊一条钢筋与金属门窗相连。

（4）防雷引下线及防侧击雷避雷带也可用铜带。当采用放射性避雷针时，引下线采用专用同轴电缆沿电缆井敷设。

2.3　接地装置

把电气设备或其他物件和地之间构成电气连接的装置称为接地装置。接地装置由埋入地下的接地极（板）、接地母线（户内、户外）、接地引下线（接地跨接线）、构架接地等组成。它被用以实现电气系统与大地相连接的目的，为电气设备或其他物件提供至大地的低电阻通路。埋入地中与大地直接接触并实现电气连接的金属物体为接地极，它可以是人工接地极，也可以是自然接地极。按接地的目的，接地可分为：功能性接地（如电气工作接地、信号电路接地）、保护性接地（如防触电保护、防雷接地、防静电接地、阴极保护接地）、电磁兼容性接地（如屏蔽接地）。由于多个不同目的的接地系统，使分开接地方式不同电位所带来的不安全因素日益严重，不同接地导体间的耦合影响难以避免，会引起相互干扰，因此通常采用联合接地方式。

2.3.1 接地装置一般规定

（1）埋于土壤中的人工垂直接地体一般采用角钢、钢管或圆钢；埋于土壤中的人工水平接地体一般采用扁钢或圆钢。人工接地体也可以采用铜、不锈钢等材料，人工接地体的材料、结构和最小尺寸见表 2-5。

接地体的材料、结构和最小尺寸　　　　　　　表 2-5

材　料	结　构	最小尺寸			备　注
		垂直接地体直径（mm）	水平接地体（mm²）	接地板（mm）	
铜、镀锡铜	铜绞线	—	50		每股直径 1.7mm
	单根圆铜	15	50	—	—
	单根扁铜		50	—	厚度 2mm
	铜管	20		—	厚度 2mm
	整块铜板	—		500×500	厚度 2mm
	网格铜板	—	—	500×600	各网格边截面 25mm×2mm，网格网边总长度不少于 4.8m
热镀锌钢	圆钢	14	78	—	—
	钢管	25	—	—	壁厚 2mm
	扁钢		90	—	厚度 3mm
	钢板	—	—	500×500	厚度 3mm
	网格钢板	—	—	600×600	各网格边截面 30mm×3mm，网格网边总长度不少于 4.8m
	型钢	注 3	—	—	—
裸钢	钢绞线	—	70	—	每股直径 1.7mm
	圆钢	—	78	—	
	扁钢	—	75	—	厚度 3mm
外表面镀铜的钢	圆钢	14	50		镀铜厚度至少 250μm，铜纯度 99.9%
	扁钢	—	90（厚 3mm）		
不锈钢	圆形导体	15	78		
	扁形导体		100		厚度 2mm

注：1. 热镀锌钢的镀锌层应光滑连贯、无焊剂斑点，镀锌层圆钢至少 22.7g/m²，扁钢至少 32.4g/m²；
　　2. 热镀锌之前螺纹应先加工好；
　　3. 不同截面的型钢，其截面不小于 290mm²，最小厚度 3mm，可采用 50mm×50mm×3mm 角钢；
　　4. 当完全埋在混凝土中时才可采用裸钢；
　　5. 外表面镀铜的钢，铜应与钢结合良好；
　　6. 不锈钢中，铬的含量等于或大于 16%，镍的含量等于或大于 5%，钼的含量等于或大于 2%，碳的含量等于或小于 0.08%；
　　7. 截面积允许误差为 −3%。

在腐蚀性较强的土壤中，应采取热镀锌等防腐措施或加大截面。接地线应与水平接地体的截面相同。

（2）人工接地体在土壤中的埋设深度不应小于 0.5m。接地体应远离由于砖窑、烟道等高温影响使土壤电阻率升高的地方。

（3）防直击雷的人工接地体距建筑物出入口或人行道不应小于 3m。当小于 3m 时应采取下列措施之一：

1）水平接地体局部应包绝缘物，可采用 50～80mm 厚的沥青层。

2）采用沥青碎石地面或在接地体上面敷设 50～80mm 厚的沥青层，其宽度应超过接地体 2m。

3）水平接地体局部深埋不应小于 1m。

4）人工垂直接地体的长度宜为 2.5m。人工垂直接地体间的距离及人工水平接地体间的距离宜为 5m，当受地方限制时可适当减小。

5）在高土壤电阻率地区，降低防直击雷接地装置接地电阻宜采用下列方法：

① 换土；

② 采用降阻剂；

③ 接地体埋于较深的低电阻率土壤中；

④ 采用多支线外引接地装置，外引长度不应大于有效长度。

6）埋在土壤中的接地装置，其连接应采用焊接，并在焊接处作防腐处理。

7）接地装置工频接地电阻的计算应符合现行国家标准《交流电气装置的接地设计规范》GB/T 50065—2011 的规定。

2.3.2　注意问题

在新建建筑中，推荐利用柱子、基础内的钢筋作为引下线和接地装置。这样做的主要优点有以下几点：

（1）施工方便，可省去土方挖掘工程量。施工时，需要密切与土建配合，将有关钢筋焊接或绑扎，节省钢材，维护量少。

（2）电位分布均匀，均压效果好。将地基圈梁内的主筋和基础主筋连接起来并把各段地梁的钢筋联成一个环路，使整个建筑物地下如同敷设了均压网，使地面电位均匀分布。

（3）接地电阻较低。在混凝土基础内钢筋纵横交错，彼此经焊接或绑扎后，使整个基础组成一个完整的接地系统，它具有很高的热稳定性和疏散电流的能力，因此，接地电阻较低。新建建筑宜首先利用结构基础钢筋网作为自然接地体，基础浇筑完后，实测接地电阻，若达不到要求，再增打人工接地极。

目前我国大型建筑大多以建筑的深基础钢筋作为自然接地体。实测表明，绝大部分的接地电阻都不到 1Ω。

2.4　防雷保护装置所用的材料

防雷保护装置使用的材料及其应用条件，宜符合表 2-6 的规定。

防雷装置的材料及使用条件　　　　　　　　　　　　　　　　　　表 2-6

材料	使用于大气中	使用于地中	使用于混凝土中	耐腐蚀情况		
				在下列环境中能耐腐蚀	在下列环境中腐蚀加重	与下列材料接触形成直流电耦合可能受到严重腐蚀
铜	单根导体，绞线	单根导体，有镀层绞线，铜管	单根导体，有镀层的绞线	在许多环境中良好	硫化物有机材料	—
热镀锌钢	单根导体，绞线	单根导体，钢管	单根导体，绞线	敷设于大气、混凝土和无腐蚀性的一般土壤中受到的腐蚀是可接受的	高氯化物含量	铜
电镀铜钢	单根导体	单根导体	单根导体	在许多环境中良好	硫化物	—
不锈钢	单根导体，绞线	单根导体，绞线	单根导体，绞线	在许多环境中良好	高氯化物含量	—
铝	单根导体，绞线	不适合	不适合	在含有低浓度硫和氯化物的大气中良好	碱性溶液	铜
铅	有镀铅层的单根导体	禁止	不适合	在含有高浓度硫酸化合物的大气中良好	—	铜、不锈钢

注：1. 敷设于黏土或潮湿土壤中的镀锌钢可能受到腐蚀；
　　2. 在沿海地区，敷设于混凝土中的镀锌钢不宜延伸进入土壤中；
　　3. 不得在地中采用铅。

　　防雷等电位连接各连接部件的最小截面，应符合表 2-7 的规定。连接单台或多台 1 级分类试验或 D1 类电涌保护器的单根导体的最小截面，尚应按式（2-17）计算：

$$S_{min} \geqslant I_{imp}/8 \qquad\qquad (2-17)$$

式中　S_{min}——单根导体的最小截面（mm^2）；

　　　　I_{imp}——流入该导体的雷电流（kA）。

防雷装置各连接部件的最小截面　　　　　　　　　　　　　　　　表 2-7

等电位连接部件			材　料	截面（mm^2）
等电位连接带（铜、外表面镀铜的钢或热镀锌钢）			Cu（铜）、Fe（铁）	50
从等电位连接带至接地装置或各等电位连接带之间的连接导体			Cu（铜）	16
			Al（铝）	25
			Fe（铁）	50
从屋内金属装置至等电位连接带的连接导体			Cu（铜）	6
			Al（铝）	10
			Fe（铁）	16
连接电涌保护器的导体	电气系统	I 级试验的电涌保护器	Cu（铜）	6
		II 级试验的电涌保护器		2.5
		III 级试验的电涌保护器		1.5
		D1 类电涌保护器		1.2
	电子系统	其他类的电涌保护器（连接导体的截面可小于 1.2mm²）		根据具体情况确定

2.5　避雷器

避雷器是用来防止雷电产生的过电压波沿线路侵入变配电所或其他建筑物内，危及被保护设备及人身安全。常用的避雷器主要有保护间隙、管型避雷器、阀型避雷器和氧化锌避雷器。

2.5.1　避雷器保护原理

避雷器一般接于母线与架空线路的进出口处，装在被保护设备的电源侧，与被保护设备并联，如图 2-14 所示。

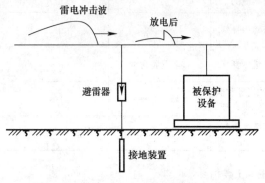

图 2-14　避雷器的设置

各种避雷器都有一个共同的特性，即在高电压作用下呈现低阻状态，而在低电压作用下呈现高阻状态。当发生雷击时，雷电侵入波过电压沿线路传输到避雷器安装点后，由于这时作用于避雷器上的电压很高，将使避雷器动作而呈现低阻状态，将过电压引起的大电流泄放入大地，使与之并联的设备免遭过电压的损坏。当雷电侵入波消失后，线路上又恢复了正常传输的工频电压，它相对于雷电侵入波过电压来说是低的，于是避雷器将转变为高阻状态，接近于开路，此时避雷器的存在将不会对线路上正常工频电压的传输产生影响。

2.5.2　避雷器的性能要求

避雷器并联于被保护设备附近，为了使设备能够得到可靠保护，它必须满足两个基本性能要求：

（1）避雷器应具有较为理想的伏秒特性

电气设备的冲击绝缘强度是以伏秒特性，即击穿电压值与击穿放电时延之间的关系特性来表示的。当受到雷电过电压作用时，与被保护设备并联的避雷器应能率先动作限压，保护设备的安全，这一要求可以通过避雷器与设备之间的伏秒特性配合来满足。图 2-15 说明避雷器与被保护设备之间伏秒特性的配合关系。在图 2-15（a）中，避雷器伏秒特性 2 上有一部分高于被保护设备的伏秒特性 1，当沿线路侵入的过电压波具有较短的波头时间时，在这种过电压作用下，被保护设备将首先被击穿，避雷器便会起不到保护作用，是不正确的。在图 2-15（b）中，避雷器的整个伏秒特性 2 低于被保护设备的伏秒特性 1，在过电压作用下可以起到保护作用，但由于避雷器伏秒特性 2 过低，甚至低于被保护设备上可能出现的最高工频电压 3，这样即使在没有雷电侵入波过电压作用时，避雷器也会在工频电压作用下发生误动作，因此它会妨碍被保护设备及其所在系统的正常运行，也是不可取的。从伏秒特性的配合情况来看，只有图 2-15（c）才是比较合理的。为了实现理想的配合，不仅要求避雷器伏秒特性的位置要低，而且其整体形状要平坦，具有这种特性的避雷器才能发挥良好的保护作用。

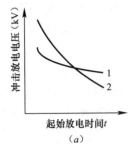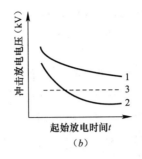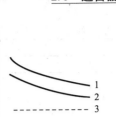

图 2-15 避雷器和被保护设备的伏秒特性的配合

（a）不正确的配合；（b）不可取的配合；（c）合理的配合

1—被保护物的伏秒特性；2—避雷器的伏秒特性；3—最高工频电压

（2）避雷器应具有较强的绝缘自恢复能力

在雷电过电压作用下，避雷器开始动作导通后，就形成了相线对地的近似短路。由于雷电过电压持续时间很短，当避雷器两端的过电压消失后，系统正常运行电压又持续作用在避雷器两端，在这一正常运行电压作用下，处于导通状态的避雷器中继续流过工频接地电流，该电流称为工频续流。由于工频续流的存在，一方面使相线对地的短路状态继续维持，系统无法恢复正常运行；另一方面也会使避雷器自身受到损坏。为此，避雷器应具备较强的绝缘强度自恢复能力，应能在雷电过电压消失后工频续流的第一次过零时自行切断工频续流，恢复系统的正常运行。

2.5.3 常用避雷器

1. 保护间隙

（1）保护间隙结构

保护间隙是一种较为简单的防雷设备，它由两个金属电极构成，电极做成角形，可以使工频续流电弧在自身电动力和热气流作用下上升拉长而变得易于熄灭。其中一个电极固定在绝缘子上并与线路相接，另一个电极经绝缘子与第一个电极隔开，并与接地装置相连接，如图 2-16 所示。

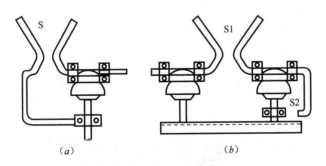

图 2-16 保护间隙的结构

（a）单间隙保护间隙；（b）双间隙保护间隙

（2）保护间隙作用

双间隙保护间隙的辅助间隙的作用，主要是为了防止主间隙被外物（如小鸟）短路而

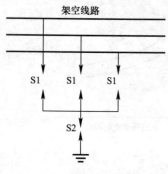

图 2-17　保护间隙的接线

设置的，以防止误动作。单间隙保护间隙没有辅助间隙，必须在其公共接地引下线中间串入一个辅助间隙，如图2-17所示。

（3）保护间隙工作原理

正常运行时，间隙对地是绝缘的，当架空线路遭受雷击时，空气间隙被击穿，将雷电流泄入大地，使线路绝缘子或其他电气设备上的绝缘不致发生闪络，起到了保护作用。

（4）保护间隙应用

保护间隙简单经济，维修方便，但保护性能差，灭弧能力弱，所以只适用于室外负荷不重要的线路上，且一般要求配装自动重合闸装置，以提高被保护线路的供电可靠性。

保护间隙的主间隙不应小于表 2-8 所列数值。辅助间隙可采用表 2-9 所列数值。

保护间隙的主间隙最小值　　　　　　　　表 2-8

额定电压（kV）	3	6	10	20	35
间隙数值（mm）	8	15	25	100	210

注：保护加强绝缘变压器用的间隙在符合绝缘配合要求条件下，应尽量采用增大的间隙值。

辅助间隙的数值　　　　　　　　表 2-9

额定电压（kV）	3	6～10	20	35
辅助间隙数值（mm）	5	10	15	20

2. 管型避雷器

（1）管型避雷器结构

管型避雷器是在保护间隙的基础上发展起来的一种具有较强灭弧能力的避雷器。管型避雷器由产气管、内部间隙和外部间隙等部分组成，如图 2-18 所示。产气管用纤维、塑料或橡胶等在电弧高温下易于气化的有机材料制成。内部间隙装在产气管内，一个电极为棒形，另一个电极端部为环形。外部间隙装在产气管外，外部间隙的作用是使产气管在线

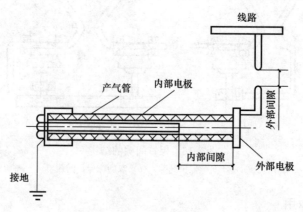

图 2-18　管型避雷器结构示意

路正常输电时与工频隔离，避免产气管受潮漏电，外部间隙可根据线路额定电压进行调节。

（2）管型避雷器的工作原理

当线路上遭受到雷击或感应雷时，雷电过电压使管型避雷器的内、外部间隙击穿，使雷电流通过接地装置流入大地。由于避雷器放电时内阻接近于零，所以其残压极小，但工频续流很大。雷电流和工频续流将使内部间隙产生强烈电弧，管内产生的大量气体（可达数十甚至上百个大气压）由管口喷出，强烈吹弧，使工频续流电弧在第一次过零时熄灭。这时外部间隙恢复绝缘，使避雷器与系统隔离，系统恢复正常运行。

（3）管型避雷器的应用

管型避雷器的开断电流具有上下限，使用时要根据安装地点的运行条件进行合理的选择。因为管型避雷器的灭弧能力与工频续流的大小有关。工频续流太大产气过多，会使产气管爆裂；工频续流过小产气不足，不能灭弧。管型避雷器的型号中示出了开断电流的上下限：

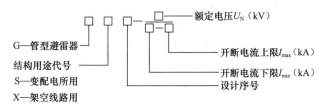

使用时要根据安装地点的线路运行条件，使单相接地短路电流不超过避雷器灭弧电流值的允许范围。管型避雷器外间隙的数值见表 2-10。

管型避雷器外间隙的数值　　　　　　　　　　　　　　表 2-10

额定电压（kV）	3	6	10	20	35
外间隙最小数据（mm）	8	10	15	60	100
GB1 外间隙最大数据（mm）	—	—	—	150～200	250～300

注：表中 GB1 指用于变电所进线段首段的管型避雷器。

3. 阀型避雷器

（1）阀型避雷器基本结构

阀型避雷器是由装在密封瓷套管中的火花间隙和非线性电阻片（阀片）串联组成的，如图 2-19 所示。相对于管型避雷器，它在保护性能上有重大改进。

阀型避雷器的火花间隙按线路额定电压的高低，采用若干个单火花间隙叠合而成，每个单火花间隙由两个圆形黄铜电极及一个垫在中间的云母片（厚为 0.5～1.0mm）叠合组成，如图 2-20所示。由于间隙之间的电场接近于均匀场，而且在过电压作用下云母垫圈与电极之间的空气缝隙还会发生局部预游离，因此间隙的放电分散性较小，伏秒特性较为平坦。将阀型避雷器中的火花间隙做成由多个短间隙串联而成的串联体，将有助于切断工频续流。因为工频续流电弧被短间隙

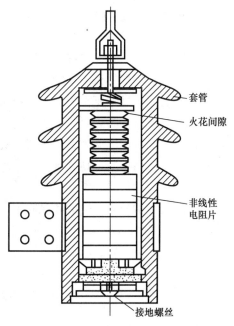

图 2-19　FS-6 型阀型避雷器

电极分割成许多段短弧，靠电极的复合与散热作用使去游离的程度提高，并使短弧能在工频续流过零后不易重燃，而被熄灭，所以这在很大程度上改善了阀型避雷器的伏秒特性。

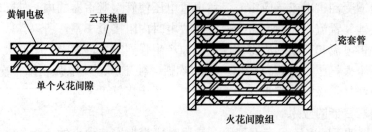

图 2-20 阀型避雷器的火花间隙

阀型避雷器的非线性电阻片也是由多个圆形非线性电阻片串联而成的，每片非线性电阻称为阀片，阀片由金刚砂（碳化硅）细粒（占 70%）、水玻璃（占 20%）和石墨（占 10%）在一定的高温下烧结而成，呈圆饼状。阀片具有良好的非线性特性，在正常工作电压下其电阻值很大，而在过电压下其电阻值很小。阀型避雷器中阀片的多少，与工作电压的高低成比例。阀型避雷器的阀片及其特性见图 2-21。

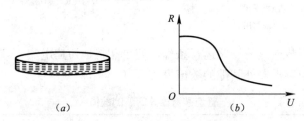

图 2-21 阀型避雷器的阀片及其特性
(a) 阀片；(b) 阀片电阻特性曲线

（2）阀型避雷器工作原理

当线路正常输电时，火花间隙将非线性电阻与线路隔开。而当雷电侵入波过电压沿线路袭来时，火花间隙首先击穿，过电压作用产生的过电流经非线性电阻流入大地。由于非线性电阻具有非线性饱和特性，即电流越小，电阻越大；电流越大，电阻越小，其电阻在流过大电流时将变得很小，所以过电流在非线性电阻上产生的压降将不会高，这一压降称为残压。当雷电过电压作用于阀型避雷器时，火花间隙被击穿放电，雷电流通过阀片迅速泄入大地。此时，阀片阻值很小，使残压降低。雷电流过后，线路电压又恢复为线路的正常对地工频电压，电流为工频续流，此时阀片的电阻变大，限制了工频续流，使火花间隙容易灭弧，从而切断工频续流。

（3）阀型避雷器分类

阀型避雷器分为普通型和磁吹型两大类，其型号的表示和含义如下：

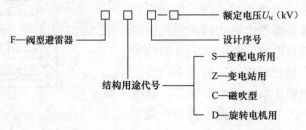

1) 普通型

① FS 系列。主要用于 10kV 及以下中小型变配电所的配电装置、变压器等的防雷保护。FS4-10 型高压阀型避雷器和 FS-0.3S 型低压阀型避雷器的结构如图 2-22 所示。

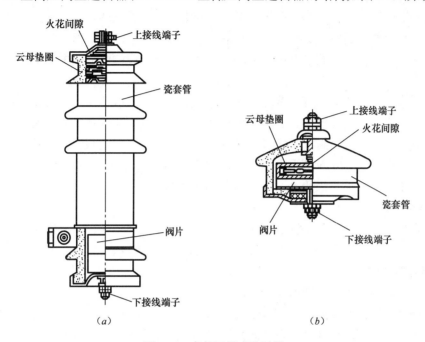

图 2-22　高低压阀式避雷器

(*a*) FS4-10 型高压阀型避雷器；(*b*) FS-0.3S 型低压阀型避雷器

② FZ 系列。由于每个单火花间隙上都并联有分路电阻，使串联火花间隙上的电压分布较均匀，有利于灭弧，故电气性能较好，主要用来保护 35kV 及以上中大容量变电站及发电厂电气设备。

2) 磁吹型

为了进一步改善阀型避雷器的保护性能，在普通阀型避雷器的基础上，发展了一种磁吹避雷器。这种避雷器的基本原理和结构与普通阀型避雷器大致相同，其区别在于采用了灭弧性能较强的磁吹火花间隙和通流容量较大的高温阀片电阻，所以它也称为磁吹阀型避雷器。

(4) 阀型避雷器主要参数

1) 额定电压

额定电压是指正常运行时加在避雷器两端的电压有效值，也即避雷器安装点处电网的额定电压。

2) 灭弧电压

灭弧电压是指在保证避雷器能够可靠切断工频续流条件下所允许加在避雷器两端的最高工频电压幅值。灭弧电压应大于避雷器安装点处可能出现的最高工频电压，否则避雷器会因不能熄灭工频续流电弧而损坏。

3) 冲击放电电压

冲击放电电压是指在冲击电压作用下避雷器放电电压的峰值，一般是给出其上限值。对于额定电压为 220kV 及其以下的避雷器，该参数是在标准雷电冲击波下的放电电压峰值上限；对于 330kV 及其以上的超高压避雷器，除了雷电冲击放电电压外，还包括在标准操作冲击波下的放电电压上限值。

4）工频放电电压

工频放电电压是指在工频电压作用下，使避雷器发生放电的最低电压。由于间隙击穿的分散性，避雷器产品样本给出的工频放电电压数据为一个范围。避雷器不能在内部过电压作用下动作，因此工频放电电压下限应高于系统可能出现的内部过电压值。

5）残压

残压是指冲击电流流过避雷器时在其阀片电阻上产生的电压峰值。冲击放电电流在阀片上产生的压降，与阀片阻抗和电流大小有关，阀片阻抗为非线性特性，其大小本身也与电流大小有关，因此必须制定与残压相对应的电流大小。根据运行统计数据，我国标准规定：对于额定电压为 220kV 及以下系统的避雷器，采用 $8/20\mu s$、5kA 的冲击电流；对于 330kV 及以上的避雷器，采用 $8/20\mu s$、10kA 的冲击电流。

6）通流容量

通流容量是指避雷器通过电流的能力。我国规定普通型阀片通流容量要达到通过 $20\mu s/40\mu s$、峰值 5kV 冲击电流和 100A 工频半波电流各 20 次。

4. 氧化锌避雷器

（1）氧化锌避雷器基本结构

氧化锌避雷器又称金属氧化物避雷器，是 20 世纪 70 年代初期出现的一种新型避雷器。它采用的核心部件是具有良好非线性伏安特性的氧化锌电阻阀片构成。这种电阻阀片是以氧化锌（ZnO）为主要材料，掺进少量的氧化铋（Bi_2O_3）、氧化钴（CoO）、氧化锰（MnO_2）和氧化锑（Sb_2O_3）等金属氧化物添加成分，经专门加工成细粒并混合搅拌均匀，再经烘干、压制成工作圆盘，在 1000℃ 以上的高温中烧制而成。典型氧化锌压敏电阻的显微结构由氧化锌主体、晶界层、尖晶石晶粒以及一些孔隙等部分组成。

（2）氧化锌避雷器伏安特性

氧化锌压敏电阻在实际应用中最为重要的性能指标是其电压与电流之间的非线性关系，即伏安特性，典型氧化锌阀片的伏安特性如图 2-23 所示，该特性可大致划分为三个工作区，即小电流区、限压工作区和过载区。在小电流区，阀片中电流很小，呈现出高阻

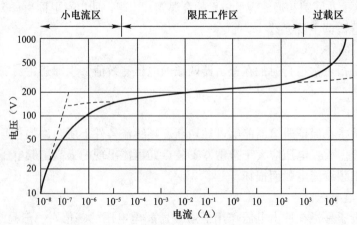

图 2-23 氧化锌压敏电阻阀片伏安特性

状态，在系统正常运行时，氧化锌避雷器中的压敏电阻阀片就工作于此区。在限压工作区，阀片中流过的电流较大，特性曲线平坦，动态电阻很小，压敏电阻发挥对过电压的限压作用在此区内的非线性指数约为 0.015～0.05。在过载区，阀片中流过的电流很大，特性曲线迅速上翘，电阻显著增大，限压功能恶化，阀片出现电流过载。从伏安特性上可见，氧化锌阀片具有良好的非线性特性，如图 2-24 所示，它比碳化硅阀片的伏安特性要优越得多。氧化锌避雷器在过电压作用时电阻很小，残压很低，而在系统正常运行电压作用时电阻很高，实际上接近于开路，因此不必用类似于碳化硅避雷器那样采用间隙来隔离正常运行电压，这也是氧化锌避雷器可以不用串联间隙而成为无间隙与无续流避雷器的原因。

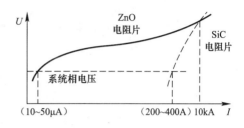

图 2-24　氧化锌压敏电阻阀片与
碳化硅阀片伏安特性的比较

（3）氧化锌避雷器保护性能特点

1）无间隙、无续流

由于在正常运行电压作用下氧化锌避雷器中的电流极小，不必装串联间隙，不存在工频续流问题。在雷电或操作过电压作用下，氧化锌避雷器只吸收过电压能量，不吸收工频续流能量，因此能减轻动作负荷，同时对避雷器所在系统的影响甚微。在大电流重复冲击作用后，氧化锌阀片的特性稳定，变化极小，且具有耐受多重雷电或操作过电压作用的能力。

2）保护可靠性高

在氧化锌避雷器中省去了火花间隙，避开了火花间隙放电需要一定时延的弊端，从而大大改善了避雷器的动作限压响应特性，特别是改善对波头陡度大的雷电侵入波过电压的抑制效果，提高了对设备保护的可靠性。

3）通流容量大

氧化锌避雷器通流容量较大，氧化锌阀片单位面积的通流能力可达碳化硅阀片的 4～5 倍，其残压约为碳化硅阀片的 1/3，且电流分布特性均匀。由于氧化锌避雷器没有串联火花间隙，其允许吸收能量不像阀型避雷器那样受间隙烧伤的制约，而仅与氧化锌电阻本身的强度有关。可以通过并联氧化锌阀片或整只氧化锌避雷器并联的方式来提高避雷器的通流容量。

4）工作寿命延长

氧化锌避雷器在雷电侵入波过电压消失后，实际上没有工频续流流过，这就使得它所泄放的能量大为减少，从而可以承受多次雷击，并可延长工作寿命。

（4）氧化锌避雷器的电气特性参数

1）额定电压

额定电压是指避雷器两端允许施加的最大工频电压有效值。它是与避雷器热负荷有关的电气参量，意指当等于避雷器额定电压的系统短时过电压加在避雷器阀片上时，避雷器仍能吸收规定的雷电过电压能量，且吸收后特性不变，不发生热崩溃。

2）持续运行电压

持续运行电压是指允许长期连续加在避雷器两端的工频电压有效值。氧化锌避雷器在吸收过电压能量时温度升高，限压结束后避雷器在此电压下应能正常冷却而不致发生热击穿。避雷器的持续运行电压一般应等于或大于系统的最高运行相电压。

3）起始动作电压

起始动作电压是指避雷器中通过电流为 1mA 时所对应的电压。由于无间隙的氧化锌避雷器无明确的导通点，1mA 电流大约正好位于氧化锌避雷器伏安特性曲线的转折处，电压超过起始动作电压后，电流急剧增大，阀片开始明显发挥限压作用，因此称 1mA 为起始动作电流，而非放电电流。

4）残压

残压是指避雷器通过规定波形的冲击电流时，其两端出现的电压峰值。残压越低，避雷器的限压性能越好。

5）荷电率

荷电率表示氧化锌阀片上的电压负荷，它是避雷器的持续运行电压幅值与直流起始动作电压的比值。荷电率的高低将直接影响到避雷器的老化过程。当荷电率高时，会加快避雷器的老化，适当降低荷电率可以改善避雷器的老化性能，同时也可提高避雷器对暂态过电压的耐受能力。但是，荷电率过低也会使避雷器的保护特性变坏。选择荷电率需要考虑稳定性、泄漏电流大小和温度对伏安特性影响等因素，针对不同的电网确定合理的荷电率值。荷电率值一般取为 45%～75% 或更高，在中性点非有效接地系统中，因单相接地时健全相上的电压幅值较高，所以应选较低的荷电率。

6）压比

压比是指氧化锌避雷器通过 $8/20\mu s$ 的额定冲击放电电流时的残压与起始动作电压之比。压比越小，表面通过冲击大电流时的残压越低，避雷器的保护性能越好。

2.6 电涌保护器（SPD）

随着技术发展，控制、信息系统已应用到各个领域，其防雷保护问题日益受到关注，并已经成为防雷设计的重要内容。信息系统和各种电子设备，其过电压耐受能力是有限的，当雷电侵入波从户外的电源线、信号线和各种金属管线侵入建筑物后，很容易使室内的电子设备损坏、永久性损伤，从而造成经济损失。为了防止雷电侵入波过电压对信息系统所造成的损害，一般是在信息系统的不同传导和耦合途径（如电源线、信号线和各种金属管道的入口处）装设暂态过电压保护设备。这些保护设备对雷电侵入波过电压的抑制机理基本相同，但由于它们是用于保护电子设备的，所以要求它们在动作限压后的残压水平比避雷器低，且动作的相应速度要比避雷器快。

电涌保护器（SPD）就是基于上述要求设计的电子设备雷电防护中的一种装置。电涌保护器的作用是把窜入电力线、信号传输线的瞬时过电压限制在设备或系统所能承受的电压范围内，或将强大的雷电流泄流入大地，使被保护的设备或系统不受冲击而损坏。

2.6.1 电涌保护器特性及分类

电涌保护器（SPD）具有与避雷器类似的特性，不同的是电涌保护器用于低压配电系统和电子信息系统，而避雷器主要用于中、高压系统。按照其工作原理可分为电压开关型电涌保护器、电压限制型电涌保护器和复合型电涌保护器。

1. 电压开关型电涌保护器

电压开关型电涌保护器是指在无电涌时呈高阻抗状态，有浪涌电压时能立即转变成低阻抗的 SPD。电压开关型电涌保护器常用的元件有放电间隙、气体放电管和晶闸管等开关元件。这类电涌保护器有时也称作"短路型 SPD"，其动作电压波形如图 2-25（a）所示。这类 SPD 具有通流容量大的特点，适用于 LPZ0 区与 LPZ1 区界面的雷电电涌保护，主要作用是泄放雷电能量，但特性陡峭、残压较高，不适合作终端设备的保护。

2. 电压限制型电涌保护器

电压限制型电涌保护器是指在无电涌时呈高阻抗状态，但是随着浪涌电流和电压的上升，其阻抗将持续地减小的电涌保护器。常用的非线性元件是压敏电阻和瞬态电压抑制二极管。这类 SPD 有时也称作"箝位型电涌保护器"，其动作波形如图 2-25（b）所示。限压型 SPD 箝位电压比电压开关型 SPD 低，但通流容量小，一般用于 $LPZ0_B$ 及以后防雷区内的电涌保护。

3. 复合型电涌保护器

复合型电涌保护器是由电压开关型元件和电压限制型元件组成，随其承受的冲击电压不同，其放电特性表现分别有电压开关型特性和电压限制型特性，或同时呈现两者的特性，其动作电压波形见图 2-25（c）。

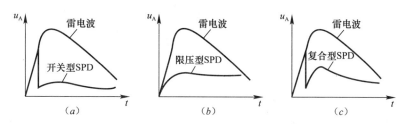

图 2-25 各类型电涌保护器的动作电压波形
(a) 开关型；(b) 限压型；(c) 复合型

2.6.2 对电涌保护器件性能的基本要求

雷电暂态电涌侵入电子设备的主要渠道是电子设备的电源线和信号线，在这两种线路上需要同时设置电涌保护器件或保护器，以抑制过电压，保护电子设备的安全。随具体的应用场合不同，对保护器件的性能要求也有所差别，但存在一些基本的共性要求如下：

（1）在最苛刻的情况下，即在抑制设计允许的最高雷电暂态电涌过电压时，保护器件自身应能安全生存，不能被损坏，这就要求保护器件应具有足够的通流容量。在保护设计中，既不能过分夸大苛刻情况，不恰当地增大保护措施的投资，同时又不能低估雷电暂态电涌水平，降低保护可靠性。应当在保护投资与保护可靠性之间进行优化设计，合理选择保护器件的通流指标。

（2）在承受雷电暂态电涌过电压时，保护器件应具有足够快的动作响应速度，应能及早动作，对过电压进行抑制，这一点对微电子设备来说是至关重要的。

（3）保护器件接入被保护系统后，它的存在对系统的正常运行的影响应很小，可以忽略不计，这就要求处在纵向并联位置的保护器件应具有非常大的阻抗，而处在横向串联位置的保护器件应具有非常小的阻抗。

（4）保护器件应具备良好的限压箝位效果，在设计允许的最大雷电冲击下，保护器件应能将电涌过电压箝位到设计限定的水平以下，那些用于末级保护器的保护器件残压应明显低于被保护电子设备的耐受值。

（5）纵向并联保护器件在接入系统时的连线和接头线要尽量缩短，要尽量减小保护器件连接引线的寄生电感，以改善保护器件的保护效果。

（6）在系统正常运行时，纵向并联保护器件中的泄漏电流应非常小，以减缓保护器件自身的老化和性能衰退。因为正常运行时的泄漏电流是长期流过保护器件的，其数值过大将会逐渐损坏保护器件的保护性能，破坏其工作稳定性。

第3章 供排水系统概述

供排水系统属水务行业，承担着供水生产及输配、污水收集处理和排放，以及防洪排涝等任务，行业面涉及千家万户。供排水系统分为供水系统和排水系统，包括净水厂、污水处理厂、取水泵站（原水泵站）、排水泵站（污水泵站）、供水加压泵站及输配水管网等生产单元，这些单元又包含多座工艺处理建（构）筑物及大量的电气、电子信息设备和各种管线，从而构成了庞大、复杂的供排水系统。

3.1 供水系统

3.1.1 供水系统的分类

供水系统又称为给水系统，供水对象包括城镇居住区、工业企业、公共建筑以及消防和市政道路、绿地浇洒等，各种供水对象对水量、水质和水压有不同的要求。供水系统按其服务对象和使用目的的不同可分为生活供水、生产供水和消防供水系统。

1. 生活供水系统

生活供水系统是为人们生活提供饮用、烹调、洗涤、盥洗、淋浴等用水的供水系统。根据供水用途的差异可进一步分为：直饮水供水系统、饮用水供水系统、杂用水供水系统。生活供水系统除需满足用水设施对水量和水压的要求外，还应符合国家规定的相应的水质标准。

2. 生产供水系统

生产供水系统是为产品制造、设备冷却、原料和成品洗剂等生产加工过程供水的供水系统。由于采用的工艺流程不同，即使生产同类产品的企业，对水量、水质和水压的要求也可能存在较大的差异。

3. 消防供水系统

消防用水对水质无特殊要求，只是在发生火灾时使用，一般是从街道上设置的消火栓和室内消火栓取水，用以扑灭火灾。此外，在有些建筑物中采用特殊消防措施，如自动喷水设备等。消防供水设备一般可与城市生活饮用水共用一个供水系统，只有在一些对防火要求特别高的建筑物、仓库或工厂，才设立专用的消防供水系统。

供水系统还可按水源种类分为地表水（江河、湖泊、水库、海洋等）和地下水（浅层地下水、深层地下水、泉水等）供水系统。

3.1.2 供水系统的组成

供水系统通常由取水、供水处理和输配水三部分组成。

取水的任务是从选定的水源（地表水源或地下水源）中汲取足够的水量，并送至净水厂的水处理构筑物或直接送往用户；供水处理的任务是通过必要的技术措施和工艺过程对不符合用户水质要求的原水，进行水质改善净化处理，使水质达到用户要求的水质标准；输配水的任务是将符合用户水质标准的水（称为成品水）安全经济地输送和分配到用户，并保证用户对水量、水质和水压的要求。这三大部分之间有着密切的联系，并相互影响、相互制约，必须相互协调才能保证用户要求。

对于一般的城镇而言，供水水源有地表水和地下水之分，以地表水为主。取用地表水的供水系统的常见形式为：由通常设于河流上游段的取水构筑物从河中取水，一级泵站（取水泵房）由取水构筑物的进水井吸水，将水送到水处理构筑物，经沉淀（或澄清）、过滤和消毒后，水流入清水池，二级泵站（送水泵房）从清水池吸水，经输水管道将水送入配水管网。通常，将整套水处理构筑物、设备、清水池直至二级泵站集中起来组成一座净水厂或净水站。

取水构筑物有时整合在水厂中（当取水点和净水厂很近时），更多的时候则形成独立于净水厂的取水站。

对于城镇地势较高的地区通常设有水塔或高位水池，一般与配水管网连接，以调节供入管网水量和管网放出水量（实时用水量）之间的不平衡性。配水管网又分为干管和支管，前者主要负责向市区管网覆盖区转输水量，兼顾配水；而后者主要将水分配到用户。

3.1.3   供水系统的布置

供水系统按布置形式可分为统一供水系统、分质供水系统和分压供水系统。

统一供水系统用同一供水系统同时供应生活、生产和消防等各种用水，大多数中小城镇采用这一系统。在城市供水中，工业用水量往往占较大的比例，可是工业用水的水质和水压要求却可能有不同。在工业用水的水质和水压要求与生活用水不同的情况下，有时可根据具体条件，考虑采用分质、分压等供水系统。在小城镇，因工业用水量在总供水量中所占比例较小，一般按一种水质和水压统一供水。另外，当城市内工厂位置分散，用水量又少时，即使水质要求和生活用水稍有差别，也宜采用统一供水系统。

对城镇中个别用水量大、水质要求较低的工业用水，可考虑按水质要求分系统（分质）供水。分系统供水，可以是同一水源，经过不同的水处理过程和独立的管网，将不同水质的水供给各类用户；也可以是不同水源，例如地表水经简单沉淀后，供工业生产用。通常地下水由于水质一般较好，经消毒后即可供应生活用水。也有因水压要求不同而分系统（分压）供水，由同一泵站内的不同水泵分别供水到水压要求高的高压管网和水压要求低的低压管网，以节约二级加压泵站的能量消耗，同时可以降低部分配水管网管材的承压等级，以达到节约投资的目的。

具体选用何种供水布置形式，要根据地形条件、水源情况、各种用水的水质和水压要求，并考虑原有供水工程设施条件，从全局出发，通过技术经济比较后决定。

3.1.4   供水管网

根据供水管网在整个供水系统中的作用，可将它分为输水管和配水管两部分。

1. 输水管

从水源到水厂或从水厂到配水管网的管线，因为沿管线一般不连接用水户，主要起转输水量的作用，沿程无流量变化，所以叫做输水管。另外，从配水管网接到个别大用水户去的管线，因沿线一般也不接用户管，此管线也被叫做输水管。输水管按其输水方式可分为重力输水和压力输水。

2. 配水管

配水管就是将输水管线送来的水，配给城镇用水户的管道系统，配水管内流量随用户用水量的变化而变化。在配水管网中，各管线所起的作用不同，因而其管径也就各异，由此可分为干管、支管（或称分配管）、接户管（或称进户管）三类。干管的主要作用是输水至城市各用水地区，直径一般在 100mm 以上，在大城市为 200mm 以上，城市供水网的布置和计算，通常只限于干管；支管是把干管输送来的水量送入小区的管道，它一般敷设在道路下。支管的管径要考虑消防流量的大小，为了不至于在消防时水压下降过大，通常支管的最小管径，在小城市采用 75～100mm，中等城市 100～150mm，大城市采用 150～200mm；接户管又称进户管，是连接配水管与用户的管道。

配水管按其布置形式又可分为树枝状和环网状。树枝状管网的干管与支管的布置犹如树干与树枝的形态。其主要优点是管材省、投资少、构造简单；缺点是供水可靠性较差，一处损坏则下游各段全部断水，同时各支管末端易造成"死水"区，在用水低峰管道内水的停留时间较长，水质会恶化。这种管网布置形式适用于地形狭长、用水量不大、用户分散的地区，或在建设初期采用，后期再按需发展形成环状。环状管网指供水干管之间都由另外方向的管道互相连通起来，形成许多闭合的环。这样每条管都可以由两个方向来水，因此供水安全可靠性大大提高。一般在大中城市供水系统或供水要求较高时，或者对于不能停水的管网，均应采用环状管网。环状管网可降低管网中的水头损失，节省动力，管径可稍微减小。另外，环状管网还能减轻管内水锤的威胁，有利于管网的安全。环状管网的管线较长，投资较大，但供水安全可靠。

在实际工作中为了充分发挥供水管网的输配水能力，达到既安全又经济的目的，常采用树枝状与环状相结合的管网。如在主要供水区采用环状管网，在外围周边区域或要求不高而距离水厂又较远的地点，采用树枝状管网。

3.2 排水系统

3.2.1 排水的分类

水在使用过程中会受到不同程度的污染，从而改变其原有的化学成分和物理性质，称作污水或废水，污水也包括雨水和冰雪融化水。城市排水按照来源和性质可分为生活污水、工业废水和降水（雨水和雪水）。

1. 生活污水

生活污水指人们日常生活中用过的水，主要包括从住宅、公共场所、机关、学校、医院、商店及其他公共建筑和工厂的生活间，如厕所、浴室、厨房、食堂和洗衣房等处排出的水。生活污水中含有较多有机物和病原微生物等污染物质，在收集后需经过处理才能排入水体、灌溉农田或再利用。

2. 工业废水

工业废水是指在工业生产过程中所产生的废水。工业废水水质随工厂生产类别、工艺过程、原材料、用水成分以及生产管理水平的不同而有较大差异。根据污染程度的不同,工业废水又分为生产废水和生产污水。

生产废水是指在使用过程中受到轻度污染或仅水温增高的水,如冷却水,通常经简单处理后即可在生产中重复使用,或直接排放水体。生产污水是指在使用过程中受到较严重污染的水,具有危害性,需经处理后方可再利用或排放。不同的工业废水所含污染物质有所不同,如冶金、建材工业废水含有大量无机物,食品、炼油、石化工业废水所含有机物较多。另外,不少工业废水中含有的贵重物质,具有回收利用价值。

3. 降水

降水即大气降水,包括液态降水和固态降水,通常主要指降雨。降落的雨水一般比较清洁,但初期降雨的雨水经常会携带着大气、地面和屋面的各种污染物质,污染程度相对严重,应予以控制。对于降雨时间集中,径流量大,或者暴雨,应及时防洪排涝,若不及时排泄,会造成灾害。另外,冲洗街道和消防用水等,由于其性质和雨水相似,也并入雨水范围。通常,雨水不需处理,可直接就近排入水体。

通常排入城市排水管道系统的是生活污水和工业废水的混合物,统称为城市污水。在合流制排水系统中,还可能包括截流入城市合流制排水管道系统的雨水。城市污水实际上是一种混合污水,其性质随着各种污水的混合比例和工业废水中污染物质的特性而异。城市污水需经过处理后才能排入天然水体、灌溉农田或再利用。

在城市和工业企业中,应当有组织地、及时地排除上述废水和雨水,否则可能污染和破坏环境,甚至形成环境公害,威胁人类生活、影响人们身体健康。

3.2.2   排水系统的组成

排水系统是指排水的收集、输送、处理、利用以及排放等设施以一定方式组合成的总体。排水系统可分为生活污水排水系统、工业废水排水系统和雨水排水系统。

1. 生活污水排水系统

生活污水排水系统由建筑污水管道系统及设备、室外污水管道系统、污水泵站及压力管道、污水处理厂、出水口及事故应急排放出水口等组成。

(1)建筑污水管道系统及设备

建筑污水系统(或称为室内污水系统)负责收集生活污水并将其排送至室外居住小区的污水管道中。住宅及公共建筑内各种卫生设备是生活污水排水系统的起始设备,生活污水从这里流入室外居住小区管道系统。

(2)室外污水管道系统

分布在室外地面下的依靠重力流输送污水至泵站、污水厂或水体的管道系统称为室外污水管道系统,分为居住小区管道系统和市政管道系统。

居住小区污水管道系统是指敷设在居住小区范围内的污水管道系统;市政污水管道系统是指敷设在城市较大的街道下,用以接纳各居住小区、公共建筑污水管道流来的污水管道系统。

(3)污水泵站及压力管道

污水一般以重力流排除,但往往由于受到地形等条件的限制需要设置泵站提升。输送从泵站出来的污水的承压管段,称为压力管道。

（4）污水处理厂

供处理污水、污泥并达到一定质量标准以便利用或排放的一系列构筑物及附属建筑物的整体合称为污水处理厂，对于城市常称为市政污水厂或城市污水厂。

（5）出水口及事故应急排放出水口

污水排入天然环境或天然水体的渠道或管道的终端口称为出水口，它是整个排水系统的终点。事故应急排放出水口是指在排水系统的中途，在某些易于发生故障的组成部分前面所设置的辅助性出水渠，一旦发生故障，污水就此直接排入水体。

2. 工业废水排水系统

将工业企业中产生的工业废水收集、处理和回收利用的设施就称为工业废水排水系统，主要包括：

（1）车间内部管道系统及设备，主要用于收集各生产设备排出的工业废水，并将其排送至车间外部的厂区管道系统。

（2）厂区管道系统，敷设在工厂内，用以收集和输送各车间排出的工业废水，根据具体情况，可以设置若干个独立的管道系统。

（3）污水泵站及压力管道。

（4）废水处理站，回收利用和处理废水、污泥的场所。

3. 雨水排水系统

雨水一般就近排入水体而不进行处理，所以雨水排水系统主要包括：

（1）建筑物的雨水管道系统和设备，主要是收集工业、公共或大型建筑的屋面雨水，并将其排入室外的雨水管渠系统中去，包括天沟、雨水立管和房屋周围的雨水管沟等。

（2）室外雨水管道系统，包括居住区、厂区和街道雨水管道系统，由雨水口、检查井、支管、干管等组成。

（3）雨水泵站及压力管道，因雨水径流量大，应尽量少设或不设雨水泵站。

（4）排洪沟，其作用是将可能危害居住区及厂矿的山洪及时拦截并引至附近的水体。

（5）出水口。

3.2.3 排水的体制

排水体制是指排水系统对生活污水、生产废水和降水所采取的不同收集和排除方式，一般分为合流制和分流制两种类型，是针对污水和雨水的合与分而言的。

1. 合流制排水系统

合流制排水系统是指将生活污水、工业废水和雨水收入同一套排水管渠内排除的排水系统，又可分为直排式合流制排水系统和截流式合流制排水系统。

直排式合流制排水系统是最早出现的合流制排水系统，是将欲排除的混合污水不经处理就近直接排入天然水体。因污水未经无害化处理而直接排放，会使受纳水体遭受严重污染，危害很大，现在已经不再采用。

截流式合流制排水系统是在邻近河岸的高程较低侧建造一条沿河岸的截流总干管，所有主干排水管的混合污水都将接入截流总干管中，合流污水由截流总干管输送至下游的排水口集中排出或进入污水处理厂。截流式合流制排水系统比直排式合流制排水系统有所进步，但仍有部分混合污水未经处理直接排放，成为水体的污染源而使水体遭受污染。

2. 分流制排水系统

分流制排水系统是指将生活污水、工业废水和雨水分别在两个或两个以上各自独立的管渠系统内排除的排水体制。排除生活污水、工业废水或城市污水的系统称为污水排水系统，排除雨水的系统称为雨水排水系统。根据排除雨水方式的不同，又分为完全分流制和不完全分流制排水系统。

完全分流制排水系统具有相互完全独立的污水排水系统和雨水排水系统，污水排至污水处理厂处理后排放，雨水就近排入水体。不完全分流制是指只有污水排水系统，而未建雨水排水系统，雨水沿街道边沟、水渠、天然地面等原有雨水渠道系统排泄，或者在原有渠道系统输水能力不足之处修建部分雨水管道，待城市进一步发展后再修建完整独立的雨水排水系统，逐步改造成完全分流制排水系统。

在一些大城市中，由于各区域的自然条件存在差异，同时排水系统的建设是逐步进行和完善的，有时会出现混合制排水系统，即分流制与合流制并存的排水系统。

排水体制的选择是城市和工业企业排水系统的重要因素，不仅从根本上影响排水系统的设计、施工、维护、管理和投资，而且对城市和工业企业的规划和环境保护影响深远，应根据城镇的总体规划，结合当地的地形特点、水文条件、水体状况、气候特征、原有排水设施、污水处理程度和处理后出水利用等综合考虑后确定。

3.2.4　排水管网

排水管网由支管、干管、主干管等构成，一般沿地面高程由高向低布置成树状网络。排水管网中设置雨水口、检查井、跌水井、溢流井、水封井、换气井等附属构筑物及流量等检测设施。污水管网的管道一般采用非满管流，雨水管网的管道一般采用满管流，工业废水的输送管道根据水质的特性决定。

排水管网的布置应根据城市地形、竖向规划、土壤条件、水体情况、污水厂的位置，以及污水的种类和污染程度等因素综合确定，常见的布置形式有以下几种：

（1）正交式布置：在地势向水体适当倾斜的地区，各排水流域的干管以最短距离沿与水体大体垂直相交的方向布置，称为正交式布置，仅用于雨水排除。

（2）截流式布置：在正交式布置的基础上，沿河岸再敷设总干管将各干管的污水截流并输送至污水厂，这种布置称为截流式布置，适用于分流制的排水系统。

（3）平行式布置：在地势向河流方向有较大倾斜的地区，以干管与等高线及河道基本平行、主干管与等高线及河道成一定斜角的形式敷设，称为平行式布置，可避免干管坡度及管内流速过大，使管道受到严重冲刷。

（4）分区式布置：分别在地形较高区和地形较低区依各自的地形和路网情况敷设独立的管道系统。高地区污水靠重力流直接流入污水厂，低地区污水用水泵抽送至高地区干管或污水厂。这种布置只能用于个别阶梯地形或起伏很大的地区。

（5）分散式布置：当城市周围有河流，或城市中央部分地势较高、地势向四周倾斜的地区，各排水流域的干管常采用放射状分散式布置，各排水流域具有独立的排水系统。

（6）环绕式布置：在分散式布置的基础上，沿城市四周布置截流总干管，将各干管的污水截流送往污水厂，这种布置称为环绕式布置。

应当注意的是，城市的地形是非常复杂的，加之诸多因素的影响，在实际中单独采用一种形式布置管网的情况较少，通常是根据当地条件，因地制宜地采用多种形式综合布置。

3.3 工艺处理单元

3.3.1 取水泵站

1. 工艺流程

取水泵站在供水系统中也称为一级泵站，其作用是从水源将原水输送至净水厂。在地表水水源中，取水泵站一般由吸水井、泵房和阀门井（又称切换井）等三部分组成，工艺流程示意如图 3-1 所示：

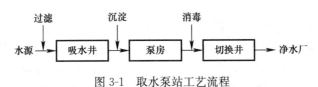

图 3-1 取水泵站工艺流程

2. 主要构筑物与工艺设备

在地表水水源中，取水泵站大多靠近江河的岸边建造，建（构）筑物包括吸水井（进水间）、泵房（含配电间和控制室）、加药间、阀门井、办公楼等。其中进水间和泵房是主要的取水构筑物，分为合建式和分建式两种基本形式。合建式取水构筑物是将进水间和泵房合建在一起，优点是布置紧凑，占地面积小，水泵吸水管路短，运行管理方便，但是土建结构复杂，施工较困难。当岸边地质条件较差时，则将进水间与泵房分开建造，对施工较为有利。

水泵是取水泵站的主要工艺设备，最常用的是离心泵，水泵的工况直接决定了泵站的运行和能耗。水泵工况点的调节一般采用变频调速，适用于各种功率的电动机，最佳调速范围 50%～100%，功率因数 0.85 以上，效率达 0.95 以上，启动和停止性能良好，适合单机和多机联机运行控制。

3.3.2 净水厂

1. 工艺流程

净水厂是城镇供水系统的核心，其主要任务和目的是通过科学的方法去除水中的杂质，提供安全优质的用水，保障居民生活、企业生产和其他用水。就饮用水而言，目前的常规处理工艺为混凝、沉淀（或澄清）、过滤和消毒。在此基础上，为了应对污染、提高水质，越来越注重原水的预处理和常规工艺之后的深度处理，如增加生物预处理（接触氧化池或生物滤池），采用活性炭吸附（或者臭氧－活性炭联用）技术等。净水厂的常规加深度处理工艺流程如图 3-2 所示。

2. 主要构筑物与工艺设备

（1）混凝池的形式可分为水力和机械两类，水力式使用管式混合器和折板，机械式是在池内安装搅拌器，使水和药剂快速均匀地混合，水中杂质结成絮凝体而分离。

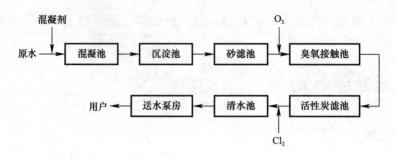

图 3-2   净水厂常规＋深度处理工艺流程

（2）沉淀池广泛采用平流式，穿孔墙配水，集水槽出水，机械排泥。当沉淀池具有 3m 以上虹吸水头时，采用虹吸式吸泥机。当沉淀池为半地下式，池内外的水位差有限时，可采用泵吸式吸泥机。

（3）过滤是常规处理中最重要的环节，目前大量使用 V 型滤池，由 PLC 为核心组成控制系统自动控制整个过滤过程。进水槽设计成 V 字形，有利于布水均匀。恒水位等速过滤，滤池出水阀随水位变化不断调节开启度，使池内水位在整个过滤周期内保持不变，滤层不出现负压。采用均质石英砂滤料，截污能力强。冲洗时采用空气、水反冲和表面扫洗，分别由罗茨鼓风机和离心泵提供动力，冲洗效果好且节约冲洗用水。

（4）在生活饮用水处理中，消毒是必不可少的，液氯消毒是应用最广、成本最低的消毒方式。液氯的投加通常使用自动真空加氯系统，该系统由自动切换装置、减压阀、真空调节器、自动真空加氯机、水射器等部件组成，加氯量大时还需要配备氯气蒸发器。

（5）臭氧—生物活性炭法是饮用水深度处理的主流工艺，臭氧氧化、颗粒活性炭吸附和生物降解得到综合利用。臭氧系统由气源系统、臭氧发生系统、臭氧接触反应系统和尾气处理系统组成。气源制备可采用空气、液态纯氧蒸发和现场制氧等方法。臭氧发生系统包括臭氧发生器、供电设备（变压器、控制器等）及发生器冷却设备（水泵、热交换器等）。臭氧接触反应系统包括臭氧扩散装置和接触反应池。尾气处理多采用加热分解法或触媒催化分解法，使残余臭氧达到环境允许的浓度。

（6）清水池起到水量调节和消毒接触作用，可建成矩形或圆形，分格数一般不少于两个，能单独工作和分别放空。

（7）送水泵房也称为二级泵房，将清水池的水输往管网。送水泵房吸水水位变化范围小，通常不超过 3～4m，因此泵房埋深较浅。一般可建成地面式或半地下式。送水泵房为了适应管网中用户水量和水压的变化，必须设置各种不同型号和台数的泵机组，从而导致泵房建筑面积增大，运行管理复杂。因此泵的调速运行在送水泵房中显得尤为重要。

3.3.3   排水泵站

1. 工艺流程

污水一般以重力流排除，如果受到地形、管道埋深等条件的限制，需要设置排水泵站（污水泵站）以提升污水。排水泵站按功能可分为局部泵站、中途泵站和终点泵站。典型的排水泵站工艺流程示意如图 3-3 所示。

图 3-3　排水泵站工艺流程

2. 主要构筑物与工艺设备

排水泵站的主要组成部分是泵房和集水池，大型泵站还专设有变电间。泵房和集水池通常建在一起，称为合建式泵站。当集水池较深、地质条件较差时，也可采用分建式。如果按照水泵形式划分，轴流泵和离心泵多用于干式泵站，采用潜水泵的为湿式泵站。

泵站集水池内设超声波液位计，PLC 系统根据水位值自动控制水泵的启停运行，同时系统累计各个泵的运行时间，自动轮换泵，保证各泵累计运行时间基本相等，使其保持最佳运行状态。

3.3.4　污水处理厂

1. 工艺流程

城镇污水一般由生活污水、工业污水、市政污水和部分雨水等形成，污染物含量或浓度较高，直接排放将危害环境和生命健康。污水处理厂通常采用物理、化学和生物处理法，将污水中的污染物去除，或转化为无害和稳定的物质，从而使净化后的污水符合排放要求。污水处理工艺一般采用一级处理或二级处理。一级处理为物理处理，主要是把污水中易于沉淀的污染物质除去，处理效果较差，一般由格栅、沉砂池、沉淀池等组成，工艺流程示意如图 3-4 所示：

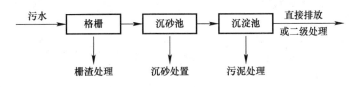

图 3-4　污水一级处理工艺流程

二级处理是在一级处理后增加生物处理，进一步提高污水净化效果，主要有普通活性污泥法、氧化沟法、AB 法、CAST 法等，传统活性污泥法工艺流程示意如图 3-5 所示：

图 3-5　传统活性污泥法工艺流程

污水经二级处理后，如需进一步去除污染成分（如氮、磷、微量有机物和无机盐等），可进行三级处理，主要方法有活性炭法、反渗透法等，由于基建和运行费用昂贵，目前尚未推广普及。

2. 主要构筑物与工艺设备

以传统活性污泥法为例：

（1）在污水处理系统（包括水泵）前，均需设置格栅，以拦截较大的呈悬浮或漂浮状态的固体污染物，按栅条净间隙可分为粗格栅（50～100mm）、中格栅（16～40mm）和细格栅（3～10mm）。

（2）沉砂池的形式分为平流式、竖流式、曝气式和旋流式，除砂一般采用泵吸式或气提式机械排砂。

（3）沉淀池分为平流式、竖流式和辐流式，均包含五个区：进水区、沉淀区、缓冲区、污泥区和出水区。沉淀池的污泥一般采取静水压力排除或机械排泥，刮泥机是主要设备。

（4）活性污泥法的核心是反应池，一般为好氧系统，必须充入空气，使溶解氧保持在2mg/L左右。曝气分为鼓风曝气和机械曝气，鼓风曝气的设施包括鼓风机、风机房、风管、曝气头，机械曝气主要依靠表面曝气机。

（5）污水经过二级处理后，水质得到极大改善，但仍存在大量细菌甚至是病原菌，随着对生态环保的日益重视，污水消毒排放已形成共识。最常用的消毒剂是液氯，其次还有漂白粉、次氯酸钠、臭氧、紫外线等。由于液氯存在安全隐患和消毒副产物问题，而臭氧消毒成本太高，目前正在逐步推广紫外线消毒方式，紫外线消毒具有杀菌广谱高效、无二次污染、运行费用低等优点。紫外线消毒系统包括紫外灯管、镇流器、自动清洗系统、控制系统和配电系统。

（6）在城镇污水处理过程中，产生大量的初沉污泥和剩余活性污泥，必须进行有效的处置。典型的污泥处理工艺包括四个阶段，分别是污泥浓缩、污泥消化、污泥脱水和污泥处置。常用的污泥处理设备包括浓缩刮泥机、离心脱水机或压滤脱水机。

3.4　电气及电子设备

本节将介绍供排水系统中应用最广泛，同时也是与雷电防护关系密切的供配电系统、自动化系统和自动化仪表设备的构成、特点等相关情况。

3.4.1　供配电系统

1. 负荷分级

供排水系统的电力负荷等级应根据其重要性和中断供电所造成的损失或影响程度来划分，通常分为三级负荷。

城市特大型自来水厂可划为一级负荷；大中城市的自来水厂、大型加压泵站及污水处理厂、雨水（污水）泵站、中小城市的主要水厂为二级负荷；不属于一级和二级负荷的供排水系统为三级负荷。

一级负荷应由两回路电源同时供电，当一个电源发生故障时，另一电源应不致同时受到损坏，确保持续供电。二级负荷应由两回路电源供电，每回路电源应能承受100%的负荷，如取得两个电源确有困难时，允许由一路专用线路供电。三级负荷对供电无特殊要求。

2. 供电和配电电压

（1）供电电压

供排水系统的供电电压应根据总用电量、主要用电设备的额定电压、供电距离、当地供电网络现状和发展规划等因素综合考虑决定。

三相交流设备的额定电压和电力系统标称电压见表 3-1，各级电压线路送电能力见表 3-2。

三相交流设备的额定电压和电力系统标称电压　　　　表 3-1

用电设备额定电压（kV）	电力系统标称电压（kV）	变压器二次侧额定电压（kV）
0.38		0.4
3		3.15
6	(6)	(6.3)
10	10	10.5
	35	38.5
	(63)	(66)
	110	121

注：括号内的电压等级仅为个别地区采用。

各级电压线路送电能力　　　　表 3-2

标称电压（kV）	送电容量（MW）	送电距离（km）
6	0.1～1.2 (3)	15～4 (<3)
10	0.2～2 (4)	20～6 (<6)
35	2～8	50～20
63	3.5～20	100～25
110	10～30	150～50

注：1. 表中数字为架空线路数据，括号内为电缆线路数据；
　　2. 表中数据计算依据：线芯截面最大 240mm²，电压损失<5%，功率因数 $\cos\varphi=0.85$。

（2）配电电压

配电电压的高低取决于供电电源电压、用电设备额定电压以及配电半径、负荷大小和负荷分布情况等。

供电电压为 35kV 及以上的，其配电电压一般采用 10kV。如额定电压为 6kV 的用电设备的容量超过总容量的 30%，亦可考虑 6kV 作为配电电压。

供电电压为 10kV 的，一般来说应采用 10kV 为配电电压。当厂内无额定电压为 0.4kV 以上的用电设备，且用电量和厂区面积较小时，可用 0.4kV 作为配电电压。当厂区面积较大、负荷比较分散时，可采用 10kV 和 0.4kV 两种电压混合供电的方式。即将 10kV 作为一次配电电压，先用 10kV 线路将电力分配到几个负荷相对集中的地方，建立各自的 10/0.4kV 变电所，然后用 0.4kV 作为二次配电电压再向下一级用电设备配电。

3. 变配电所主接线

变配电所主要由变压器室、高压配电室、低压配电室、电容器室、值班室等组成，是整个供水排水工程供配电系统的核心。供排水系统的变配电所，一般都是电力系统的用户终端变配电所，其主接线都比较简单，可分为两大类：有汇流母线接线，如单母线、分段单母线等；无汇流母线接线，如线路—变压器单元接线等。

（1）单母线接线

见图 3-6，单母线接线简单清晰，设备少，操作方便，便于扩建和采用成套配电装置。但是不够灵活，可靠性低，当母线或与母线相连的任一元件故障或检修时，会造成整个变配电所停电或短时停电。单母线接线一般用于单电源供电且配电回路不超过三回的变配电所，可用于二、三级负荷供电。

（2）分段单母线接线

用开关设备（断路器或隔离开关）将母线分段后，对重要负荷可以从两段母线各引出一个回路供电，相当于有两个电源供电，如图3-7所示。当一段母线故障或检修时，另一段母线仍可以正常工作，提高了供电的可靠性。缺点是投资较单母线大，当一段母线或与该母线相连的设备故障或检修时，接于该母线上的所有回路都要停电或短时停电。分段单母线接线一般用了双电源供电且配电回路超过二回的变配电所，可用于一、二级负荷供电。

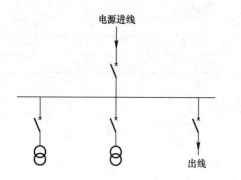

图 3-6 单母线接线

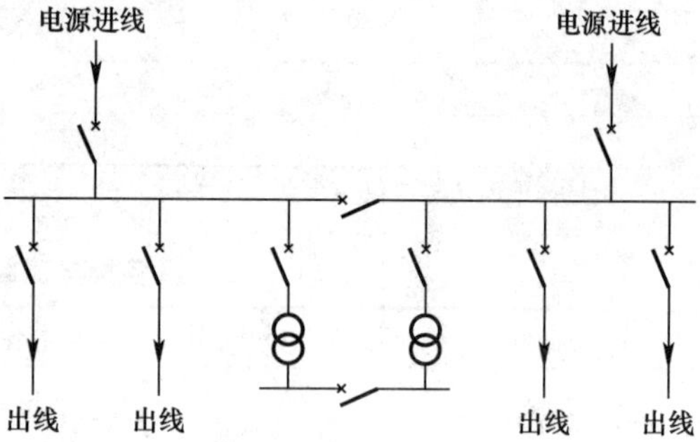

图 3-7 分段单母线接线

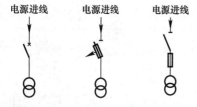

图 3-8 线路—变压器单元接线

（3）线路—变压器单元接线

见图3-8，接线最简单，设备最少，投资最省。但是线路或变压器故障或检修时都要停电，供电可靠性较低。一般用于单电源供电、只有一台变压器的变配电所，可用于二、三级负荷供电。

4. 配电系统接线方式

供排水系统的配电系统应根据用电负荷大小、对供电可靠性的要求、负荷分布情况等采用不同的接线方式。常用的配电系统接线方式有放射式、树干式、环网式或其组合方式。

（1）放射式

这种接线方式供电可靠性较高，发生故障后的影响范围较小、切换操作方便，保护简单。但其所需的配电线路较多，相应的配电装置数量也较多，因而造价较高。放射式配电系统接线又可分为单回路放射式（图3-9）和双回路放射式（图3-10）两种。单回路放射式一般用于单电源供电的二、三级负荷供排水系统，当用于二级负荷时，应尽量设置备用电源。双回路放射式多用于双电源供电的一、二级负荷供排水系统。

（2）树干式

这种接线方式配电线路和配电装置的数量较少，投资少，但发生故障后的影响范围较大，供电可靠性较差，仅在中小城市的三级负荷供排水系统中偶有采用。如单电源架空线路供电的分散深井泵房，见图3-11。

（3）环网式

这种配电方式的可靠性高，但运行操作、维护检修和继电保护设置较复杂，是供排水系统中常见的配电方式，见图3-12。

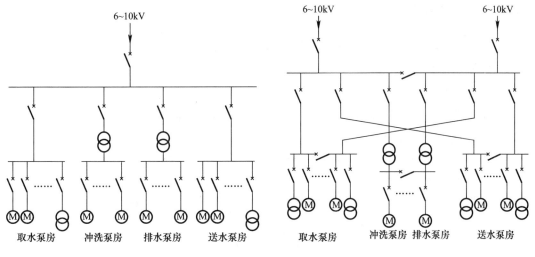

图 3-9 单回路放射式　　　　　　　　　　图 3-10 双回路放射式

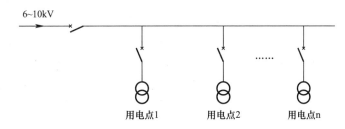

图 3-11 树干式

（4）混合式

一般是指将放射式和树干式两种方式混合在一起的配电方式，即在同一个配电系统中，既有放射式配电，也有树干式配电；对较重要的用电设备采用放射式配电，对一般用电设备采用树干式配电。在供排水系统中，当厂区范围较大、用电设备多而分散时，采用这种配电方式，既可保证主要设备用电的可靠性，又可节约投资，见图 3-13。

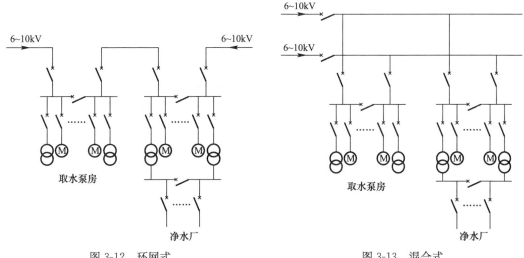

图 3-12 环网式　　　　　　　　　　　　　图 3-13 混合式

5. 主要电气设备

（1）变换设备

指按系统工作要求来改变电压或电流的设备，例如电力变压器、电压互感器、电流互感器及变流设备等，其中电力变压器是变电所的核心设备。

（2）控制设备

指按系统工作要求来控制电路通断的设备，例如各种高低压开关。

（3）保护设备

指用来对系统进行过电流和过电压保护的设备，例如高低压熔断器和避雷器。

（4）无功补偿设备

指用来补偿系统中的无功功率、提高功率因数的设备，例如并联电容器。

（5）成套配电装置

它是按照一定的线路方案的要求，将有关一次设备和二次设备组合为一体的电气装置，例如高低压开关柜、动力和照明配电箱等。

3.4.2　自动化系统

自动化技术是一门综合性技术，它运用控制工程、信息工程、系统工程等先进理论，结合自动控制、计算机、通信网络等高新技术，对生产过程实现检测、控制、优化、调度、管理和决策，以达到增加产量、提高质量、降低消耗、确保安全等目的。供排水行业的自动化技术应用非常广泛，体现在生产监控、管网调度、管网信息、营业收费、客户服务、企业综合管理等诸多方面。得益于自动化技术，供排水企业实现了对生产过程的一体化管控，从而减轻劳动强度，保证和提高出水品质，降低能耗，降低成本，提高企业的运营效率和经济效益。供排水自动化系统主要由计算机控制系统构成。

1. 计算机控制系统构成

广义来讲，以微处理器为核心的各种智能化控制装置都可以归结为计算机控制系统，包括由工业计算机组成的系统、由单板机或单片机组成的系统、由可编程序控制器组成的系统、由智能化专用调节器组成的系统以及由上述各类装置混合组成的系统等。虽然这些装置的配置、功能不同，但其基本的组成部分是相似的，都是通过数字运算完成各种功能。计算机控制系统以中央处理器为核心，包括输入输出通道、操作台、通用外部设备等硬件，以及各种系统软件和应用软件，其基本构成如图 3-14 所示。

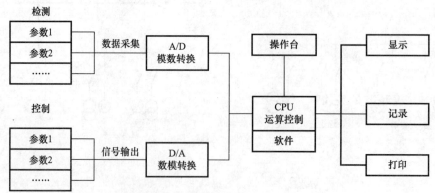

图 3-14　计算机控制系统基本构成

（1）中央处理器

中央处理器（CPU）是整个控制系统的指挥部，它可通过接口向系统的各个部分发出各种命令，并按照程序给定的控制算法（例如 PID），执行数据采集、运算控制、信号输出等功能。

（2）输入输出通道

由于计算机只能接收数字量，而一般被控对象的连续化过程都是以模拟量为主，因此必须把模拟量转换成数字量，或把数字量再转换成模拟量。实现这种转换过程的装置称为 A/D、D/A 转换器，它是计算机与被控对象之间信息传递的通道，也相当于专用接口。

（3）操作台

操作台是人机对话的联系纽带，允许操作员、工程师向计算机输入程序、修改数据以及发出各种指令，对被控对象实施有效的控制。操作台主要由作用开关（包括电源开关、数据与地址选择开关、操作模式选择开关等）、功能键、显示屏等组成。

（4）通用外部设备

通用外部设备包括显示器、存储器、打印机、报警器等，用以扩大和增强计算机的功能。

（5）软件

软件由系统软件和应用软件两部分组成。系统软件包括操作系统、语言处理程序和服务性程序等，具有一定的通用性。应用软件是为实现特定控制目的而编制的专用程序，如数据采集程序、控制决策程序、报警处理程序等，它们涉及被控对象的自身特征和控制策略，由用户开发。

2. 计算机控制系统结构

计算机控制系统按照结构特点可分为集中控制系统和分布控制系统。集中控制系统的主要特点是由单一的计算机完成所有功能并对所有被控对象实施控制，其优点是结构简单清晰，数据库易管理，数据一致性好。但缺点也很明显，就是所谓的"危险集中"，系统的可靠性和扩展性很差，即使在硬件上设计了双重冗余与备份，仍不能摆脱运行效率低和死机的风险。分布控制系统则用多台计算机分担过程量的输入、输出和控制功能，各台计算机的地位平等，在运行中互不依赖，用不同的计算机实现不同的功能，系统的可靠性和扩展性大大增强。

目前供排水行业的计算机控制系统基本上都是采用分布式结构，其中应用最广泛的是 SCADA 和 DCS。

SCADA（Supervisory Control And Data Acquisition）即监视控制与数据采集，该系统具备数据采集传输、数据统计分析、设备控制、参数调节、警报处理、报表输出等功能，实现生产和调度过程的自动化监控。SCADA 系统主要由 RTU（远程终端单元）、通信网络和监控站三个部分组成。RTU 是 SCADA 系统的基本组成单元，它内置了电源、微处理器、输入输出模块、通信模块等，完成数据采集和本地控制两大功能。进行数据采集时作为一个远程数据单元，响应本站与其他站之间的通信和遥控指令。进行本地控制时作为系统中一个独立的工作站，可以执行联锁控制、反馈控制等。为支持 SCADA 系统，供排水企业在厂站和管网的重要工艺节点上都安装了 RTU。通信网络用于现场控制单元之间以及与监控站之间传递数据，分为有线和无线两种类型，链路介质包括电缆、微波、光纤等，供排水企业一般使用无线电台或 GPRS 传输数据。监控站的硬件包括工控机、服务器、监视器、打印机、UPS 等，并安装专门的应用软件管理系统的数据库，通过组态画面监测现场站点，下发指令进行指挥调度。供排水企业的监控站一般采用主站和子站两级控制，主站设在集团或总公司的控制中心，子站分布在下属各个厂站。RTU 分别向对应的子站发送数据，子站统一向主站转发和请求，主站接收、存储、备份、应答及控制。

DCS（Distributed Control System）即分布式控制系统，或称为集散控制系统，该系统根据"集中管理、分散控制"的原则，将若干台微机分散应用于过程控制，全部信息通过通信网络由上位机监管，达到最优化控制，既实现了管理、操作和显示三方面的集中，又实现了功能、负荷和危险性三方面的分散。DCS 一般由现场控制站、工作站/操作站、工程师站和通信网络四部分组成。现场控制站、工作站/操作站、工程师站都是由独立的计算机构成的，它们分别完成各种不同的功能。所有这些完成特别功能的计算机都被称为"节点"，而这些节点又通过通信网络连接在一起，成为一个完整、统一的系统。现场控制站除承担信号的实时采集任务外，还可在本站实现局部自动控制、回路的计算及闭环控制、顺序控制等功能。一套 DCS 中的各个现场控制站可以分担整个系统的 I/O 和控制功能，不会由于某个站点失效而造成整个系统瘫痪。工作站/操作站是处理一切与运行操作有关的人机界面功能的网络节点，使操作员能及时全面地了解现场运行状态，并对工艺过程进行控制和调节。工作站/操作站不仅可以监视生产过程状态，还可以监视控制系统本身各个设备的运行状态。工程师站是对 DCS 进行离线配置、组态和在线监督、控制维护的网络节点。通信网络是 DCS 的骨架，它对整个系统的实时性、可靠性和扩充性起着决定性的作用。

DCS 一般分为三级，即过程级、监控级和管理级。过程级是 DCS 的基础，由各个现场控制站组成。监控级为第二级，具有工作站/操作站和工程师站的职能和权限。管理级是整个系统的中枢，处于最高一级，包括各种上位系统和管理终端，拥有最大的权限。过程级收集参数和信息供监控级调用，接收监控级发送的指令并依此而工作。监控级对生产过程进行监视与操作，并按照管理级的要求确定过程级的最优给定量。管理级根据监控级提供的信息及生产任务的要求，选择模型，审核方案，制定最优控制策略，并对下级下达命令。

SCADA 和 DCS 本质上都属于分布式结构，从计算机和网络的角度来说，它们是统一的，在实际应用中，它们各有侧重。SCADA 主要用于数据采集和调度管理，尤其适合于广域的需求，如电力系统和输油管线的监控。DCS 侧重于过程自动化和厂站管理，常常要求高级的控制算法，如石化行业。随着计算机技术的发展，两者呈现互相渗透和融合的趋势，一些生产企业会同时包含这两种系统，SCADA 作为上位监控，DCS 实现复杂控制。就供排水企业而言，其计算机控制系统的基本体系如图 3-15 所示。

在这个体系中，过程级处于最底层，可以采用现场控制站、PLC 或者现场总线等方式，完成生产和工艺过程的现场监视、数据采集与处理等功能。过程级包含了给排水生产过程的全部实时信息，是企业管理所需信息的主要来源。监控级位于中间层，它完成一个供排水企业下属具有独立职能的部门（包括泵站、净水厂、污水处理厂、分公司等）局部范围内的生产过程自动化功能。体系的最高层是管理级，它完成一个供排水企业在全系统范围内与生产过程监控、调度、运营直接有关的自动化功能，并可通过互联网（Internet）对外进行信息交换。该层级以核心网站服务器、数据库的模式建设，将企业的决策者、各管理部门及其工作人员终端联成局域网，并利用有线或无线方式，联接分布在各处的子系统，构成企业广域网（WAN）。

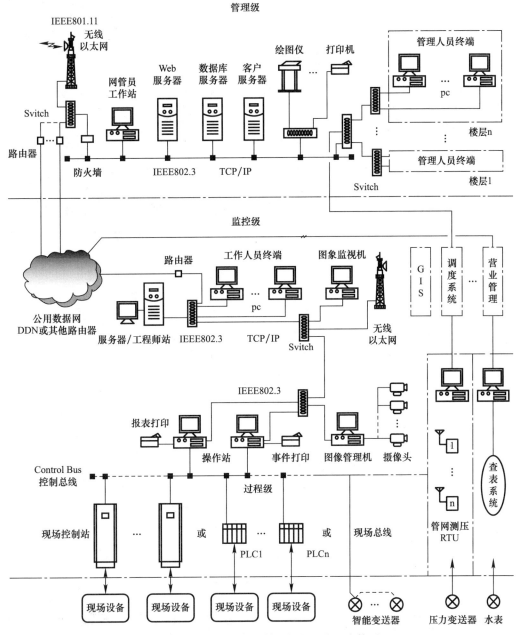

图 3-15　供排水企业计算机控制系统基本体系

　　根据供排水企业计算机控制系统的基本体系和"集中管理、分散控制"的基本原则，可以构建出企业核心所在的水厂和污水处理厂的计算机控制系统，如图 3-16、图 3-17 所示。水厂和污水处理厂的计算机控制系统基本结构相同，通常设置有现场控制站和中心控制室。现场控制站的数量、位置和监控范围视平面布局、工艺流程和设备可控性而定，一般按独立的工艺设施进行现场控制站的设置。中心控制室与各现场控制站之间采用工业现场总线等高速网络连接。中心控制室一般设有操作员站、工程师站和系统服务器等，可实现工艺流程的监控、系统组态的修改下装和域内数据的集中管理等功能。有的中心控制室还配置了大型屏幕显示系统、工业数字视频图像监视系统，管理更加精细化。

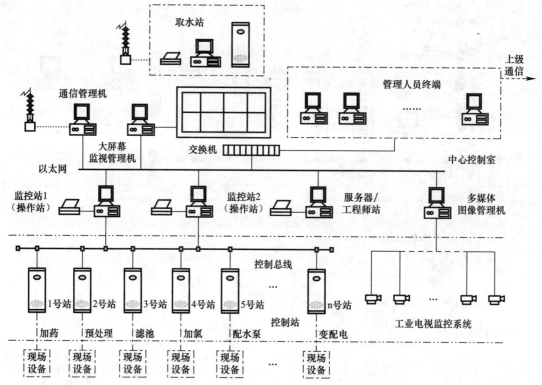

图 3-16 常规处理工艺水厂的计算机控制系统基本结构

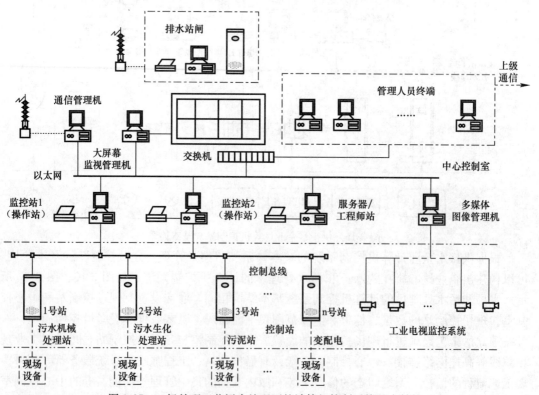

图 3-17 二级处理工艺污水处理厂的计算机控制系统基本结构

3.4.3 自动化仪表

自动化仪表是为了及时监视和控制生产过程而对有关工艺变量进行检测、显示、控制、执行等类仪表的总称。在供排水自动化系统中，各种类型的仪表是基础组成部分。纵观现代化的供排水厂站，每一个生产过程总是与相应的仪表有关。仪表能检测和反馈各种数据，并与设定值作比较，为自动控制提供依据，从而协调供需之间、系统各组成部分之间、各水处理工艺之间的关系，促成各种设备与设施得到更充分合理的利用。仪表有助于管理的科学化和精细化，从而有效减轻劳动强度，节省运行费用。仪表还具有故障诊断和报警功能，可避免或减少事故的发生。可以说，仪表是实现计算机控制的前提条件，具有非常重要的作用。

自动化仪表主要由检测仪表、显示仪表、控制仪表和执行器这四类仪表组成。

1. 检测仪表

检测仪表是获取生产过程被测变量信息的仪表，一般包括传感器和变送器，传感器采集信息，变送器将其转换成能够显示和控制的标准信号。按被测对象的不同，检测仪表可分为热工量、机械量、成分量、电工量、状态量等五类。供排水系统中常用的是热工量、成分量和电工量这三类检测仪表。

(1) 热工量检测仪表，包括温度、压力、流量、液位等检测仪表。

(2) 成分量检测仪表，包括浊度、污泥浓度、pH、电导率、溶解氧、余氯、BOD、COD 等检测仪表。

(3) 电工量检测仪表，包括电压、电流、功率、功率因数、频率等检测仪表。

2. 显示仪表

显示仪表是把来自检测仪表的信息显示出来，在生产过程控制系统中实现人机联系的功能。按显示记录方式的不同可分为指示型显示仪表、记录性显示仪表和数字型显示仪表三大类。

3. 控制仪表

控制仪表是将来自检测仪表的信号值与所要求的设定值进行比较，得出偏差后按照预定的规则发出控制信号去推动执行器以消除偏差量，使生产过程中的某个被控变量保持在设定值附近或按规律变化。当控制系统为闭环时，通常将控制仪表成为调节器。按照利用的能源不同，控制仪表可分为气动式、电动式和液动式三类。可编程序控制器（PLC）是供排水行业应用最为广泛的控制仪表之一。

4. 执行器

执行器是接受控制仪表或计算机输出的控制信号，直接改变被控对象参数以符合生产工艺要求的仪表。执行器由执行机构和调节机构组成。按照动力形式的不同，执行器可分为气动、电动、液动三大类。供排水行业使用较多的执行器有气动调节阀、电动调节阀、电磁阀等。

随着自动化仪表向数字化、智能化、系统化的趋势不断发展，在实际运用中，各类仪表的功能都可以相互整合。PLC 就是一个典型的例子，能够实现自动操作、自动调节、自动保护、自动报警等一系列功能。

5. 供排水系统常用的几种自动化仪表

（1）超声波物位仪

超声波物位仪主要由超声波探头和变送装置组成，可设计成一体式或分体式，如图3-18所示。超声波物位仪的工作原理是高频脉冲声波由换能器（探头）发出，遇被测物体表面被反射，折回的反射波被同一换能器（探头）接收，转换成电信号。脉冲发送和接收之间的时间（声波的运动时间）与换能器到物体表面的距离成正比，声波传输的距离 S 与声速 C 和传输时间 T 之间的关系可以用公式表示：$S=C\times T/2$。电信号从传感器传输到变送装置，经过处理，转变成 4～20mA 的模拟信号，该模拟信号通过电缆传输到 PLC 的模拟量输入模块。

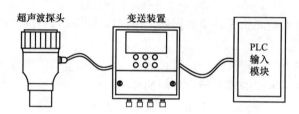

图 3-18　超声波物位仪

（2）浊度仪

浊度仪一般包含传感器和控制器两个部件，见图3-19。浊度仪的工作原理是传感器通过光源照射到水体，水体的颗粒物的散射光随着颗粒物的增加而增强，传感器通过吸收的光强度分析浊度，这部分信号被转变为微弱的电信号从传感器传输到控制器。控制器接收该信号后经过放大处理，转变成 4～20mA 的模拟信号，并通过电缆传输到 PLC 的模拟量输入模块。

（3）pH计

pH计一般包含 pH 电极和主机两个部件，见图3-20。pH 计的工作原理是利用电位分析法，建立离子活度与电动势之间的关系，通过测量原电池的电流进行 pH 的测量。

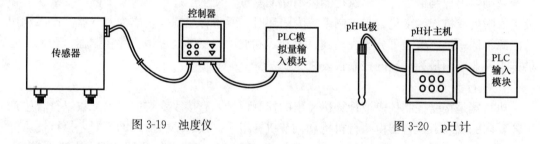

图 3-19　浊度仪　　　　　　　　　　图 3-20　pH 计

（4）电磁流量计

电磁流量计的工作原理是法拉第电磁感应定律，即导体在磁场中切割磁力线运动时在其两端产生感应电动势。电磁流量计传感器的结构如图3-21所示，传感器将流过管道内的导电液体的体积流量转换为线性电信号，转换器将信号放大处理后，可显示瞬时流量、累积流量，并能输出脉冲、模拟电流等信号。

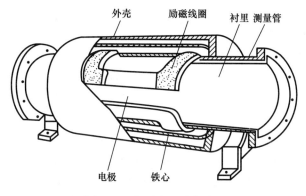

外壳　励磁线圈　衬里 测量管

电极　铁心

图 3-21　电磁流量计传感器

3.5　供排水系统防雷必要性和雷击风险分析

3.5.1　供排水系统防雷必要性

现代化的供排水系统涉及建筑、工艺、机械、电气、自动化等多个专业领域，尤其是自动化程度显著提升，以微电子为主要元件的信号、通信、控制、监视、保护等设备得到普遍应用。由于微电子技术是建立在以集成电路为核心的各种半导体器件基础上的，耐受过电压和抗电磁干扰的能力先天薄弱，若不采用雷电防护措施，将可能会发生雷电灾害，进而导致严重后果。

供排水系统设施占地面积大，线路长而暴露，并通常处于空旷而潮湿的环境，具有雷击选择性特征，易发生雷击损害事故。同时，作为城市基础设施的供排水系统往往采用分期建设、分期运行模式，建设年代可能相隔数年甚至数十年，其工程设计及施工标准的变更、建设年代久远等因素可能导致防雷及接地保护系统存在差异、混乱或者缺失。实际运行中也发现，供排水系统设备因雷击损坏停运的情况较为多发，雷击对供排水系统的正常运行及从业人员人身安全构成一定威胁。

因此，供排水系统防雷既重要又必要，应针对供排水系统的特征和共性，对供排水系统的防雷作深入的研究，采取科学有效的防雷措施，切实保障供排水生产。

3.5.2　供排水系统雷击风险分析

1. 取水泵站

取水泵站的特点是功能单一，工艺简单，设备较少。为求经济，泵站一般靠近水源地（如水库、河道）而建，地处空旷，周围无高大建筑物。近些年来，由于受到水源污染、市政规划等诸多因素的限制，取水点的选择常常远离市区的空旷地区，防雷问题应引起重视。此外，为达到节能降耗目的而采用的高压电机和变频器的设备组合也是防雷的重要环节之一。

2. 净水厂

净水厂通常位于开阔平坦地带，占地面积大，建（构）筑物多，受雷电的威胁较大。另外，除了常规的变配电设备外，现代化的净水厂采用了大量的自动化设备及仪表等弱电设备,各建(构)筑物之间布满了各种动力线、控制线、信号线和网络线,对雷电防护提出了更高的要求。

3. 排水泵站

由于排水泵站的工艺特点及排水泵大多数为自灌式工作,所以泵站往往设计成半地下式或地下式,即排水泵站总是建在地势低洼处,加之地下水位高、电阻率较小,容易遭受雷击。

4. 污水处理厂

污水处理厂通常处于地势低洼而空旷的城区边缘,靠近江、河、湖、海等大面积水域布置,占地面积大,露天范围广,建(构)筑物易遭雷击,如果土壤的电阻率变化幅值较大,则雷击的几率更大。同时,污水处理厂的工况造成设备易受侵蚀,防护等级降低,使用寿命缩短,广泛应用的自动化系统和网络对瞬态过电压的耐受能力较弱,都使雷击的风险加大。此外,污泥在厌氧消化过程中会产生大量沼气,有些污水厂专门对沼气进行收集、贮存和利用,更加不能忽视防爆和防雷工作。

第4章 供排水系统防雷设计

供排水系统工程建设项目在做《工程建设可行性研究报告》时，应考虑防雷系统的建设，将"防雷工程设计方案"作为工程建设设计方案的一部分，使防雷装置的设计施工与土建、工艺的设计施工结合成一体，以最少的代价建造高效的防雷系统。防雷设计涉及建筑、土建、设备布置、控制信息、通信方式及供配电系统等内容，还涉及地理、地质、气候特点以及雷电活动规律等自然环境条件。供排水系统防雷设计应满足防雷分类、防护分区及分级对应的防护措施要求，包括外部防雷、内部防雷以及防雷击电磁脉冲内容，并具可操作性。

4.1 设计前期资料收集

设计前期资料收集是设计的基础并直接影响设计结论，只有资料准确、完整，才可能取得最佳的效果和最好的效益。

4.1.1 新建项目防雷设计需要收集的资料

新建项目的防雷设计应收集下列相关资料：
(1) 项目所在地区的地形、地物状况、气象条件和地质条件；
(2) 项目中建筑物的长、宽、高度及位置分布，相邻建筑物的高度、接地等情况；
(3) 电气、电子信息系统设备的分布状况；
(4) 设备的种类、功能及性能参数；
(5) 电子信息系统的网络结构；
(6) 电源线路、信号线路进入建筑物的方式；
(7) 供、配电情况及其配电系统接地方式。

4.1.2 改、扩建项目防雷设计需要收集的资料

对改、扩建工程，除应收集上述资料外，还应收集下列相关资料：
(1) 防直击雷接闪装置的现状；
(2) 防雷系统引下线的现状及其与电子信息设备接地引入线的距离；
(3) 防侧击雷的情况；
(4) 电力、控制及信号线路敷设情况；
(5) 电气、电子信息系统设备的安装情况及耐受冲击电压水平；
(6) 总等电位连接及各局部等电位连接状况，共用接地装置状况；
(7) 电气、电子信息系统的功能性接地导体与等电位连接网络互连情况；
(8) 地下管线、隐蔽工程分布情况；

（9）曾经遭受过的雷击灾害的记录等资料。

4.2　防雷设计文件组成

完整的防雷设计文件一般应包括：设计概述、设计依据、防雷设计总体说明、分项防雷设计方案、设计图纸资料及工程预算等。

4.2.1　设计概述

设计概述中应包括以下内容：

（1）项目概况、使用性质、重要性及对项目进行雷电防护的必要性。应阐明是否具有爆炸和火灾危险环境，雷击可能引起的直接、间接对社会生产生活的影响。

（2）项目所在地的周边环境、地理地貌及地质情况。周边环境是指项目中主要建筑物与周围其他建筑物的关系，以及是否有容易引起防雷装置腐蚀的有害气体和潮湿的环境等。地理地貌、地质情况是指拟建项目所在地的地形、土壤水分、土壤电阻率、地下水位、地下有否金属矿藏等。根据这些资料可以计算年预计雷击次数、确定防雷等级、计算保护范围及安全距离，确定是否需要考虑防止地电位反击、自然接地装置是否需加人工辅助接地体、是否需要联结成联合接地体以及是否需要加大防雷装置的规格尺寸等。

（3）项目所在地气候和灾害性天气特点以及雷电活动规律。根据当地气象部门提供的年平均雷暴日、初雷日、终雷日、发生雷暴的强度和时间分布规律、雷暴移动路径以及风速等的统计资料，确定防雷类别、外部防雷装置的安装位置和抗风等级、内部防雷装置尤其是 SPD 的形式和主要技术指标。

（4）项目主要建筑物的结构类型、高度、面积。建筑物的结构决定外部防雷装置能否利用结构钢筋。建筑物的高度、建筑面积、布局等也与雷击的选择性有关，决定防雷装置的形式及其布置。

（5）主要设备布置、通信方式。设备布置关系到重要设备能否放置在防雷的有效安全空间内以及有针对性地加强防雷技术措施。通信方式主要包括信号传输方式（有线无线）、工作频率、带宽、接口型号、工作电压、传输电平等参数，其关系到防雷装置尤其是 SPD 的设计和选择。

（6）供配电系统情况。供配电系统包括高、低压电力线路的敷设方案、系统接地方式等。供配电系统的防雷是内部防雷装置主要部分之一，高、低压电力线路的敷设方式决定了如何选择电源系统的第一级防电涌保护器。一般情况下，应尽可能采用埋地电缆引入方式。对不同的供配电系统接地方式，选择确定相应的防雷设备。

4.2.2　设计依据

防雷设计方案应写明设计依据。由于防雷技术发展变化较快，需要应对的电磁环境也越来越复杂，防雷技术标准不断在修订中，因而应使用最新版本的标准规范，以保证使用标准的先进性。一般应以现行国家标准和行业标准为依据，鼓励采用 IEC 标准。设计方案中所采取的技术措施及施工工艺，一般应以相关技术标准或规范为依据，除了要写明依据的雷电防护标准外，还应写明引用的其他标准。

4.2.3 防雷设计总说明

设计方案总说明中应明确该雷电防护方案保护的空间范围、主要建（构）筑物及主要设备等，应列出被保护的主要设备清单。在防雷设计总体说明中应对概述中介绍的相关情况进行综合分析，进而进行防雷分类的划定。应写出外部、内部防雷设计总的原则和总的要求以及一些通用的做法，在项目工程图纸中的设计说明、电气施工图和结构施工图中应有反映这些要求的文字说明。

4.2.4 分项防雷设计方案

防雷分项设计应按外部和内部防雷的顺序、针对不同的保护对象进行。

（1）外部防雷

外部防雷方案的选择，包括建筑物的防护措施、具体保护范围的计算等。通常项目总设计单位已经考虑了建筑物本身的雷电防护措施，但对于诸如天线等高出避雷网带的金属设备或构件，并未考虑雷电防护措施。这就要求防雷设计应根据实际情况选择或加设外部防雷方案、计算具体的保护范围以及为此增设的避雷针支座等。此项工作一般都需要与项目总设计单位协商，以确定安装位置和载荷等。保护范围的计算结果应采用直观的视图来表示。

（2）内部防雷

内部防雷措施包括：防止静电干扰和电磁脉冲干扰的屏蔽措施，天线系统、传输及通信系统的防电涌保护措施，等电位连接系统，接地方法与接地装置，低压配电系统的电涌保护及专用设施的雷电保护等。内部防雷设计应根据设备自身的抗扰度以及雷电保护区的划分要求，提出电磁屏蔽技术方案。在电磁屏蔽措施较为完善的场合，雷电过电压对内部电子设备的损害主要是沿线路引入，因而天馈、传输、通信系统及电源系统需加强防雷电电涌保护措施，主要对策为安装各种 SPD。SPD 的选择和安装应有详细说明并附电路原理图和安装位置示意图。等电位连接也是最基本最重要的防雷技术措施之一，在接地系统的接地电阻不易做得较小时尤为重要。预留的等电位连接端子应在图纸上标出其位置和做法。

4.2.5 图纸资料

图纸资料一般应包括：

（1）所属区域的年均雷暴日分布图；

（2）近十年来各种雷暴统计资料的变化趋势分析；

（3）雷暴移动路径图；建设项目总平面图；

（4）主要建筑物平、立面图，直击雷防护的避雷针、避雷带等接闪器的保护范围示意图；

（5）主要设备分布位置图；供配电系统图，电涌保护（SPD）电路原理图；

（6）SPD 安装位置示意图；等电位连接、均压环、电力干线及接地平面图；

（7）弱电平面图；相应的工程施工图（主要是电施图）；

（8）所选主要防雷器件的技术参数、性能指标（附表说明）。

这些图纸一般一部分由项目总设计单位根据防雷设计方案的要求绘制，另一部分由防雷工程设计人员提供。

4.2.6 防雷工程预算

工程预算应包括材料费（包括主材料费和辅助材料费）、施工费、工程管理费，以及设计费、检测费、税金等，费率比例应符合有关规定。相关内容参见本书第 6.1 节。

4.3 供排水系统建筑物防雷

建筑物（含构筑物，本书中建筑物均包含一般民用建筑物和一般工业建筑物，下同）防雷分为外部防雷和内部防雷以及防雷击电磁脉冲。外部防雷就是防直击雷，不包括防止外部防雷装置受到直击雷时向其他物体的反击；内部防雷包括防闪电感应、防反击以及防闪电电涌侵入和防生命危险。防雷击电磁脉冲是对建筑物内系统（包括线路和设备，内容参见 4.4 节"供排水系统设备防雷"）防雷电流引发的电磁效应，它包含防经导体传导的闪电电涌和防辐射脉冲电磁场效应。建筑物防雷设计内容主要包括防雷类别划分、防闪电感应、防反击以及防闪电电涌侵入等。

4.3.1 建筑物的防雷分类

建筑物应根据其重要性、使用性质、发生雷电事故的可能性和后果，按防雷要求分为三类。建筑物的防雷设计应按各对应建筑防雷类别的措施要求进行设防。

1. 第一类防雷建筑物

（1）凡制造、使用或贮存火炸药及其制品的危险建筑物，因电火花而引起爆炸、爆轰，会造成巨大破坏和人身伤亡者。

（2）具有 0 区或 20 区爆炸危险场所的建筑物。

（3）具有 1 区或 21 区爆炸危险场所的建筑物，因电火花而引起爆炸，会造成巨大破坏和人身伤亡者。

2. 第二类防雷建筑物

（1）国家级重点文物保护的建筑物。

（2）国家级的会堂、办公建筑物、大型展览和博览建筑物、大型火车站和飞机场（不含停放飞机的露天场所和跑道）、国宾馆、国家级档案馆、大型城市的重要给水泵房等特别重要的建筑物。

（3）国家级计算中心、国际通信枢纽等对国民经济有重要意义的建筑物。

（4）国家特级和甲级大型体育馆。

（5）制造、使用或贮存火炸药及其制品的危险建筑物，且电火花不易引起爆炸或不致造成巨大破坏和人身伤亡者。

（6）具有 1 区或 21 区爆炸危险场所的建筑物，且电火花不易引起爆炸或不致造成巨大破坏和人身伤亡者。

（7）具有 2 区或 22 区爆炸危险场所的建筑物。

（8）有爆炸危险的露天钢质封闭气罐。

（9）预计雷击次数大于 0.05 次/a 的部、省级办公建筑物和其他重要或人员密集的公共建筑物以及火灾危险场所。

（10）预计雷击次数大于 0.25 次/a 的住宅、办公楼等一般性民用建筑物或一般性工业建筑物。

3. 第三类防雷建筑物

（1）省级重点文物保护的建筑物及省级档案馆。

（2）预计雷击次数大于或等于 0.01 次/a，且小于或等于 0.05 次/a 的部、省级办公建筑物和其他重要或人员密集的公共建筑物，以及火灾危险场所。

（3）预计雷击次数大于或等于 0.05 次/a，且小于或等于 0.25 次/a 的住宅、办公楼等一般性民用建筑物或一般性工业建筑物。

（4）在平均雷暴日大于 15d/a 的地区，高度在 15m 及以上的烟囱、水塔等孤立的高耸建筑物；在平均雷暴日小于或等于 15d/a 的地区，高度在 20m 及以上的烟囱、水塔等孤立的高耸建筑物。

4.3.2　供排水系统建筑物防雷类别划分

1. 防雷类别

供排水系统建筑属于一般民用建筑物和一般工业建筑物。从建筑物防雷类别划分可知，供排水系统建筑物一般不属于第一类防雷建筑物。《建筑物防雷设计规范》GB 50057—2010 规定了对第二、三类防雷建筑，除了由建筑物的重要性、实用性质、发生雷电事故的可能性及后果定性外，还取决于建筑物的预计年雷击次数 N。所以供排水系统建筑物可通过计算年预计雷击次数来确定防雷类别。

2. 建筑物年预计雷击次数

（1）建筑物年预计雷击次数应按下式计算：

$$N = k \times N_g \times A_e \tag{4-1}$$

式中　N——建筑物年预计雷击次数（次/a）；

　　　k——校正系数，在一般情况下取 1；位于河边、湖边、山坡下或山地中土壤电阻率较小处、地下水露头处、土山顶部、山谷风口等处的建筑物，以及特别潮湿的建筑物取 1.5；金属屋面没有接地的砖木结构建筑物取 1.7；位于山顶上或旷野的孤立建筑物取 2；

　　　N_g——建筑物所处地区雷击大地的年平均密度（次/(km² · a)）；

　　　A_e——与建筑物截收相同雷击次数的等效面积（km²）。

（2）雷击大地的年平均密度，首先应按当地气象台、站资料确定；若无此资料，可按下式计算：

$$N_g = 0.1 \times T_d \quad （次/(km² · a)） \tag{4-2}$$

式中　T_d——年平均雷暴日，根据当地气象台、站资料确定（d/a）。

（3）与建筑物截收相同雷击次数的等效面积应为其实际平面积向外扩大后的面积。其计算方法应符合下列规定：

1）当建筑物的高小于 100m 时，其每边的扩大宽度和等效面积应按下列公式计算（图 4-1）：

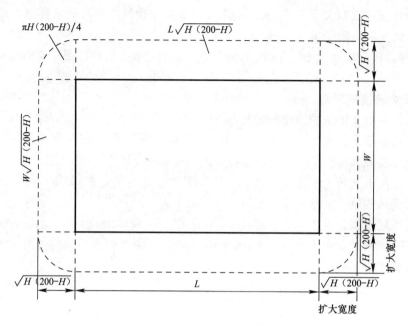

图 4-1   建筑物的等效面积

注：建筑物平面面积扩大后的等效面积如图中周边虚线所包围的面积。

$$D = \sqrt{H(200 - H)} \qquad (4-3)$$

$$A_e = [LW + 2(L + W) \cdot \sqrt{H(200 - H)} + \pi H(200 - H)] \cdot 10^{-6} \qquad (4-4)$$

式中 D——建筑物每边的扩大宽度（m）；

L、W、H——分别为建筑物的长、宽、高（m）。

2）当建筑物的高小于 100m，同时其周边在 2D 范围内有等高或比它低的其他建筑物，这些建筑物不在所考虑建筑物以 $h_r = 100$m 的保护范围内时，按公式（4-4）算出的 A_e 可减去（D/2）×（这些建筑物与所考虑建筑物边长平行以米计的长度总和）×10^{-6}（km²）。

当四周在 2D 范围内都有等高或比它低的其他建筑物时，其等效面积可按下式计算：

$$A_e = \left[LW + (L + W) \cdot \sqrt{H(200 - H)} + \frac{\pi H(200 - H)}{4} \right] \cdot 10^{-6} \qquad (4-5)$$

3）当建筑物的高小于 100m，同时其周边在 2D 范围内有比它高的其他建筑物时，按公式（4-4）算出的等效面积可减去 D×（这些建筑物与所考虑建筑物边长平行以米计的长度总和）×10^{-6}（km²）。

当四周在 2D 范围内都有比它高的其他建筑物时，其等效面积可按下式计算：

$$A_e = LW \times 10^{-6} \qquad (4-6)$$

4）当建筑物的高等于或大于 100m 时，其每边的扩大宽度应按等于建筑物的高计算；建筑物的等效面积应按下式计算：

$$A_e = [LW + 2H(L + W) + \pi H^2] \cdot 10^{-6} \qquad (4-7)$$

5）当建筑物的高等于或大于 100m，同时其周边在 2H 范围内有等高或比它低的其他建筑物，这些建筑物不在所考虑建筑物以滚球半径等于建筑物高（m）的保护范围内时，按公式（4-7）算出的等效面积可减去（H/2）×（这些建筑物与所考虑建筑物边长平行以米计的长度总和）×10^{-6}（km^2）。

当四周在 $2H$ 范围内都有等高或比它低的其他建筑物时，其等效面积可按下式计算。

$$A_e = \left[LW + H(L + W) + \frac{\pi H^2}{4} \right] 10^{-6} \tag{4-8}$$

6）当建筑物的高等于或大于 $100m$，同时其周边在 $2H$ 范围内有比它高的其他建筑物时，按公式(4-7)算出的等效面积可减去 H×（这些建筑物与所考虑建筑物边长平行以米计的长度总和）×10^{-6}（km^2）。

当四周在 $2H$ 范围内都有比它高的其他建筑物时，其等效面积可按公式（4-6）计算。

7）当建筑物各部位的高不同时，应沿建筑物周边逐点算出最大扩大宽度，其等效面积应按每点最大扩大宽度外端的连接线所包围的面积计算。

4.3.3 第二类防雷建筑物防雷

1. 防直击雷措施

第二类防雷建筑物应进行防直击雷设计，防直击雷装置由接闪器、引下线、接地装置共同组成。供排水系统建筑物中如：供水水厂滤池的金属栏杆、污水处理厂污泥金属料仓可作为接闪器，但应该将其进行可靠接地。防直击雷的接闪器、引下线、接地装置，应按照 GB 50057 规定进行设计、安装。

（1）第二类防雷建筑物防直击雷的措施，宜采用装设在建筑物上的接闪网、接闪带或接闪杆，也可采用由接闪网、接闪带或接闪杆混合组成的接闪器。接闪网、接闪带应符合规范规定沿屋角、屋脊、屋檐和檐角等易受雷击的部位敷设，并应在整个屋面组成不大于 $10m×10m$ 或 $12m×8m$ 的网格；当建筑物高度超过 $45m$ 时，首先应沿屋顶周边敷设接闪带，接闪带应设在外墙外表面或屋檐边垂直面上，也可设在外墙外表面或屋檐边垂直面外。接闪器之间应互相连接。

（2）突出屋面的放散管、风管、烟囱等物体，应按下列方式保护：

1）排放爆炸危险气体、蒸气或粉尘的放散管、呼吸阀、排风管等的管口处的下列空间应处于接闪器的保护范围内：

① 当有管帽时应按表 4-1 的规定确定。

② 当无管帽时，应为管口上方半径 $5m$ 的半球体。

③ 接闪器与雷闪的接触点应设在第①项或第②项所规定的空间之外。

有管帽的管口外处于接闪器保护范围内的空间　　表 4-1

装置内的压力与周围空气压力的压力差（kPa）	排放物对比于空气	管帽以上的垂直距离（m）	距管口处的水平距离（m）
<5	重于空气	1	2
5~25	重于空气	2.5	5
≤25	轻于空气	2.5	5
>25	重或轻于空气	5	5

注：相对密度小于或等于 0.75 的爆炸性气体规定为轻于空气的气体；相对密度大于 0.75 的爆炸性气体规定为重于空气的气体。

2）排放无爆炸危险气体、蒸气或粉尘的放散管、烟囱，1 区、11 区和 2 区爆炸危险环境的自然通风管，0 区和 20 区爆炸危险场所的装有阻火器的放散管、呼吸阀、排风管以及煤气放散管等金属物体，可以不装接闪器，但应和屋面避雷装置相连。在屋面接闪器保护范围之外的非金属物体应装接闪器，并和屋面避雷装置相连。

（3）专设引下线不应少于2根，并应沿建筑物四周和内庭院四周均匀对称布置，其间距沿周长计算不应大于18m。当建筑物的跨度较大，无法在跨距中间设引下线时，应在跨距两端设引下线并减小其他引下线的间距，专设引下线的平均间距不应大于18m。

（4）外部防雷装置的接地应和防闪电感应、内部防雷装置、电气和电子系统等接地共用接地装置，并应与引入的金属管线作等电位连接。外部防雷装置的专设接地装置宜围绕建筑物敷设成环型接地体。

（5）利用建筑物的钢筋作为防雷装置时应符合下列规定：

1）建筑物宜利用钢筋混凝土屋面、梁、柱、基础内的钢筋作为引下线。宜利用屋顶钢筋网作为接闪器。

2）当基础采用硅酸盐水泥和周围土壤的含水量不低于4%及基础的外表面无防腐层或有沥青质防腐层时，宜利用基础内的钢筋作为接地装置。当基础的外表面有其他类的防腐层且无桩基可利用时，宜在基础防腐层下面的混凝土垫层内敷设人工环形基础接地体。

3）敷设在混凝土中作为防雷装置的钢筋或圆钢，当仅一根时，其直径不应小于10mm。被利用作为防雷装置的混凝土构件内有箍筋连接的钢筋，其截面积总和不应小于一根直径为10mm钢筋的截面积。

4）利用基础内钢筋网作为接地体时，在周围地面以下距地面不小于0.5m，每根引下线所连接的钢筋表面积总和应符合式（4-9）的要求：

$$S \geqslant 4.24k_c^2 \tag{4-9}$$

式中　S——钢筋表面积总和（m^2）；

　　　k_c——分流系数。

5）当在建筑物周边无钢筋的闭合条形混凝土基础内敷设人工基础接地体时，接地体的规格尺寸不应小于表4-2的规定。

第二类防雷建筑物环形人工基础接地体的规格尺寸　　　　　　　表4-2

闭合条形基础的周长 L（m）	扁钢（mm）	圆钢，根数×直径（mm）
≥60	4×25	2×ϕ10
40~60	4×50	4×ϕ10 或 3×ϕ12
<40	钢材表面积总和≥4.24m^2	

注：1. 当长度相同、截面相同时，宜优先选用扁钢；
　　2. 采用多根圆钢时，其敷设净距不小于直径的2倍；
　　3. 利用闭合条形基础内的钢筋作接地体时可按本表校验，除主筋外，可计入箍筋的表面积。

6）构件内有箍筋连接的钢筋或成网状的钢筋，其箍筋与钢筋、钢筋与钢筋应采用土建施工的绑扎法、螺丝、对焊或搭焊连接。单根钢筋或圆钢或外引预埋连接板、线与构件内钢筋应焊接或采用螺栓紧固的卡夹器连接。构件之间必须连接成电气通路。

（6）共用接地装置的接地电阻应按50Hz电气装置的接地电阻确定，不应大于按人身安全所确定的接地电阻值。

2. 防闪电感应措施

属于第二类防雷建筑物类别的建筑物应采取防闪电感应措施。防闪电感应的屏蔽、等电位、安装电涌保护器和合理布线等措施应按照 GB 50057 规定的对应类别防雷建筑物的要求进行设计、施工。

(1) 第二类防雷建筑物防闪电感应的措施应符合下列要求:

1) 建筑物内的设备、管道、构架等主要金属物,应就近接至防直击雷接地装置或电气设备的保护接地装置上。

2) 平行敷设的管道、构架和电缆金属外皮等长金属物应采用金属线跨接,但长金属物连接处可不跨接。

3) 建筑物内防闪电感应的接地干线与接地装置的连接不应少于两处。

(2) 防止雷电流流经引下线和接地装置时产生的高电位对附近金属物或电气线路的反击,应符合下列要求:

1) 在金属框架的建筑物中,或在钢筋连接在一起、电气贯通的钢筋混凝土框架的建筑物中,金属物或线路与引下线之间的间隔距离可无要求;在其他情况下,金属物或线路与引下线之间的间隔距离应按式 (4-10) 计算:

$$S_{a3} \geqslant 0.06k_c l_x \tag{4-10}$$

式中 S_{a3}——空气中的间隔距离 (m);

l_x——引下线计算点到连接点的长度 (m),连接点即金属物或电气和电子系统线路与防雷装置之间直接或通过电涌保护器相连之点。

2) 当金属物或线路与引下线之间有自然或人工接地的钢筋混凝土构件、金属板、金属网等静电屏蔽物隔开时,金属物或线路与引下线之间的间隔距离可无要求。

3) 当金属物或线路与引下线之间有混凝土墙、砖墙隔开时,混凝土墙的击穿强度应与空气击穿强度相同,砖墙的击穿强度应为空气击穿强度的 1/2。当距离不能满足上述 1) 条的要求时,金属物应与引下线直接相连,带电线路应通过过电压保护器与引下线相连。

4) 在电气接地装置与防雷接地装置共用或相连的情况下,应在低压电源线路引入的总配电箱、配电柜处装设 I 级试验的电涌保护器。电涌保护器的电压保护水平值应小于或等于 2.5kV。每一保护模式的冲击电流值,当无法确定时应取等于或大于 12.5kA。

5) 当 Y,yn0 型或 D,yn11 型接线的配电变压器设在本建筑物内或设于外墙处时,应在变压器高压侧装设避雷器;在低压侧的配电屏上,当有线路引出本建筑物至其他有独自敷设接地装置的配电装置时,应在每线上装设 I 级试验的电涌保护器,电涌保护器每一保护模式的冲击电流值,当无法确定时冲击电流应取等于或大于 12.5kA;当无线路引出本建筑物时,应在每线上装设 II 级试验的电涌保护器,电涌保护器每一保护模式的标称放电电流值应等于或大于 5kA。电涌保护器的电压保护水平值应小于或等于 2.5kV。

3. 防闪电电涌侵入措施

第一~三类防雷建筑物应进行防闪电电涌侵入设计,防闪电电涌侵入设计包括屏蔽、等电位、安装电涌保护器和合理布线等。防闪电电涌侵入应按照 GB 50057 规定的对应类别防雷建筑物的要求进行设计、施工。

(1) 防闪电电涌侵入的措施,应符合下列要求:

低压线路全长采用埋地电缆或敷设在架空金属线槽内的电缆引入时,在入户端应将电缆金属外皮、金属线槽接地;对于建筑物,上述金属物尚应与防雷的接地装置相连。

（2）通常的建筑物，其低压电源线路应符合下列要求：

1）低压架空线应改换一段埋地金属铠装电缆或护套电缆穿钢管直接埋地引入，其埋地长度应符合设计计算的要求，但电缆埋地长度不应小于15m。入户端电缆的金属外皮、钢管应与防雷的接地装置相连。在电缆与架空线连接处尚应装设避雷器。避雷器、电缆金属外皮、钢管和绝缘子铁脚、金具等应连在一起接地，其冲击接地电阻不应大于10Ω。

2）平均雷暴日小于30d/a地区的建筑物，可采用低压架空线直接引入建筑物内，但应符合以下两点要求：

① 在入户处应装设避雷器或设2～3m的空气间隙，并应与绝缘子铁脚、金具连在一起接到防雷的接地装置上，其冲击接地电阻不应大于5Ω。

② 入户处的三基电杆绝缘子铁脚、金具应接地，靠近建筑物的电杆，其冲击接地电阻不应大于10Ω，其余两基电杆不应大于20Ω。

（3）建筑物的低压电源线路应符合下列要求：

1）当低压架空线转换金属铠装电缆或护套电缆穿钢管直接埋地引入时，其埋地长度应大于或等于15m。

2）当架空线直接引入时，在入户处应加装避雷器，并将其与绝缘子铁脚、金具连在一起接到电气设备的接地装置上。靠近建筑物的两基电杆上的绝缘子铁脚应接地，其冲击接地电阻不应大于30Ω。

（4）架空和直接埋地的金属管道在进出建筑物处应就近与防雷的接地装置相连；当不相连时，架空管道应接地，其冲击接地电阻不应大于10Ω。建筑物引入、引出该建筑物的金属管道在进出处应与防雷的接地装置相连；对架空金属管道尚应在距建筑物约25m处接地一次，其冲击接地电阻不应大于10Ω。

4. 防侧击雷措施

高度超过45m的钢筋混凝土结构、钢结构建筑物，尚应采取以下防侧击和等电位的保护措施：

（1）钢构架和混凝土的钢筋应互相连接，钢筋的连接应符合上述防直击雷措施中第（5）条的要求。

（2）应利用钢柱或柱子钢筋作为防雷装置引下线。

（3）应将45m及以上外墙上的栏杆、门窗等较大的金属物与防雷装置连接。

（4）竖直敷设的金属管道及金属物的顶端和底端与防雷装置连接。

4.3.4　第三类防雷建筑物防雷

1. 防直击雷措施

（1）第三类防雷建筑物防直击雷的措施宜采用装设在建筑物上的接闪网、接闪带或接闪杆，也可采用由接闪网、接闪带和接闪杆混合组成的接闪器。接闪网、接闪带应符合规范规定，沿屋角、屋脊、屋檐和檐角等易受雷击的部位敷设，并应在整个屋面组成不大于20m×20m或24m×16m的网格；当建筑物高度超过60m时，首先应沿屋顶周边敷设接闪带，接闪带应设在外墙外表面或屋檐边垂直面上，也可设在外墙外表面或屋檐边垂直面外。接闪器之间应互相连接。

（2）专设引下线不应少于2根，并应沿建筑物四周和内庭院四周均匀对称布置，其间距沿周长计算不应大于 25m。当建筑物的跨度较大，无法在跨距中间设引下线时，应在跨距两端设引下线并减小其他引下线的间距，专设引下线的平均间距不应大于 25m。

（3）防雷装置的接地应与电气和电子系统等接地共用接地装置，并应与引入的金属管线做等电位连接。外部防雷装置专设接地装置宜围绕建筑物敷设成环形接地体。

（4）建筑物宜利用钢筋混凝土屋面、梁、柱、基础内的钢筋作为引下线和接地装置，当其女儿墙以内的屋顶钢筋网以下的防水和混凝土层允许不保护时，宜利用屋顶钢筋网作为接闪器，以及当建筑物为多层建筑，其女儿墙压顶板内或檐口内有钢筋且周围除保安人员巡逻外通常无人停留时，宜利用女儿墙压顶板内或檐口内的钢筋作为接闪器，并应符合下列规定：

1）利用基础内钢筋网作为接地体时，在周围地面以下距地面不小于 0.5m 深，每根引下线所连接的钢筋及面积总和应按式（4-11）计算：

$$S \geqslant 1.89k_c^2 \tag{4-11}$$

2）在建筑物周边的无钢筋的闭合条形混凝土基础内敷设人工基础接地体时，接地体的规格尺寸应按表 4-3 的规定确定。

第三类防雷建筑物环形人工基础接地体的规格尺寸 表 4-3

闭合条形基础的周长 L（m）	扁钢（mm）	圆钢（根数×直径，mm）
≥60	—	1×ϕ10
40~60	4×20	2×ϕ8
<40	钢材表面积总和≥1.89m²	

注：1. 当长度相同、截面相同时，宜优先选用扁钢；
2. 采用多根圆钢时，其敷设净距不小于直径的 2 倍；
3. 利用闭合条形基础内的钢筋作接地体时可按本表校验；除主筋外，可计入箍筋的表面积。

（5）共用接地装置的接地电阻应按 50Hz 电气装置的接地电阻确定，不应大于按人身安全所确定的接地电阻值。

2. 防闪电感应措施

防止雷电流流经引下线和接地装置时产生的高电位对附近金属物或电气和电子系统线路的反击，应符合第二类防雷建筑物防闪电感应措施第（2）条的要求，并应按式（4-12）计算：

$$S_{a3} \geqslant 0.04k_cl_x \tag{4-12}$$

3. 防闪电电涌侵入措施

（1）对电缆进出线，应在进出端将电缆的金属外皮、钢管等与电气设备接地相连。当电缆转换为架空线时，应在转换处装设避雷器，同时避雷器、电缆金属外皮和绝缘子铁脚、金具等应连在一起接地，其冲击接地电阻不宜大于 30Ω。

（2）对低压架空进出线，应在进出处装设避雷器并与绝缘子铁脚、金具连在一起接到电气设备的接地装置上。当多回路架空进出线时，可仅在母线或总配电箱处装设一组避雷器或其他形式的过电压保护器，但绝缘子铁脚、金具仍应接到接地装置上。

（3）进出建筑物的架空金属管道，在进出处应就近接到防雷或电气设备的接地装置上或独自接地，其冲击接地电阻不宜大于 30Ω。

4. 防侧击雷措施

高度超过 60m 的建筑物，其防侧击和等电位的保护措施应符合第二类防雷建筑物防侧击雷措施第（1）、（2）、（4）点的规定，并应将 60m 及以上外墙上的栏杆、门窗等较大的金属物与防雷装置连接。

4.3.5　其他防雷措施及问题

（1）当一座防雷建筑物中兼有第一、二、三类防雷建筑物时，其防雷分类和防雷措施宜符合下列规定：

1）当第一类防雷建筑物部分的面积占建筑物总面积的 30% 及以上时，该建筑物宜确定为第一类防雷建筑物。

2）当第一类防雷建筑物部分的面积占建筑物总面积的 30% 以下，且第二类防雷建筑物部分的面积占建筑物总面积的 30% 及以上时，或当这两部分防雷建筑物的面积均小于建筑物总面积的 30%，但其面积之和又大于 30% 时，该建筑物宜确定为第二类防雷建筑物。但对第一类防雷建筑物部分的防闪电感应和防闪电电涌侵入，应采取第一类防雷建筑物的保护措施。

3）当第一、二类防雷建筑物部分的面积之和小于建筑物总面积的 30%，且不可能遭直接雷击时，该建筑物可确定为第二类防雷建筑物；但对第一、二类防雷建筑物部分的防闪电感应和防闪电电涌侵入，应采取各自类别的保护措施；当可能遭直接雷击时，宜按各自类别采取防雷措施。

（2）当一座建筑物中仅有部分为第一、二、三类防雷建筑物时，其防雷措施宜符合下列规定：

1）当防雷建筑物部分可能遭直接雷击时，宜按各自类别采取防雷措施。

2）当防雷建筑物部分不可能遭直接雷击时，可不采取防直击雷措施，可仅按各自类别采取防闪电感应和防闪电电涌侵入的措施。

3）当防雷建筑物部分的面积占建筑物总面积的 50% 以上时，该建筑物宜按第（1）条的规定采取防雷措施。

（3）当采用接闪器保护建筑物、封闭气罐时，其外表面外的 2 区爆炸危险场所可不在滚球法确定的保护范围内。

（4）固定在建筑物上的用电设备和线路应根据建筑物的防雷类别采取相应的防止闪电电涌侵入的措施，并应符合下列规定：

1）无金属外壳或保护网罩的用电设备应处在接闪器的保护范围内。

2）从配电箱引出的配电线路应穿钢管。钢管的一端应与配电箱和 PE 线相连；另一端应与配电设备外壳、保护罩相连，并应就近与屋顶防雷装置相连，当钢管因连接设备而中间断开时应设跨接线。

3）在配电箱内应在开关的电源侧装设 II 级试验的电涌保护器，其电压保护水平不应大于 2.5kV，标称放电电流值应根据具体情况确定。

（5）在建筑物引下线附近保护人身安全需采取的防接触电压和跨步电压的措施，应符合下列规定：

1）防接触电压应符合下列规定之一：

① 利用建筑物金属构架和建筑物互相连接的钢筋在电气上是贯通且不少于 10 根柱子组成的自然引下线，作为自然引下线的柱子包括位于建筑物四周和建筑物内的。

② 引下线 3m 范围内地表层的电阻率不小于 50kΩm，或敷设 5mm 厚沥青层或 15cm 厚砥石层。

③ 外露引下线，其距地面 2.7m 以下的导体用耐 1.2/50μs 冲击电压 100kV 的绝缘层隔离，或用至少 3mm 厚的交联聚乙烯层隔离。

④ 用护栏、警告牌使接触引下线的可能性降至最低限度。

2）防跨步电压应符合下列规定之一：

① 利用建筑物金属构架和建筑物互相连接的钢筋在电气上是贯通且不少于 10 根柱子组成的自然引下线，作为自然引下线的柱子包括位于建筑物四周和建筑物内的。

② 引下线 3m 范围内地表层的电阻率不小于 50kΩm，或敷设 5mm 厚沥青层或 15cm 厚砥石层。

③ 用网状接地装置对地面做均衡电位处理。

④ 用护栏、警告牌使进入距引下线 3m 范围内地面的可能性减小到最低限度。

（6）对第二类和第三类防雷建筑物，应符合下列规定：

1）没有得到接闪器保护的屋顶孤立金属物的尺寸不超过下列数值时，可不要求附加保护措施：

① 高出屋顶平面不超过 0.3m。

② 上层表面总面积不超过 1.0m²。

③ 上层表面的长度不超过 2.0m。

2）不处在接闪器保护范围内的非导电性屋顶物体，当它没有突出由接闪器形成的平面 0.5m 以上时，可不要求附加增设接闪器的保护措施。

（7）在独立接闪杆、架空接闪线、架空接闪网的支柱上，严禁悬挂电话线、广播线、电视接收天线及低压架空线等。

（8）水塔一般按第三类构筑物设计防雷。利用水塔顶上周围铁栅栏作为接闪器，或装设环形避雷带保护水塔边缘，并在塔顶中心装一根 1.5m 高的避雷针。冲击接地电阻不大于 30Ω，引下线一般不少于 2 根，间距不大于 30m。若水塔周长和高度均不超过 40m 可只设一根引下线，另一根可利用铁爬梯作引下线。钢筋混凝土结构的水塔，可利用结构钢筋作引下线，接地体宜敷设成环形。

4.3.6 民用建筑物防雷措施

对民用建筑物防雷设计除了符合《民用建筑电气设计规范》JGJ 16—2008 的规定以外，尚应符合《建筑物防雷设计规范》GB 50057—2010 的规定和《建筑物电子信息系统防雷技术规范》GB 50343—2012 的规定。民用建筑物主要为第二类、第三类防雷建筑物。

1. 防直击雷措施

（1）接闪器采用避雷针、避雷带（网），或两者混合的方式，还宜利用建筑物的金属屋面作为接闪器，但应符合规范要求。不应采用装有放射性物质的接闪器。其他形式的消雷器，只宜用于屋面上架设有高杆铁塔的建筑物上。

屋面上的突出物，如卫星和共用天线接收装置、节日彩灯、航空障碍灯和屋面风冷机组等，应在防雷装置保护范围内，若按滚球法计算不在保护范围内时，应另设避雷针、带加以保护，并与屋面防雷装置相连。

（2）引下线应优先利用建筑物钢筋混凝土柱或剪力墙中的主钢筋，还宜利用建筑物的消防梯、钢柱、金属烟囱等作为引下线。

当利用钢筋混凝土柱中钢筋、钢柱作为自然引下线，并同时采用基础钢筋作接地装置时，不设断接卡，但应在室内外适当地点设若干与柱内钢筋相连的连接板，供测量、外接人工接地体和作等电位连接用。

砖混结构的建筑物，在外墙四周另设引下线，并在离地 1.8m 处装设断接卡。其 1.7m 至地面下 0.3m 一段应采取保护措施。

（3）接地装置应优先利用建筑物钢筋混凝土基础内的钢筋。有钢筋混凝土地梁时，应将地梁内钢筋连成环形接地装置；没有钢筋混凝土地梁时，可在建筑物周边内无钢筋的闭合条形混凝土基础内，用 40×4 镀锌扁钢直接敷设在槽坑外沿，形成环形接地。

当将变压器和柴油发电机的中性点工作接地、电气保护接地和弱电系统工作接地等共用接地装置时，接地电阻值应不大于 1Ω。

采用共用接地装置时，弱电系统应将各自设备机房的与建筑物绝缘的接地线柱，用 25mm² 以上的铜芯电缆或导线穿焊接钢管作单独的引下线，在建筑物基础处与接地板相连。弱电系统一般要求接地电阻不大于 4Ω，如若设独立的接地系统，其与防雷接地系统的距离不宜小于 20m。

2. 防闪电感应措施

（1）被保护建筑物内的金属物接地，是防闪电感应的主要措施。因此，建筑物内的设备外壳、管道、构架等主要金属物，应就近接到防雷接地装置或电气设备的保护接地装置上。

（2）平行敷设的管道、构架和电缆金属外皮等长金属物，其净距小于 100mm 时应采用金属线跨接，跨接点的间距不应大于 30m；交叉净距小于 100mm 时，其交叉处亦应跨接。

3. 防闪电电涌侵入措施

（1）低压线路宜全线采用电缆直接埋地引入，在入户端将电缆金属外皮或保护钢管接到防雷接地装置上；若为架空线应换接 50m 电缆进户，线缆换接处应装设避雷器，并将其与电缆金属外皮、钢管和绝缘子铁脚、金具等连在一起接地，其冲击接地电阻不应大于 10Ω，若采用架空线引入时，引入处应装设避雷器。

（2）架空和埋地的金属管道，应在进出建筑物处与防雷接地装置相连。

（3）固定在建筑物上的节日彩灯、航空障碍灯及其他用电设备的线路，应根据建筑物的重要性采取相应的防闪电电涌侵入的措施。

1）无金属外壳或保护网罩的用电设备应处在接闪器的保护范围内。

2）从配电盘引出的线路应穿钢管。钢管的一端与配电箱金属外壳相连；另一端与用电设备的金属外壳、保护罩相连，并就近与屋顶防雷装置相连。钢管中间断开时应设跨接线。

4. 防侧击雷措施

高度超过 30m 的钢筋混凝土结构、钢结构建筑物应采取下列防侧击雷和等电位连接的保护措施：

（1）钢构架和钢筋混凝土的钢筋应互相连接。

（2）应利用钢柱或钢筋混凝土柱内钢筋作为防雷装置引下线。

（3）应将 30m 及以上外墙上的栏杆、门窗等较大的金属物与防雷装置相连。

（4）竖直敷设的金属管道及金属物的顶端和底端应与防雷装置连接。

（5）没有组合柱和圈梁的建筑物，应每隔三层在外墙内敷设一圈 $\phi12$ 的镀锌圆钢作均压环，有组合柱和圈梁时，利用圈梁的钢筋作均压环。将建筑物的各种竖向金属管道每三层与均压环连接一次。均压环应与防雷装置引下线连接。

4.4　供排水系统设备防雷

供排水系统设备防雷设计应按雷电防护分区及雷电防护等级对应的防护措施要求进行。设计内容包括雷电防护分区、雷电防护等级划分、外部防雷和内部防雷及防雷击电磁脉冲等。《建筑物电子信息系统防雷技术规范》GB 50343—2012 及《建筑物防雷设计规范》GB 50057—2010 第 6 章相关规定适用于供排水系统的低压配电系统、控制、信息、通信、仪表及安防监控系统等设备的雷电防护，但不包含 10kV 高压配电系统、10kV 电动机的防雷，该两项内容参见本书第 5 章。

4.4.1　雷电防护分区

1995 年国际电工委员会建筑物防雷分委会（IEC/TC-81）在《雷电电磁脉冲的防护》标准中提出了防雷保护区（LPZ）的概念。将需要保护的空间划分为不同的防雷分区，是为了规定各部分空间不同的雷击电磁脉冲的严重程度和等电位联结点的位置，从而决定位于该区域的电子设备采用何种电涌保护器在何处以何种方式实现与共同接地体等电位联结。将保护对象置于电磁特性与该对象耐受能力相兼容的雷电防护区内。雷电防护区应符合下列规定：

（1）$LPZ0_A$ 区：受直接雷击和全部雷电电磁场威胁的区域。该区域的内部系统可能受到全部或部分雷电浪涌电流的影响；

（2）$LPZ0_B$ 区：直接雷击的防护区域，但该区域的威胁仍是全部雷电电磁场。该区域的内部系统可能受到部分雷电浪涌电流的影响；

（3）LPZ1 区：由于边界处分流和电涌保护器的作用使浪涌电流受到限制的区域。该区域的空间屏蔽可以衰减雷电电磁场；

（4）LPZ2-n 后续防雷区：由于边界处分流和电涌保护器的作用使浪涌电流受到进一步限制的区域。该区域的空间屏蔽可以进一步衰减雷电电磁场。

建筑物外部和内部雷电防护区划分示意见图 4-2。

4.4.2　雷电防护等级

《建筑物电子信息系统防雷技术规范》GB 50343—2012 规定了电子信息系统雷电等级划分评估方法，共有三种评估方法，分 A、B、C、D 四个等级。对于重要的建筑物电子信息系统，宜分别采用下列第 1 和第 2 两种方法进行评估，按其中较高防护等级确定。重点工程或用户提出要求时，可按下列第 3 种方法确定雷电防护措施。供排水系统设备可遵照评估划分。

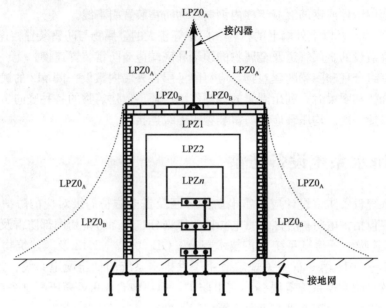

图 4-2   建筑物外部和内部雷电防护区划分示意

▇●●●▇—在不同雷电防护区界面上的等电位接地端子板；

▇▭▭▭▭▭—起屏蔽作用的建筑物外墙；

虚线—按滚球法计算的接闪器保护范围界面

1. 按防雷装置的拦截效率确定雷电防护等级

(1) 建筑物及入户设施年预计雷击次数 N 值可按式（4-13）确定：

$$N = N_1 + N_2 \tag{4-13}$$

式中 N_1——建筑物年预计雷击次数（次/a）；

N_2——建筑物入户设施年预计雷击次数（次/a）。

(2) 建筑物电子信息系统设备因直接雷击和雷电电磁脉冲可能造成损坏，可接受的年平均最大雷击次数 N_c 可按式（4-14）计算：

$$N_c = 5.8 \times 10^{-1}/C \tag{4-14}$$

式中 C——各类因子，参见 GB 50343—2012 附录 A。

(3) 确定电子信息系统设备是否需要安装雷电防护装置时，应将 N 和 N_c 进行比较：

1) 当 N 小于或等于 N_c 时，可不安装雷电防护装置；

2) 当 N 大于 N_c 时，应安装雷电防护装置。

(4) 安装雷电防护装置时，可按式（4-15）计算防雷装置拦截效率 E：

$$E = 1 - N_c/N \tag{4-15}$$

(5) 电子信息系统雷电防护等级应按防雷装置拦截效率 E 确定，并应符合下列规定：

1) 当 E 大于 0.98 时，定为 A 级；

2) 当 E 大于 0.90 小于或等于 0.98 时，定为 B 级；

3) 当 E 大于 0.80 小于或等于 0.90 时，定为 C 级；

4) 当 E 小于或等于 0.80 时，定为 D 级。

2. 按电子信息系统的重要性、使用性质和价值确定雷电防护等级

电气、电子信息系统可根据其重要性、使用性质和价值，按表 4-4 选择确定雷电防护等级。

建筑物电子信息系统雷电防护等级 表 4-4

雷电防护等级	建筑物电子信息系统
A 级	1. 国家级计算中心、国家级通信枢纽、特级和一级金融设施、大中型机场、国家级和省级广播电视中心、枢纽港口、火车枢纽站、省级城市水、电、气、热等城市重要公用设施的电子信息系统; 2. 一级安全防范单位,如国家文物、档案库的闭路电视监控和报警系统; 3. 三级医院电子医疗设备
B 级	1. 中型计算中心、二级金融设施、中型通信枢纽、移动通信基站、大型体育场(馆)、小型机场、大型港口、大型火车站的电子信息系统; 2. 二级安全防范单位,如省级文物、档案库的闭路电视监控和报警系统; 3. 雷达站、微波站电子信息系统,高速公路监控和收费系统; 4. 二级医院电子医疗设备; 5. 五星及更高星级宾馆电子信息系统
C 级	1. 三级金融设施、小型通信枢纽电子信息系统; 2. 大中型有线电视系统; 3. 四星及以下级宾馆电子信息系统
D 级	除上述 A、B、C 级以外的一般用途的需防护电子信息设备

注:表中未列举的电子信息系统也可参照本表选择防护等级。

3. 按风险管理要求进行雷击风险评估

(1)因雷击导致建筑物的各种损失对应的风险分量 R_x 可按式(4-16)估算:

$$R_x = N_x \times P_x \times L_x \tag{4-16}$$

式中　N_x——年平均雷击危险事件次数;

　　　P_x——每次雷击损害概率;

　　　L_x——每次雷击损失率。

(2)建筑物的雷击损害风险 R 可按式(4-17)估算:

$$R = \sum R_x \tag{4-17}$$

式中　R_x——建筑物的雷击损害风险分量。

(3)根据风险管理的要求,应计算建筑物雷击损害风险 R,并与风险容许值比较。当所有风险均小于或等于风险容许值,可不增加防雷措施;当某风险大于风险容许值,应增加防雷措施减小该风险,使其小于或等于风险容许值,并宜评估雷电防护措施的经济合理性。

4.4.3 防雷设计

1. 一般要求

(1)建筑物上装设的外部防雷装置,能将雷击电流安全泄放入地,保护了建筑物不被雷电直接击坏。但不能保护建筑物内的电气、电子信息系统设备被雷电冲击过电压、雷电感应产生的瞬态过电压击坏。为了避免电气、电子信息设备之间及设备内部出现危险的电位差,采用等电位连接降低其电位差是十分有效的防范措施。接地是分流和泄放直接雷击电流和雷电电磁脉冲能量最有效的手段之一。因此为了确保电子信息系统的正常工作及工作人员的人身安全、抑制电磁干扰,建筑物内电气、电子信息系统必须采取等电位连接与接地保护措施。

(2)雷电电磁脉冲(LEMP)会危及电气和电子信息系统,因此应采取 LEMP 防护措施以避免建筑物内部的电气和电子信息系统失效。设计时应按照需要保护的设备数量、类型、重要性、耐冲击电压水平及所处雷电环境等情况，选择最适当的 LEMP 防护措施。例如在防雷区（LPZ）边界采用空间屏蔽、内部线缆屏蔽和设置能量协调配合的电涌保护器等措施，使内部系统设备得到良好防护，并要考虑技术条件和经济因素。雷电流及相关的磁场是电气、电子信息系统的主要危害源。就防护而言，雷电电场影响通常较小，所以雷电防护应主要考虑对雷击电流产生的磁场进行屏蔽。

（3）电气、电子信息系统设备宜进行雷击风险评估等方式确定防护等级、并采取相应的防护措施。电气、电子信息系统应根据需要保护的设备数量、类型、重要性、耐冲击电压额定值及所要求的电磁场环境等情况，除必须采取等电位连接与接地保护措施外，选择包括电磁屏蔽、合理布线、能量配合的电涌保护器防护等雷电电磁脉冲的防护措施。

2. 等电位连接与共用接地系统设计

（1）机房内电子信息设备应作等电位连接。等电位连接的结构形式应采用 S 型、M 型或它们的组合（图 4-3）。电气和电子设备的金属外壳、机柜、机架、金属管（槽）、屏蔽线缆金属外层、电子设备防静电接地、安全保护接地、功能性接地、电涌保护器接地端等均应以最短的距离与 S 型结构的接地基准点或 M 型结构的网格连接。机房等电位连接网络应与共用接地系统连接。

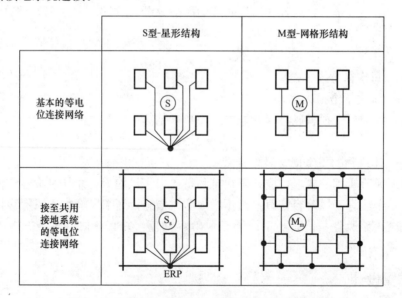

图 4-3　电子信息系统等电位连接网络的基本方法

—— 共用接地系统；—— 等电位连接导体；

□设备；●等电位连接网络的连接点；

ERP 接地基准点；S_s 单点等电位连接的星形结构；

M_m 网状等电位连接的网格形结构

（2）在 $LPZ0_A$ 或 $LPZ0_B$ 区与 LPZ1 区交界处应设置总等电位接地端子板，总等电位接地端子板与接地装置的连接不应少于两处；每层楼宜设置楼层等电位接地端子板；电子信息系统设备机房应设置局部等电位接地端子板。各类等电位接地端子板之间的连接导体宜采用多股铜芯导线或铜带。连接导体最小截面积应符合表 4-5 的规定。各类等电位接地端子板宜采用铜带，其导体最小截面积应符合表 4-6 的规定。

各类等电位连接导体最小截面积 表 4-5

名称	材料	最小截面积（mm²）
垂直接地干线	多股铜芯导线或铜带	50
楼层端子板与机房局部端子板之间的连接导体	多股铜芯导线或铜带	25
机房局部端子板之间的连接导体	多股铜芯导线	16
设备与机房等电位连接网络之间的连接导体	多股铜芯导线	6
机房网格	铜箔或多股铜芯导体	25

各类等电位接地端子板最小截面积 表 4-6

名称	材料	最小截面积（mm²）
总等电位接地端子板	铜带	150
楼层等电位接地端子板	铜带	100
机房局部等电位接地端子板（排）	铜带	50

各接地端子板应设置在便于安装和检查的位置，不得设置在潮湿或有腐蚀性气体及易受机械损伤的地方。等电位接地端子板的连接点应满足机械强度和电气连续性的要求。

（3）等电位连接网络应利用建筑物内部或其上的金属部件多重互连，组成网格状低阻抗等电位连接网络，并与接地装置构成一个接地系统（图 4-4）。电子信息设备机房的等电位连接网络可直接利用机房内墙结构柱主钢筋引出的预留接地端子接地。

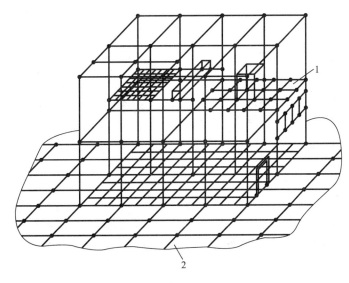

图 4-4 由等电位连接网络与接地装置组合构成的三维接地系统示例
1—等电位连接网络；2—接地装置

（4）某些特殊重要的建筑物电子信息系统可设专用垂直接地干线。垂直接地干线由总等电位接地端子板引出，同时与建筑物各层钢筋或均压带连通。各楼层设置的接地端子板应与垂直接地干线连接。垂直接地干线宜在竖井内敷设，通过连接导体引入设备机房与机房局部等电位接地端子板连接。音、视频等专用设备工艺接地干线应通过专用等电位接地端子板独立引至设备机房。

（5）防雷接地与交流工作接地、直流工作接地、安全保护接地共用一组接地装置时，接地装置的接地电阻值必须按接入设备中要求的最小值确定。《雷电保护》GB/T 21714—2008 第 3 部分中规定："将雷电流（高频特性）分散入地时，为使任何潜在的过电压降到最小，接地装置的形状和尺寸很重要。一般来说，建议采用较小的接地电阻（如果可能，低频测量时小于 10Ω）"。我国电力部门《交流电器装置的接地》DL/T 621 规定："低压系统由单独的低压电源供电时，其电源接地点接地装置的接地电阻不宜超过 4Ω"。

（6）接地装置应优先利用建筑物的自然接地体，当自然接地体的接地电阻达不到要求时应增加人工接地体。在设有多种电子信息系统的建筑物内，增加人工接地体应采用环形接地极比较理想。建筑物周围或者在建筑物地基周围混凝土中的环形接地极，应与建筑物下方和周围的网格形接地网相连接，网格的典型宽度为 5m。这将大大改善接地装置的性能。如果建筑物地下室/地面中的钢筋混凝土构成了相互连接的网格，也应每隔 5m 和接地装置相连接。

（7）机房设备接地线不应从接闪带、铁塔、防雷引下线直接引入。直接引入将导致雷电流进入室内电子设备，造成严重损害。

（8）进入建筑物的金属管线（含金属管、电力线、信号线）应在入口处就近连接到等电位连接端子板上。端子板应与基础中钢筋及外部环形接地或内部等电位连接带相互连接（图 4-5、图 4-6），并与总等电位接地端子板连接。在 LPZ1 入口处应分别设置适配的电源和信号电涌保护器，使电子信息系统的带电导体实现等电位连接。

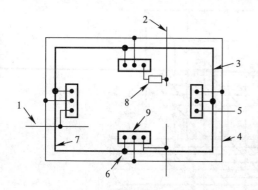
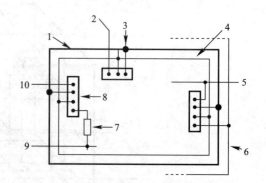

图 4-5　外部管线多点进入建筑物时端子板　　　　图 4-6　外部管线多点进入建筑物时
　　利用环形接地极互连示意　　　　　　　　　　端子板利用内部导体互连示意

1—外部导电部分，例如：金属水管；2—电源线或　　　　1—外墙或地基内的钢筋；2—连接至其他接地极；
通信线；3—外墙或地基内的钢筋；4—环形接地极；　　　3—连接接头；4—环形导体；5—至外部导体
5—连接至接地极；6—专用连接接头；7—钢筋　　　　部件，例如：水管；6—环形接地极；7—SPD；
混凝土墙；8—SPD；9—等电位接地端子板　　　　8—等电位接地端子板；9—电力线或通信线；
注：地基中的钢筋可以用作自然接地极　　　　　　　　10—至附加接地装置

（9）电子信息系统涉及多个相邻建筑物时，宜采用两根水平接地体将各建筑物的接地装置相互连通。

（10）电气、电子信息系统在设计、施工时，宜在各楼层、机房内墙结构柱主钢筋处引出和预留等电位接地端子。

3. 屏蔽及布线

(1) 为减小雷电电磁脉冲在电子信息系统内产生的浪涌，宜采用建筑物屏蔽、机房屏蔽、设备屏蔽、线缆屏蔽和线缆合理布设措施。磁场屏蔽有空间屏蔽、设备屏蔽和线缆屏蔽。空间屏蔽有建筑物外部钢结构墙体的初级屏蔽和机房的屏蔽。内部线缆屏蔽和合理布线（使感应回路面积为最小）可以减小内部系统感应浪涌的幅值。磁屏蔽、合理布线这两种措施都可以有效地减小感应浪涌，防止内部系统的永久失效。因此，应综合使用这些措施。

(2) 电子信息系统设备机房的屏蔽应符合下列规定：

1) 建筑物的屏蔽宜利用建筑物的金属框架、混凝土中的钢筋、金属墙面、金属屋顶等自然金属部件与防雷装置连接构成格栅型大空间屏蔽。在一个新建筑物或新系统的早期设计阶段就应该考虑空间屏蔽，在施工时一次完成。对于已建成建筑物来说，重新进行屏蔽可能会出现更高的费用和更多的技术难度。

2) 当建筑物自然金属部件构成的大空间屏蔽不能满足机房内电子信息系统电磁环境要求时，应增加机房屏蔽措施。

3) 电子信息系统设备主机房宜选择在建筑物低层中心部位，其设备应配置在 LPZ1 区之后的后续防雷区内，并与相应的雷电防护区屏蔽体及结构柱留有一定的安全距离（图 4-7）。保留安全距离是因为部分雷电流会流经屏蔽层，靠近屏蔽层处的磁场强度较高。

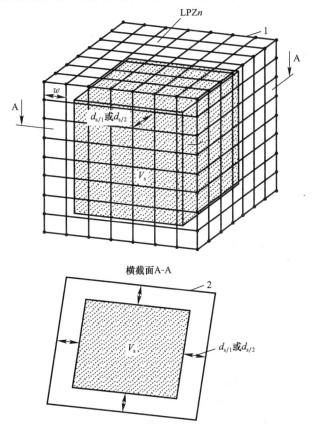

图 4-7 LPZn 内用于安装电子信息系统的空间

1—屏蔽网格；2—屏蔽体；V_s—安装电子信息系统的空间；

$d_{s/1}$、$d_{s/2}$—空间 V_s 与 LPZn 的屏蔽体间应保持的安全距离；w—空间屏蔽网格宽度

4）屏蔽效果及安全距离可按《建筑物电子信息系统防雷技术规范》GB 50343—2012附录 D 规定的计算方法确定。

（3）线缆屏蔽应符合下列规定：

1）与电子信息系统连接的金属信号线缆采用屏蔽电缆时，应在屏蔽层两端并宜在雷电防护区交界处作等电位连接并接地。当系统要求单端接地时，宜采用两层屏蔽或穿钢管敷设；

2）当户外采用非屏蔽电缆时，从人孔井或手孔井到机房的引入线应穿钢管埋地引入，埋地长度 l 可按式（4-18）计算，但不宜小于 15m；电缆屏蔽槽或金属管道应在入户处进行等电位连接；

$$l \geqslant 2\sqrt{\rho} \ (\text{m}) \tag{4-18}$$

式中 l——表示埋地引入线缆计算时的等效长度（m）；

ρ——埋电缆处的土壤电阻率（$\Omega \cdot$m）。

3）当相邻建筑物的电子信息系统之间采用电缆互联时，宜采用屏蔽电缆，非屏蔽电缆应敷设在金属电缆管道内；屏蔽电缆屏蔽层两端或金属管道两端应分别连接到独立建筑物各自的等电位连接带上。采用屏蔽电缆互联时，电缆屏蔽层应能承载可预见的雷电流。采用 SPD 将两个 LPZ1 防护区互连见图 4-8（a），采用屏蔽电缆或屏蔽电缆导管将两个 LPZ1 防护区互连见图 4-8（b）。

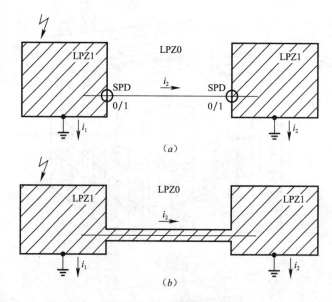

图 4-8　两个 LPZ1 的互联

（a）在分开建筑物间用 SPD 将两个 LPZ1 互连；（b）在分开建筑物间用屏蔽电缆或屏蔽电缆管道将两个 LPZ1 互连

注：1. i_1、i_2 为部分雷电流；

2. 图（a）表示两个 LPZ1 用电力线或信号线连接。应特别注意两个 LPZ1 分别代表有独立接地系统的相距数十米或数百米的建筑物的情况。这种情况，大部分雷电流会沿着连接线流动，在进入每个 LPZ1 时需要安装 SPD；

3. 图（b）表示该问题可以利用屏蔽电缆或屏蔽电缆管道连接两个 LPZ1 来解决，前提是屏蔽层可以携带部分雷电流。若沿屏蔽层的电压降不太大，可以免装 SPD。

4）光缆的所有金属接头、金属护层、金属挡潮层、金属加强芯等，应在进入建筑物处直接接地。

（4）线缆敷设应符合下列规定：

1）电子信息系统线缆宜敷设在金属线槽或金属管道内。电子信息系统线路宜靠近等电位连接网络的金属部件敷设，不宜贴近雷电防护区的屏蔽层；

2）布置电子信息系统线缆路由走向时，应尽量减小由线缆自身形成的电磁感应环路面积（图4-9）。

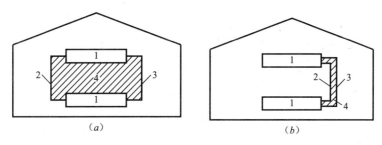

图4-9 合理布线减少感应环路面积

（a）不合理布线系统；（b）合理布线系统

1—设备；2—电源线；3—信号线；4—感应环路面积

3）电子信息系统线缆与其他管线的间距应符合表4-7的规定。

电子信息系统线缆与其他管线的间距 表4-7

其他管线类别	电子信息系统线缆与其他管线的净距	
	最小平行净距（mm）	最小交叉净距（mm）
防雷引下线	1000	300
保护地线	50	20
给水管	150	20
压缩空气管	150	20
热力管（不包封）	500	500
热力管（包封）	300	300
燃气管	300	20

注：当线缆敷设高度超过6000mm时，与防雷引下线的交叉净距应大于或等于$0.05H$（H为交叉处防雷引下线距地面的高度）。

4）电子信息系统信号电缆与电力电缆的间距应符合表4-8的规定。

电子信息系统信号电缆与电力电缆的间距 表4-8

类别	与电子信息系统信号线缆接近状况	最小间距（mm）
380V 电力电缆 容量小于 2kV·A	与信号线缆平行敷设	130
	有一方在接地的金属线槽或钢管中	70
	双方都在接地的金属线槽或钢管中	10
380V 电力电缆 容量 2~5kV·A	与信号线缆平行敷设	300
	有一方在接地的金属线槽或钢管中	150
	双方都在接地的金属线槽或钢管中	80
380V 电力电缆 容量大于 5kV·A	与信号线缆平行敷设	600
	有一方在接地的金属线槽或钢管中	300
	双方都在接地的金属线槽或钢管中	150

注：1. 当380V电力电缆的容量小于2kV·A，双方都在接地的线槽中，且平行长度小于或等于10m时，最小间距可为10mm。

2. 双方都在接地的线槽中，系指两个不同的线槽，也可在同一线槽中用金属板隔开。

4. 电涌保护器的选择

电涌保护器（SPD）的选择和安装是个比较复杂的问题。它与当地雷害程度、雷击点的远近、低压和高压（中压）电源线路的接地系统类型、电源变电所的接地方式、线缆的屏蔽和长度情况等都有关联。

（1）电源线路电涌保护器的选择应符合下列规定：

1）配电系统中设备的耐冲击电压额定值 U_w 可按表4-9规定选用。

220V/380V 三相配电系统中各种设备耐冲击电压额定值 U_w　　　表4-9

设备位置	电源进线端设备	配电分支线路设备	用电设备	需要保护的电子信息设备
耐冲击电压类别	IV类	III类	II类	I类
U_w (kV)	6	4	2.5	1.5

2）电涌保护器的最大持续工作电压 U_C 不应低于表4-10规定的值。

电涌保护器的最小 U_C 值　　　表4-10

电涌保护器安装位置	配电网络的系统特征				
	TT 系统	TN-C 系统	TN-S 系统	引出中性线的 IT 系统	无中性线引出的 IT 系统
每一相线与中性线间	$1.15U_0$	不适用	$1.15U_0$	$1.15U_0$	不适用
每一相线与 PE 线间	$1.15U_0$	不适用	$1.15U_0$	$\sqrt{3}U_0^*$	线电压 *
中性线与 PE 线间	U_0^*	不适用	U_0^*	U_0^*	不适用
每一相线与 PEN 线间	不适用	$1.15U_0$	不适用	不适用	不适用

注：1. 标有 * 的值是故障下最坏的情况，所以不需计及15%的允许误差；
　　2. U_0 是低压系统相线对中性线的标称电压，即相电压220V；
　　3. 此表适用于符合现行国家标准《低压电涌保护器（SPD）第1部分：低压配电系统的电涌保护器　性能要求和试验方法》GB 18802.1 的电涌保护器产品。

3）进入建筑物的交流供电线路，在线路的总配电箱等 LPZ0$_A$ 或 LPZ0$_B$ 与 LPZ1 区交界处，应设置 I 类试验的电涌保护器或 II 类试验的电涌保护器作为第一级保护；在配电线路分配电箱、电子设备机房配电箱等后续防护区交界处，可设置 II 类或 III 类试验的电涌保护器作为后级保护；特殊重要的电子信息设备电源端口可安装 II 类或 III 类试验的电涌保护器作为精细保护（图4-10）。使用直流电源的信息设备，视其工作电压要求，宜安装适配的直流电源线路电涌保护器。

4）电涌保护器设置级数应综合考虑保护距离、电涌保护器连接导线长度、被保护设备耐冲击电压额定值 U_w 等因素。各级电涌保护器应能承受在安装点上预计的放电电流，其有效保护水平 $U_{p/f}$ 应小于相应类别设备的 U_w。

5）LPZ0 和 LPZ1 界面处每条电源线路的电涌保护器的冲击电流 I_{imp}，当采用非屏蔽线缆时按公式（4-19）估算确定；当采用屏蔽线缆时按公式（4-20）估算确定；当无法计算确定时应取 I_{imp} 大于或等于12.5kA。

$$I_{imp} = \frac{0.5I}{(n_1 + n_2)m} (kA) \tag{4-19}$$

$$I_{imp} = \frac{0.5IR_s}{(n_1 + n_2) \times (mR_s + R_c)} (kA) \tag{4-20}$$

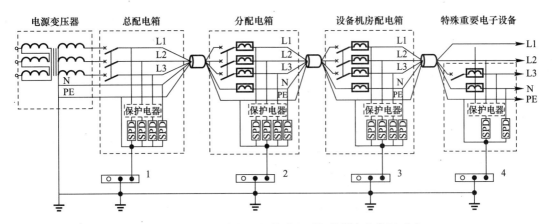

图 4-10 TN-S 系统的配电线路电涌保护器安装位置示意

　—空气断路器；[SPD]—浪涌保护器；　—退耦器件；　—等电位接地端子板；

1—总等电位接地端子板；2—楼层等电位接地端子板；3、4—局部等电位接地端子板

式中　I——雷电流（kA）；

　　　n_1——埋地金属管、电源及信号线缆的总数目；

　　　n_2——架空金属管、电源及信号线缆的总数目；

　　　m——每一线缆内导线的总数目；

　　　R_s——屏蔽层每千米的电阻（Ω/km）；

　　　R_c——芯线每千米的电阻（Ω/km）。

6）当电压开关型电涌保护器至限压型电涌保护器之间的线路长度小于 10m、限压型电涌保护器之间的线路长度小于 5m 时，在两级电涌保护器之间应加装退耦装置。当电涌保护器具有能量自动配合功能时，电涌保护器之间的线路长度不受限制。电涌保护器应有过电流保护装置和劣化显示功能。

7）确定雷电防护等级时，用于电源线路的电涌保护器的冲击电流和标称放电电流参数推荐值宜符合表 4-11 规定。

电源线路电涌保护器冲击电流和标称放电电流参数推荐值　　　　表 4-11

雷电防护等级	总配电箱		分配电箱	设备机房配电箱和需要特殊保护的电子信息设备端口处	
	LPZ0 与 LPZ1 边界		LPZ1 与 LPZ2 边界	后续防护区的边界	
	$10/350\mu s$ Ⅰ类试验	$8/20\mu s$ Ⅱ类试验	$8/20\mu s$ Ⅱ类试验	$8/20\mu s$ Ⅱ类试验	$1.2/50\mu s$ 和 $8/20\mu s$ 复合波Ⅲ类试验
	I_{imp}（kA）	I_n（kA）	I_n（kA）	I_n（kA）	U_{oc}（kV）/I_{sc}（kA）
A	≥20	≥80	≥40	≥5	≥10/≥5
B	≥15	≥60	≥30	≥5	≥10/≥5
C	≥12.5	≥50	≥20	≥3	≥6/≥3
D	≥12.5	≥50	≥10	≥3	≥6/≥3

注：SPD 分级应根据保护距离、SPD 连接导线长度、被保护设备耐冲击电压额定值 U_w 等因素确定。

8）电源线路电涌保护器在各个位置安装时，电涌保护器的连接导线应短直，其总长度不宜大于 0.5m。有效保护水平 $U_{p/f}$ 应小于设备耐冲击电压额定值 U_w（图 4-11）。

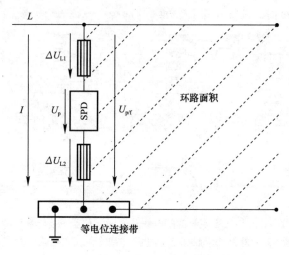

图 4-11   相线与等电位连接带之间的电压

I—局部雷电流；$U_{p/f}=U_p+\Delta U$—有效保护水平；U_p—SPD 的电压保护水平；

$\Delta U=\Delta U_{L1}+\Delta U_{L2}$—连接导线上的感应电压

9）电源线路电涌保护器安装位置与被保护设备间的线路长度大于 10m 且有效保护水平大于 $U_w/2$ 时，应按公式（4-21）和公式（4-22）估算振荡保护距离 L_{po}；当建筑物位于多雷区或强雷区且没有线路屏蔽措施时，应按公式（4-23）和公式（4-24）估算感应保护距离 L_{pi}。

$$L_{po} = (U_w - U_{p/f})/k \ (\text{m}) \tag{4-21}$$

$$K = 25(\text{V/m}) \tag{4-22}$$

$$L_{pi} = (U_w - U_{p/f})/h \ (\text{m}) \tag{4-23}$$

$$h = 30000K_{s1} K_{s2} \ K_{s3}(\text{V/m}) \tag{4-24}$$

式中　　U_w——设备耐冲击电压额定值；

　　　　$U_{p/f}$——有效保护水平，即连接导线的感应电压降与电涌保护器的 U_p 之和；

K_{s1}、K_{s2}、K_{s3}——因子，见 GB 50343—2012 附录 B 第 B.5.14 条。

10）入户处第一级电源电涌保护器与被保护设备间的线路长度大于 L_{po} 或 L_{pi} 值时，应在配电线路的分配电箱处或在被保护设备处增设电涌保护器。当分配电箱处电源电涌保护器与被保护设备间的线路长度大于 L_{po} 或 L_{pi} 值时，应在被保护设备处增设电涌保护器。被保护的电子信息设备处增设电涌保护器时，U_p 应小于设备耐冲击电压额定值 U_w，宜留有 20％裕量。在一条线路上设置多级电涌保护器时应考虑他们之间的能量协调配合。

11）电子信息系统设备由 TN 交流配电系统供电时，从建筑物内总配电柜（箱）开始引出的配电线路必须采用 TN-S 系统的接地形式。室外进、出电子信息系统机房的电源线路不宜采用架空线路。

（2）信号线路电涌保护器的选择应符合下列规定：

1）电子信息系统信号线路电涌保护器应根据线路的工作频率、传输速率、传输带宽、工作电压、接口形式和特性阻抗等参数，选择插入损耗小、分布电容小、并与纵向平衡、近端串扰指标适配的电涌保护器。U_c 应大于线路上的最大工作电压 1.2 倍，U_p 应低于被保护设备的耐冲击电压额定值 U_w。

2）电子信息系统信号线路电涌保护器宜设置在雷电防护区界面处（图 4-12）。根据雷电过电压、过电流幅值和设备端口耐冲击电压额定值，可设单级电涌保护器，也可设能量配合的多级电涌保护器。

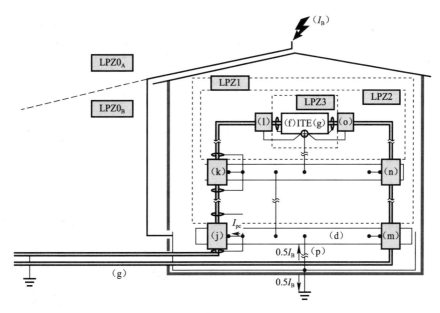

图 4-12　信号线路电涌保护器的设置

(d) —雷电防护区边界的等电位连接端子板；(m)、(n)、(o) —符合Ⅰ、Ⅱ或Ⅲ类试验要求的电源电涌保护器；

(f) —信号接口；(p) —接地线；(g) —电源接口；LPZ—雷电防护区；

I_{pc}—部分雷电流；(j)、(k)、(l) —不同防雷区边界的信号线路电涌保护器；I_B—直击雷电流

3）信号线路电涌保护器的参数宜符合表 4-12 的规定。

信号线路电涌保护器的参数推荐值　　　　　　　　　　　　表 4-12

雷电防护区		LPZ0/1	LPZ1/2	LPZ2/3
浪涌范围	$10/350/\mu s$	$0.5\sim2.5kA$	—	—
	$1.2/50\mu s$、$8/20/\mu s$	—	$0.5\sim10kV$ $0.25\sim5kA$	$0.5\sim1kV$ $0.25\sim0.5kA$
	$10/700\mu s$、$5/300/\mu s$	4kV 100A	$0.5\sim4kV$ $25\sim100A$	—
电涌保护器的要求	SPD (j)	D_1、B_2	—	—
	SPD (k)	—	C_2、B_2	—
	SPD (l)	—	—	C_1

注：1. SPD (j)、(k)、(l) 见本书图 4-12；

2. 浪涌范围为最小的耐受要求，可能设备本身具备 LPZ2/3 栏标注的耐受能力；

3. B_2、C_1、C_2、D_1 等见表 4-13。

（3）天馈线路电涌保护器的选择应符合下列规定：

1）天线应置于直击雷防护区（LPZ0$_B$）内。

2）应根据被保护设备的工作频率、平均输出功率、连接形式及特性阻抗等参数选用插入损耗小，电压驻波比小，适配的天馈线路电涌保护器。

信号线路浪涌保护器的冲击试验推荐采用的波形和参数　　　　表 4-13

类别	试验类型	开路电压	短路电流
A_1	很慢的上升率	≥1kV 0.1～100kV/s	10A，0.1～2A/μs ≥1000/s（持续时间）
A_2	AC	—	—
B_1	慢上升率	1kV，10/1000μs	100A，10/1000μs
B_2		1～4kV，10/700μs	25～100A，5/300μs
B_3		≥1kV，100V/μs	10～100A，10/1000/μs
C_1	快上升率	0.5～2kV，1.2/50μs	0.25～1kA，8/20μs
C_2		2～10kV，1.2/50μs	1～5kA，8/20μs
C_3		≥1kV，1kV/μs	10～100A，10/1000μs
D_1	高能量	≥1kV	0.5～2.5kA，10/350μs
D_2		≥1kV	0.6～2kA，10/250μs

注：表中数值为 SPD 测试的最低要求。

3）天馈线路电涌保护器应安装在收/发通信设备的射频出、入端口处。其参数应符合表 4-14 规定。

天馈线路电涌保护器的主要技术参数推荐表　　　　表 4-14

工作频率 （MHz）	传输功率 （W）	电压驻波比	插入损耗 （dB）	接口方式	特性阻抗 （Ω）	U_C（V）	I_{imp}（kA）	U_p（V）
1.5～6000	≥1.5 倍系统平均功率	≤1.3	≤0.3	应满足系统接口要求	50/75	大于线路上最大运行电压	≥2kA 或按用户要求确定	小于设备端口 U_w

4）具有多副天线的天馈传输系统，每副天线应安装适配的天馈线路电涌保护器。当天馈传输系统采用波导管传输时，波导管的金属外壁应与天线架、波导管支撑架及天线反射器电气连通，其接地端应就近接在等电位接地端子板上。

5）天馈线路电涌保护器接地端应采用能承载预期雷电流的多股绝缘铜导线连接到 LPZ0$_A$ 或 LPZ0$_B$ 与 LPZ1 边界处的等电位接地端子板上，导线截面积不应小于 6mm^2。同轴电缆的前、后端及进机房前应将金属屏蔽层就近接地。

（4）SPD 的级间配合要求

在一需要保护的系统中装设 SPD 的数量，取决于防雷区的划分和被保护对象的抗损坏性要求。在各防雷区界面处及被保护设备处安装的 SPD，其允许的电压保护水平和剩余威胁必须符合各级电力装置绝缘配合的要求，并低于被保护设备的抗损坏性。特别是保护低压电力系统及敏感的电子系统时，可能需要装设多级 SPD 以逐级削减雷电瞬态过电压和系统内暂态过电压及能量，直到满足被保护设备的安全性和抗扰度要求。因此，各级 SPD 之间应注意动作电压及允许通过的电涌能量的配合。

1）SPD 的级间配合原则

当系统中安装多级 SPD 时，各级 SPD 之间应按以下原则之一进行能量和动作性能的配合：

① 基于稳态伏安特性的配合。此时两级 SPD 之间除线路外不附加任何去耦元件，其能量的配合可用它们的稳态电流、电压特性在有关的电流范围内实现。本原则一般应用于

限压型 SPD（如金属氧化物压敏电阻 MOV 或抑制二极管）之间的配合。此法对电涌电流的波形可不予考虑。

② 采用去耦元件的配合。去耦元件一般采用有足够耐电涌能力的电感或电阻元件，电感常用于电力系统，电阻常用于电子信息系统。实现去耦元件可采用单独的器件或利用两级 SPD 之间线缆的自然电阻或电感；后者在一般情况下，当在线路上多处安装 SPD 且无准确数据以实现配合时，电压开关型 SPD 与限压型 SPD 之间的线路长度不宜小于 10m，限压型 SPD 之间的线路长度不宜小于 5m。随着 SPD 的不断开发，市场已出现了一种新型的既不需去耦元件又不限线缆配合长度的间隙型 SPD。

当采用电感作为去耦元件时，应考虑电涌电流波形的影响，$\mathrm{d}i/\mathrm{d}t$ 越大，则去耦所要求的电感就越小；对半值时间较长的波形（如 $10/350\mu s$），电感对限压型的去耦是无效的，此时宜用电阻去耦元件（或线缆的自然电阻）来实现配合。当采用电阻作为去耦元件时，电涌电流的峰值是确定电阻值的决定性因素。

2）各类 SPD 的配合形式

按照 SPD 的特性类别，常用以下三种配合形式：

① 限压型 SPD 之间的配合。此时要考虑通过两级 SPD 各自的电涌电流波的能量，电流波的持续时间与冲击电流相比不能过短。

② 电压开关型 SPD 与限压型 SPD 之间的配合。此时，前一级 SPD1 放电间隙的触发电压 U_{SG} 取决于后一级 SPD2（如压敏电阻 MOV）的残压 U_{res} 与去耦元件的动态压降 U_{DE} 之和，即为：

$$U_{\mathrm{SG}} = U_{\mathrm{res}} + U_{\mathrm{DE}} \qquad (4\text{-}25)$$

当 U_{SG} 超过放电间隙的动态放电电压时实现配合，因此，配合决定于 MOV 的特性、电涌电流的幅值和陡度，以及去耦元件的特性（如电感或电阻）及大小。此时需要考虑"保护盲点"问题，即当前一级 SPD1 在幅值和陡度较低的电涌电流通过时，SPD1 的放电间隙无火花闪络（"盲点"），这时，整个电涌电流流经 SPD2（MOV）可能导致 MOV 的损坏，为此 MOV 必须按能通过此电涌电流的能量选取。此外，当前一级 SPD1 的放电间隙闪络放电后将改变电涌的波形，这种改变了的电涌波形将加于下一级 MOV 上，当采用低残压（电弧电压）的间隙时，选择下一级 MOV 的最大工作电压 U_{C} 对放电间隙的配合并不重要。在确定去耦元件的必须值时，下一级 MOV（SPD2）的最低残压可按不低于系统额定供电电压的峰值（$\sqrt{2}U_0$）来确定，由此可根据式（4-25）来确定去耦元件的参数值。如去耦元件采用电感，则其动态压降再由式（4-25）即可推导出电感 L 的值。但是，应当注意的是除了考虑 $10/350\mu s$ 的雷电流 $I_{\max}$（由 MOV 的最大能量确定），还应考虑 $0.1\mathrm{kA}/\mu s$ 的最小雷电流陡度时实现配合所需的去耦元件电感值，即 L 应取式（4-26）和式（4-27）两式中的最大者。

$$L_{10/350} = (U_{\mathrm{SG}} - U_{\mathrm{res}}) \times \frac{10}{I_{\max}} \qquad (4\text{-}26)$$

$$L_{0.1\mathrm{kA}/\mu s} = (U_{\mathrm{SG}} - U_{\mathrm{res}}) \times 10 \qquad (4\text{-}27)$$

式中 L 一般为数十微亨。

图 4-13 示出前一级放电间隙之后与不同负荷或不同的 SPD 配合时，必需的去耦元件电感值。

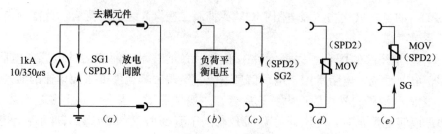

不同情况的去耦元件电感值

情况	用计算机模拟确定的电感（μH）	粗估算确定的电感（见注）（μH）
(a) 短路	30	40（规格过大）
(b) 负荷平衡电压（1.41U_r）	24	37（较实际）
(c) 放电间隙（$U_{Arc}=30V$）	30	40（实际情况）
(d) MOV 基准电压 （U_{ref}（1mA）=430V）	19	32（实际情况）
(e) MOV 基准电压 （U_{ref}（1mA）=180V）	22	36（实际情况）

注　$U_{SG}=L\dfrac{\mathrm{d}i}{\mathrm{d}t}+U_{Load/res}$

粗估算　$\dfrac{\mathrm{d}i}{\mathrm{d}t}\equiv\dfrac{i_p}{T_1}=\dfrac{1kA}{10\mu s}$

(a) $L\approx U_{SG}\cdot\dfrac{T_1}{i_p}=4kV\times\dfrac{10\mu s}{1kA}\approx40\mu H$

(b) $L\approx(U_{SG}-U_{Load})\cdot\dfrac{T_1}{i_p}=(4kV-0.3kV)\times\dfrac{10\mu s}{1kA}\approx37\mu H$

(c) $L\approx(U_{SG}-U_{Are})\cdot\dfrac{T_1}{i_p}=(4kV-0.03kV)\times\dfrac{10\mu s}{1kA}\approx40\mu H$

(d) $L\approx(U_{SG}-U_{res}(1kA))\cdot\dfrac{T_1}{i_p}=(4kV-0.8kV)\times\dfrac{10\mu s}{1kV}\approx32\mu H$

(e) $L\approx[U_{SG}-U_{res}(1kA)-U_{Are}]\cdot\dfrac{T_1}{i_p}=(4kV-0.4kV-0.03kV)\times\dfrac{10\mu s}{1kV}\approx36\mu H$

图 4-13　确定不同负荷情况下的去耦元件

　　③ 电压开关型 SPD 之间的配合。对放电间隙之间的配合，必须采用动态工作特性。当第二级 SPD 如放电间隙 SG2 发生火花闪络之后，配合将由去耦元件完成；为确定去耦元件的必需值，放电间隙 SG2 因其放电电压（电弧电压即残压）较低，可用短路代替。为触发放电间隙 SG1，去耦元件的动态压降必须大于放电间隙 SG1 的工作电压，见图 4-13（c）。

　　当采用电阻作为去耦元件时，在选择 SPD 的脉冲额定参量时则应考虑电涌电流峰值引起的电阻压降。

　　在放电间隙 SG1 触发之后，全部能量将按稳态电流、电压特性分配于各元件之间。

　　3）多级 SPD 保护系统的基本配合方案

　　① 配合方案Ⅰ：所有的 SPD 均采用相同的残压 U_{res}，并都具有连续的电流、电压特性（如压敏电阻 MOV 或抑制二极管）。各级 SPD 和被保护设备的配合正常时由它们的线路阻抗完成，见图 4-14 所示。

　　② 配合方案Ⅱ：各级 SPD 的残压是台阶式的，从第一级 SPD 向随后的 SPD 逐级升高，最后一级安装在被保护设备内的 SPD 的残压要高于前一级 SPD。各级 SPD 都有连续的电流、电压特性（如压敏电阻，二极管）。此配合方案适用于配电系统，方案示意见图 4-15。

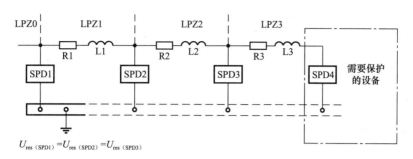

$$U_{\text{res（SPD1）}}=U_{\text{res（SPD2）}}=U_{\text{res（SPD3）}}$$

图 4-14　方案 I 的配合原则

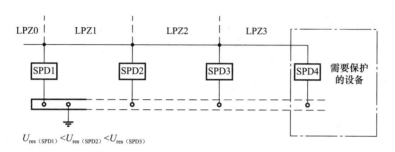

$$U_{\text{res（SPD1）}}<U_{\text{res（SPD2）}}<U_{\text{res（SPD3）}}$$

图 4-15　方案 II 的配合原则

③ 配合方案Ⅲ：第一级 SPD 具有突变的电流、电压特性（开关型 SPD，如放电间隙、气体放电管），其后的 SPD 为连续的电流、电压特性的元件（限压型 SPD，如压敏电阻），见图 4-16。

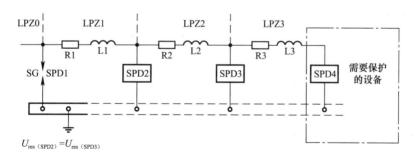

$$U_{\text{res（SPD2）}}=U_{\text{res（SPD3）}}$$

图 4-16　方案Ⅲ的配合原则

本方案的特点是第一级 SPD 的"开关特性"将初始脉冲电流 $10/350\mu s$ 的"半值时间"减短，从而相当大地减轻了随后各级 SPD 的负担。

④ 配合方案Ⅳ：如图 4-17 所示，将两级 SPD 组合在一个装置内形成一个四端 SPD。在装置内部两级 SPD 之间用串接阻抗或滤波器进行成功配合，使输出到下一级 SPD 或设备的剩余威胁最小。这适用于按方案 I～Ⅲ与系统中其他 SPD 或与被保护设备必须完全配合的场合。

上述四种配合方案中，方案 I～Ⅲ是基于两端

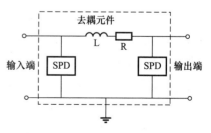

图 4-17　方案Ⅳ的配合原则

SPD 的多级保护方案，方案 Ⅳ 是组合有去耦元件的四端（即双口）SPD。采用上述基本配合方案时，需考虑已设置在设备输入口处的 SPD。

⑤ SPD 与被保护设备之间的配合。主要是与被保护设备的特性和抗损坏性进行配合。

4）实现配合的验证方法

① 安装在系统中的 SPD 是否实现配合可通过试验进行验证。

② 通过不同精确度的计算来验证实现配合，或采用计算机进行模拟计算以验证复杂而重要的系统。

③ 采用已相互配合好的 SPD 系列产品。此时，实现配合由 SPD 系列产品制造者验证，系统设计选用应按产品说明书进行。

5. 电子信息系统的防雷与接地

（1）通信接入网和电话交换系统的防雷与接地应符合下列规定：

1）有线电话通信用户交换机设备金属芯信号线路，应根据总配线架所连接的中继线及用户线的接口形式选择适配的信号线路电涌保护器；

2）电涌保护器的接地端应与配线架接地端相连，配线架的接地线应采用截面积不小于 $16mm^2$ 的多股铜线接至等电位接地端子板上；

3）通信设备机柜、机房电源配电箱等的接地线应就近接至机房的局部等电位接地端子板上；

4）引入建筑物的室外铜缆宜穿钢管敷设，钢管两端应接地。

（2）信息网络系统的防雷与接地应符合下列规定：

1）进、出建筑物的传输线路上，在 $LPZ0_A$ 或 $LPZ0_B$ 与 LPZ1 的边界处应设置适配的信号线路电涌保护器。被保护设备的端口处宜设置适配的信号电涌保护器。网络交换机、集线器、光电端机的配电箱内，应加装电源电涌保护器。

2）入户处电涌保护器的接地线应就近接至等电位接地端子板；设备处信号电涌保护器的接地线宜采用截面积不小于 $1.5mm^2$ 的多股绝缘铜导线连接到机架或机房等电位连接网络上。计算机网络的安全保护接地、信号工作地、屏蔽接地、防静电接地和电涌保护器的接地等均应与局部等电位连接网络连接。

（3）安全防范系统的防雷与接地应符合下列规定：

1）置于户外摄像机的输出视频接口应设置视频信号线路电涌保护器。摄像机控制信号线接口处（如 RS485、RS424 等）应设置信号线路电涌保护器。解码箱处供电线路应设置电源线路电涌保护器。

2）主控机、分控机的信号控制线、通信线、各监控器的报警信号线，宜在线路进出建筑物 $LPZ0_A$ 或 $LPZ0_B$ 与 LPZ1 边界处设置适配的线路电涌保护器。

3）系统视频、控制信号线路及供电线路的电涌保护器，应分别根据视频信号线路、解码控制信号线路及摄像机供电线路的性能参数来选择，信号电涌保护器应满足设备传输速率、带宽要求，并与被保护设备接口兼容。

4）系统的户外供电线路、视频信号线路、控制信号线路应有金属屏蔽层并穿钢管埋地敷设，屏蔽层及钢管两端应接地。视频信号线屏蔽层应单端接地，钢管应两端接地。信号线与供电线路应分开敷设。

5）系统的接地宜采用共用接地系统。主机房宜设置等电位连接网络，系统接地干线宜采用多股铜芯绝缘导线，其截面积应符合表 4-5 的规定。

（4）建筑设备管理系统的防雷与接地应符合下列规定：

1）系统的各种线路在建筑物 LPZ0$_A$ 或 LPZ0$_B$ 与 LPZ1 边界处应安装适配的电涌保护器。

2）系统中央控制室宜在机柜附近设等电位连接网络。室内所有设备金属机架（壳）、金属线槽、保护接地和电涌保护器的接地端等均应做等电位连接并接地。

3）系统的接地应采用共用接地系统，其接地干线宜采用铜芯绝缘导线穿管敷设，并就近接至等电位接地端子板，其截面积应符合表 4-5 的规定。

4.4.4　雷电电磁脉冲 LEMP 防护措施系统（LPMS）设计

雷电电磁脉冲（LEMP）会危及电气和电子系统，因此应采取 LEMP 防护措施以避免建筑物内部的电气和电子系统失效。使电气和电子设备永久失效的 LEMP 可由下列因素产生：（1）通过连接导线传输给设备的传导和感应浪涌；（2）辐射电磁场直接作用于设备上的效应。

1. LPMS 防护概念

对 LEMP 的防护是基于雷电防护区（LPZ）概念：包含被保护系统的空间可划分成 LPZ。这些区域是理论上指定的空间，某空间的 LEMP 严重程度和该空间内的内部系统的耐受水平相匹配（见图 4-18）。根据 LEMP 强度的显著变化划分连贯的区域。LPZ 的边界由采用的防护措施来定义（见图 4-19）。

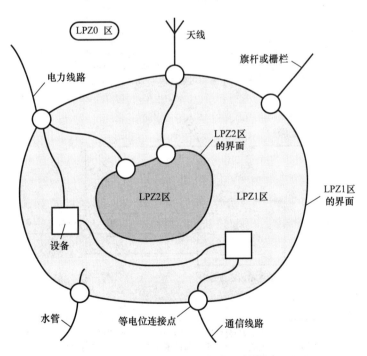

图 4-18　划分不同 LPZ 的基本原则

注：本图是一个建筑物划分内部 LPZ 的示例。所有进入建筑物的金属公共设施采用搭接母排在 LPZ1 边界作搭接。同时，进入 LPZ2（例如计算机机房）的金属公共设施采用搭接母排在 LPZ2 边界作搭接。

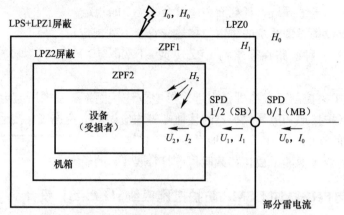

（a）采用空间屏蔽和"协调配合的SPD防护"的LPMS
注：对于传导浪涌（$U_2 \ll U_0$和$I_2 \ll I_0$）和辐射磁场（$H_2 \ll H_0$），设备得到良好的防护。

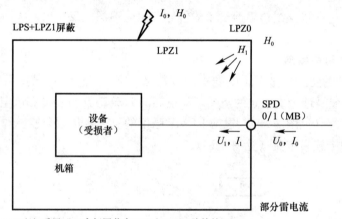

（b）采用LPZ1空间屏蔽盒LPZ1入口SPD防护的LPMS
注：对于传导浪涌（$U_1 < U_0$和$I_1 < I_0$）和辐射磁场（$H_1 < H_0$），设备得到防护。

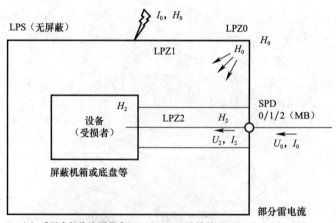

（c）采用内部线路屏蔽盒LPZ1入口SPD防护的LPMS
注：1. 对于传导浪涌（$U_2 < U_0$和$I_2 < I_0$）和辐射磁场（$H_2 < H_0$），设备得到防护；
　　2. LPZ1实为LPZ0$_B$，LPZ2实为LPZ1。

图 4-19　LEMP 防护措施系统（LPMS）示例（一）

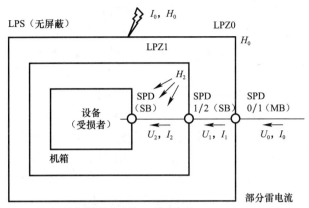

（d）仅采用"协调配合的SPD防护"的LPMS

注：1. 对于传导浪涌（$U_2 \ll U_0$和$I_2 \ll I_0$），设备得到防护，但对于辐射磁场（H_0）却无防护作用；
2. LPZ1实为LPZ0$_B$，H_2实为H_1；
3. SPD可以位于下列位置：LPZ1边界上（例如主配电盘MB）；LPZ2边界上（例如次配电盘SB），或者靠近设备处（例如电源插孔SA）。

图4-19 LEMP防护措施系统（LPMS）示例（二）

2. LPMS 设计

LPMS 设计，可以实现设备对于浪涌和辐射电磁场的防护。以图 4-19 为例：

图 4-19（a）中，一个采用了空间屏蔽和"协调配合的 SPD 防护"的 LPMS，能对辐射电磁场和传导浪涌进行防护。格栅形空间屏蔽和协调配合的 SPD 可以将磁场和浪涌的威胁减少到较低水平。

图 4-19（b）中，LPZ1 采用空间屏蔽和 LPZ1 入口采用 SPD 的 LPMS，可以使设备对辐射磁场和传导浪涌进行防护。对于磁场保持较高值（由于 LPZ1 的屏蔽效果差），或者浪涌幅度仍然很高（由于 SPD 防护水平太高及 SPD 下级线路上的感应作用）的情况，防护效果将不够充分。

图 4-19（c）中，采用屏蔽线路和屏蔽外壳设备的 LPMS，可以对辐射磁场进行防护；LPZ1 入口 SPD 将对传导浪涌进行防护。为了使浪涌威胁达到较低水平，可能需要特殊的 SPD（例如在内部增加协调配合的级数），以达到足够低的电压防护水平。

图 4-19（d）中，使用"协调配合的 SPD 防护"体系的 LPMS，由于 SPD 只能对传导浪涌进行防护，因此仅适用于对辐射电磁场不敏感的设备。使用协调配合的 SPD 可以使浪涌威胁达到较低水平。图 4-19（a）～图 4-19（c）的解决方案，特别建议用于不符合相关 EMC 产品标准规定的仪器设备。根据 GB/T 21714.3—2008 规定，仅采用等电位搭接 SPD 的 LPS，不能防止敏感电气和电子系统失效。可以减小网眼尺寸和选择合适的 SPD 来改进 LPS，使其成为 LPMS 的有效组成部分。

3. LPMS 防护措施

LPMS 的防护措施包括：

（1）接地和搭接

接地装置将雷电流传导并泄放到大地。搭接网络将最大程度地降低电位差，减少磁场。

（2）磁屏蔽和布线

空间屏蔽衰减了雷电直击建筑物或其附近而在 LPZ 内部产生的磁场，并减少了内部浪涌。使用屏蔽电缆或屏蔽电缆管道屏蔽内部线路，最大限度地减少了感应浪涌。内部线路合理布线能够最大限度地减少感应回路，从而减小内部浪涌。空间屏蔽、内部线路屏蔽和合理布线可以同时使用，也可以单独使用。进入建筑物的外部线路屏蔽减少了传导到内部系统的浪涌。

（3）协调配合的 SPD 防护

协调配合的 SPD 防护限制了外部和内部浪涌。应始终确保接地和连接，特别是在进入建筑物的入口处，将每个导电设施直接或通过等电位连接的 SPD 进行连接。内部系统对浪涌进行防护需要协调配合的 SPD 防护，其他 LEMP 防护措施可以单独或配合使用。LEMP 防护措施应能耐受安装地点的各种工况影响（例如，温度、湿度、大气污染、震动、电压和电流）。确定选择最合适的 LEMP 防护措施，应基于 GB/T 21714.2—2008 进行风险评估，并充分考虑技术和经济因素。

第 5 章　供排水系统设施防雷保护

近十多年来，防雷技术和产品取得了实质性的突破和进展，我国陆续颁布或修订了多个防雷标准，水务行业在防雷实践中也积累了一些成功经验。纵观供排水系统雷电灾害防御的历史，从建筑物防雷和电气设备防雷，发展到现代微电子设备防雷以及系统综合防雷，防雷技术措施正趋于规范化和系统化。本章介绍供排水系统范围内电气、控制、仪表等设施设备具体的防雷保护措施和要求。供排水系统的其他设施雷电防护措施可参考本章相关内容。

5.1　供配电系统防雷保护

1. 系统结构

供配电系统是负责将电能从电网分配到用户的设施，供排水系统厂站供配电系统电源进线电压一般为 10kV，低压供电电压为 220V/380V。供配电系统包含高压配电设备、电力变压器、低压配电设备等，设备绝大部分安装在室内，分别安装在高压配电室、变压器室、低压配电室及控制室（合称变配电所）。供配电系统结构如图 5-1 所示。

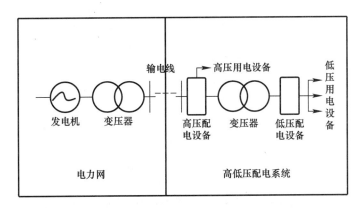

图 5-1　供配电系统结构

2. 雷击风险

供配电系统遭受雷击风险主要有三个方面：一是雷电直接击在导线或设备上产生强大的雷电流，二是感应过电压，三是沿线路侵入的雷电波。雷电流侵入高压设备，可能造成设备损坏；过电压可能将变配电设备和线路上的绝缘击穿，造成停电事故；另外，电气设备的绝缘击穿，或雷电流通过变压器感应耦合或共地耦合，使高电压"窜入"低电压系统，威胁低压设备和人员的安全，还可能发生火灾和爆炸。因此，应围绕着供配电系统遭受雷击的三个主要方面进行防雷设防。

5.1.1 变配电所及高压配电系统防雷保护措施

变配电所是供配电系统的枢纽，一旦发生雷害事故，将可能造成大面积的停电和重大的经济损失，所以变配电所的防雷保护应十分可靠。

1. 直击雷和雷电波侵入防护

变配电所直击雷防护即是防止雷电直接击于电力设备上，造成设备损坏，防护措施一般是采取在屋面装设避雷针或避雷带。需要注意的是，避雷针受雷击后，在其附近的导线上会产生感应过电压，因此，避雷针应尽量远离电气设备。如果变配电所处于附近高大建筑物上的避雷针保护范围以内，或变配电所本身为室内型时，则可不必考虑直击雷的防护。

雷电波侵入是变配电所的另一危险来源，当进线线路遭受雷击时，雷电波沿线路侵入，将侵入的雷电波降低到电气装置绝缘强度允许值以内是防护的目的。虽然架设避雷线是防雷击的有效手段，但是造价较高，一般只在 63kV 及以上的架空线路上才沿全线装设，35kV 的架空线路一般只在进、出变电所 1~2km 处装设，而 10kV 及以下的架空线路一般不装设避雷线。10kV 变配电所通常在每路架空进线上装设阀型避雷器，以限制雷电流和雷电波的陡度。如图 5-2 所示，在每路进线终端和母线上都装有避雷器，如果进线是具有一段引入电缆的架空线路时，则避雷器应装在架空线路终端的电缆头上。母线上装设的避雷器与变压器的最大电气距离按表 5-1 确定，超过规定时，应考虑在变压器附近再加装一组阀型避雷器。

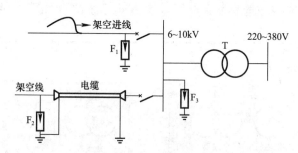

图 5-2 高压配电装置防护雷电波侵入示意
F_1、F_2、F_3—阀型避雷器

阀式避雷器至 6~10kV 变压器的最大电气距离 表 5-1

雷季经常运行的进线路数	1	2	3	≥4
最大电气距离（m）	15	20	25	30

2. 接地

接地是防雷的基础，防雷与接地是一个统一的整体。无论是对直击雷的防护，还是对雷电过电压和雷电波入侵的防护，总是要把雷电流传导入地。没有良好的接地，各种防雷措施就不能发挥有效作用，接地装置的性能直接决定着防雷保护的实际效果。变配电所通常采用环路式接地（图 5-3），这种接地方式优点很多，在接地范围内能得到均匀的电位（等电位）。接地装置沿变配电所周围布置，范围较大时，可以增设水平接地带作为均压联

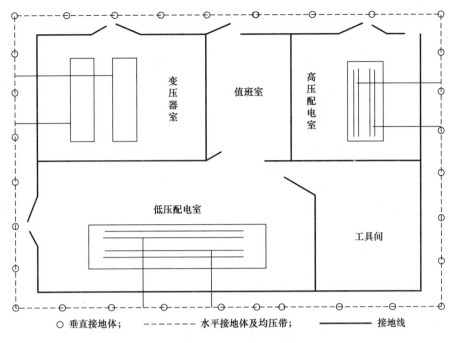

○ 垂直接地体；　------- 水平接地体及均压带；　——— 接地线

图 5-3　变配电所接地示意

络线，该联络线也可作为接地干线使用。10kV 及以下变配电所，可利用建筑物基础做接地体，当接地电阻能满足规定值，可不另设人工接地体。变配电所内的金属栅栏、设备金属外壳、金属管线等必须可靠接地，形成等电位连接。

3. 户外开关设备等的防护

3～10kV 柱上断路器和负荷开关应用阀型避雷器或间隙保护。经常断路运行而又带电的柱上断路器、负荷开关或隔离开关，应在带电侧装设避雷器或保护间隙。其接地线应与柱上断路器等的金属外壳连接，且接地电阻不应超过 10Ω。

装在架空线上的电容器，宜采用阀型避雷器保护。在多雷区或易遭雷击的地段，直接与架空线相连的电度表宜装设防雷装置。

5.1.2　电力变压器防雷保护措施

电力变压器是变配电系统中根据电磁感应定律变换交流电压和电流而传输交流电能的一种静止电器，可以将某一数值的交流电压变成频率相同的另一种或几种数值不同的电压。供排水系统的电力变压器高压侧额定电压一般为 10kV，低压侧额定电压为 220V/380V，多采用 Y，yn0 及 D，yn11 的接线方式。

根据《交流电气装置的过电压保护和绝缘配合》DL/T 620—1997 和《交流电气装置的接地》DL/T 621—1997 的规定，结合实际运行经验，电力变压器的防雷保护应遵循两个原则，一是高、低压侧同时装设避雷器，二是四点共同接地。电力变压器的保护接线如图 5-4 所示。

1. 高、低压侧同时装设避雷器

高、低压侧同时装设避雷器（一般为金属氧化物避雷器，MOA），主要是为了免除变压器遭受正、反变换过电压的危害。所谓正变换过电压，即当雷电波由低压线路侵入时，

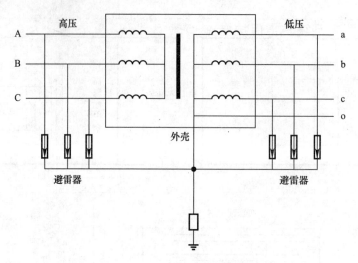

图 5-4 电力变压器保护接线图

配电变压器低压绕组就有冲击电流流过，冲击电流按匝数比在高压绕组上产生感应电动势，使高压侧中性点电位大大提高，它们层间和匝间的梯度电压也相应增加，高压侧绝缘可能被击穿。所谓反变换过电压，即如果只在高压侧装设避雷器，当高压侧线路受到直击或感应雷击引起避雷器动作时，冲击电流在接地电阻上产生较大的冲击电压，该电压同时作用在低压侧线路的中性点上。低压线路相当于波阻抗接地，因此中性点电压的大部分降落在低压绕组上，并经过电磁耦合，按变比关系在高压绕组上感应出过电压。由于高压绕组出线端的电压受避雷器限制，故在高压绕组上感应出的过电压将沿高压绕组分布，在中性点处达到最大值，可能危及中性点附近的绝缘和绕组的相间绝缘。有资料表明，配电变压器雷害事故中，破坏最严重的直击雷发生的几率并不大，而正、反变换过电压引起的事故占比超过 80%。要防范正、反变换过电压，最直接有效的方法，就是在配电变压器高、低压侧均装设避雷器，并投入运行。以往人们只注重在高压侧装设避雷器，而试验表明，当低压进行波为 10kV、接地电阻为 5Ω 时，高压绕组上的层间梯度电压可超过配电变压器的层间绝缘全波冲击强度一倍以上，若低压侧无避雷器保护，变压器层间绝缘可能会击穿。低压避雷器保护性能越好，反变换过电压越小。低压侧采用冲击放电电压和残压不超过 1.5～2.0kV 的金属氧化物避雷器保护是比较可靠的。

2. 四点共同接地

四点共同接地，即高压侧避雷器的接地线、低压侧避雷器的接地线、低压绕组的中性点以及变压器金属外壳连接在一起并接地，接地电阻应满足相关规程要求。其目的是为了防止流经避雷器的雷电流，在接地电阻上的压降施加在变压器绕组上。共同接地以后，设备所承受的电压只是避雷器的残压，雷击电流在接地电阻上的压降，就不会作用在设备的内绝缘上。避雷器与变压器金属外壳连接在一起接地时，虽然绕组上的对地电压，即主绝缘的电压被限制为避雷器残压，但是接地电阻上的压降将使外壳（对地）电位升高，可能造成对低压绕组的逆闪络。为避免逆闪络的发生，应将变压器低压绕组的中性点也连在变压器外壳上，使中性点与外壳始终保持等电位。另外，避雷器应尽量靠近配电变压器侧安装，且接地线要尽可能缩短，以降低残压。

5.1.3 低压配电系统防雷保护措施

1. 系统接地方式

供排水系统厂站的低压配电系统接地方式一般采用 TN-S 系统，该系统的保护线 PE 与中线 N 是分开的（三相五线制），如图 5-5 所示。TN 表示系统有一点直接接地，设备外露导电部分用保护线与该点相接。TN-S 系统的优点是 PE 线在正常工作时不呈现电流，因此设备的外露导电部分不呈现对地电压，而且在事故时也容易切断电源，有较强的电磁适应性，避免了高次谐波的干扰。

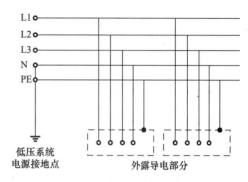

图 5-5 TN-S 系统

2. 防雷保护措施

（1）多级分流、逐级降压

从雷电防护区的划分概念可知，雷电过电压必须限制在被保护设备的耐压水平之下，与之所处的 LPZ 相适应，方能避免浪涌能量损坏设备。低压配电系统的防雷主要依靠安装电涌保护器，采取"多级分流、逐级降压"的防护原则，将雷击能量逐步泄放到大地。220V/380V 三相配电系统中各种设备的耐冲击电压额定值见表 5-2。

设备耐冲击电压额定值　　　　　　　表 5-2

设备位置	电源进线端设备	配电分支线路设备	用电设备	电子信息设备
耐冲击电压类别	Ⅳ类	Ⅲ类	Ⅱ类	Ⅰ类
耐冲击电压额定值	6kV	4kV	2.5kV	1.5kV

注：Ⅰ类——需要将瞬态电压限制到特定水平的设备；
　　Ⅱ类——如家用电器、手提工具及类似负荷；
　　Ⅲ类——如配电盘、断路器、布线系统（包括电缆、母线、分线盒、开关、插座）及电动机；
　　Ⅳ类——如电气计量仪表、一次线过流保护设备。

（2）电涌保护器的安装位置

TN-S 系统电涌保护器的安装位置如图 5-6 所示。

从图 5-6 可看出，对应四类耐冲击电压的设备，在相应位置安装了不同级别的电涌保护器（SPD），形成了四级防雷体系。多级 SPD 的设置是基于 SPD 的特性而定的。SPD 有两个重要参数：通流容量和保护水平，通流容量以 kA 为单位，表示 SPD 能够承受和泄放雷电能量的能力；保护水平即限制电压，是 SPD 动作、发挥防雷效果的启动电压。SPD 的通流容量和保护水平是成正比的，即通流容量越大，其保护水平或限制电压就越大。由于 SPD 的保护水平必须小于被保护设备的耐压水平，因此，当选用保护水平较低的 SPD 时，其通流容量也必然较小。但是雷电的能量是巨大的，雷电流强度很可能会超过 SPD 所能承受的最大通流容量，造成 SPD 损坏，进而导致被保护设备损坏。同理，如果只选用通流容量较大的 SPD，虽然可以承受雷电流的冲击，但由于其保护水平或限制电压相对也较高，再叠加上从 SPD 安装位置到被保护设备间线路的感应雷强度，会造成到达被保护设备的电涌电压超过设备的耐压值，设备的线路或元器件将被击穿。所以，必须选择不

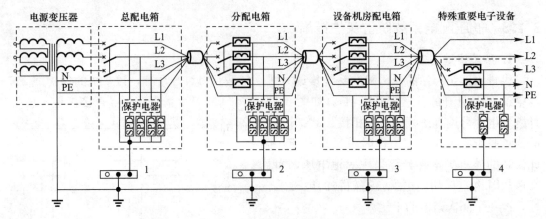

图 5-6   TN-S 系统电涌保护器安装位置示意

—空气断路器；SPD—浪涌保护器；—退耦器件；○●●—等电位接地端子板；
1—总等电位接地端子板；2—楼层等电位接地端子板；3、4—局部等电位接地端子板

同的通流容量和保护水平的 SPD 配合使用，实现多级防护、阶梯式限压的目的，既能安全地泄放雷电流，又能将电涌电压限制在被保护设备耐压值以下甚至更低。

（3）四级防护措施

1）第一级防护

在变压器低压侧安装总电源 SPD 作为第一级防护，防止浪涌电压直接从 LPZ0 区传导进入 LPZ1 区，将数万至数十万伏的浪涌电压限制到几千伏以内。一般要求该级 SPD 为开关型，具备较大的冲击容量，能吸收高能量浪涌，可将大量的浪涌电流分流到大地，减少大面积的雷击破坏事故。但是，由于该级 SPD 仅提供限制电压为中等级别的保护，剩余的雷电残压还是相当高，仅靠它们不能保证后续用电设备的安全。

2）第二级防护

为了将第一级防雷的几千伏残余浪涌电压限制到 2000 伏左右，需要在分配电处安装限压型 SPD，并实施等电位连接，以防止区内感应雷的二次入侵。该级 SPD 位于 LPZ1 区与 LPZ2 区的交界处，将前级的雷电残压以及电源传输线路感应的 LEMP（雷击电磁脉冲辐射）给予再次泄放，对于瞬态过电压具有很好的抑制作用。

3）第三级防护

对于广泛使用的电子设备而言，其集成电路和精密元件的击穿电压往往只有几十伏，最大允许工作电流也只是 mA 级的，而经过第一、二级防雷进入后接设备的雷击残压仍在千伏之上，若不做第三级防雷，设备将受到很大的冲击，这也是系统防雷中最容易被忽视的地方。因此，需要在设备交流电源进线端安装限压型 SPD，作为 LPZ2 区和后续防护区的第三级防护，不仅可以将残余浪涌电压降低到 1000V 以内，进一步衰减第二级传输线路产生的 LEMP，而且对内部产生的操作过电压（如感性或容性负载设备的启动或关机等）和高压静电有良好的防范效果。一般用户供电系统做到第三级防护就可以达到普通用电设备运行的要求了。

4）第四级防护

针对一些特别重要或特别敏感的电子信息设备，虽然前面已经做好了三级防雷，如果设备的耐压水平较低，或者基于安全的考虑，可以设置第四级防雷，安装插座式 SPD，消除微小的瞬态过电压。

（4）SPD 安装应注意的问题

1）第一级防护的 SPD 应靠近建筑物的入户线的总等电位连接端子处，第二、三级防护的 SPD 应尽量靠近被保护设备安装。SPD 接至等电位连接的导线要尽可能短而直。

2）为满足电子信息设备耐受能量的要求，SPD 的安装可进行多级配合。在进行多级配合时应考虑 SPD 之间的能量配合，当有续流时应在线路中串接退耦装置。有条件时，宜采用同一厂家的同类产品，并要求厂家提供其各级产品之间的安装距离要求。在无法获得准确数据的情况下，当电压开关型与限压型 SPD 之间的线路长度小于 10m，或限压型 SPD 之间线路长度小于 5m 时，宜串接退耦装置。

3）应考虑 SPD 老化或损坏可能产生的过电流或接地故障对电子信息设备运行的影响。在 SPD 的电源侧应安装过电流保护装置（如熔断器或空气断路器），过电流保护装置与 SPD 一起承担等于和大于安装处的预期最大短路电流。

5.2　高压直配电机防雷保护

5.2.1　高压电机及雷击风险

在大型供排水系统厂站中，当电机大于 220kW 时通常选用 6kV 和 10kV 两个电压等级的高压电机。由于我国已经取消了 6kV 的输电网络，如果采用 6kV 电机，需要多设置一级变配电设施，加之 10kV 电机业已成熟，因此近年已很少采用 6kV 电机。

与架空线直接相连（包括经过电缆段、电抗器等元件与架空线相连）的高压电机，称为直配电机，当高压电机的额定电压与供电电压相同（如同为 10kV）时，不宜或无需装设主变压器。直配电机主结线简洁，投资少，在水厂及泵站中得到广泛采用。由于直配电机直接与电网联接，一旦线路遭受雷击，雷电冲击波将沿导线直接侵入电机绕组，其幅值大，陡度也大，可能造成电机损坏的严重后果。像 6kV 电机这种经过变压器再接到架空线上去的电机，则称为非直配电机。对于非直配电机而言，一般不要求采取特殊的防雷保护措施，因为其受到的过电压均须经过变压器绕组之间的静电和电磁传递，只要把变压器保护做好了，经过变压器转换的雷电波不会有损坏电机绝缘的危险。

高压电机雷击风险主要是绕组的冲击耐压水平较低，因为电机具有高速旋转的转子，只能依靠固体介质绝缘，而不能像变压器那样可以采用固体-液体介质组合绝缘。在制造过程中，固体介质容易受到损伤，导致绝缘内出现空洞或缝隙，降低绝缘能力，在运行过程中容易发生局部放电，使得绝缘进一步劣化。同时电机的固体绝缘介质在长期运行中会受到发热、振动、粉尘、潮湿等多种因素的联合作用，老化较快，因此是防雷的薄弱环节。

5.2.2　高压电机防雷保护措施

早期供排水系统厂站对于高压电机的防雷措施，一般在高压进线处安装一组电站型避雷器抵御大气过电压，在室内高压母线上安装一组避雷器防止操作过电压。实际运行证明，仅仅依靠这些防止过电压措施是不能满足现代化供排水厂站防雷要求的。它无法大幅度降低雷电波对电机等主要设备的冲击，也无法消除雷电波形成的高电压在电机、互感器等绕组上的反射。目前的高压直配电机通常采用避雷器限幅、电缆减速、电容降陡、电机中性点防反击等联合防雷措施。主要措施有：

（1）在厂站 10kV 进线端亦即架空线终端杆，设置一组避雷器，对雷电波进行限幅，并防止架空线与电缆节点间波阻抗突变及电压反射造成绝缘子闪络或击穿。避雷器的工作电压、最大放电电流、最低残压值经计算后选定。

（2）将架空线终端杆设在离厂站不少于 50m 处，用一段高压电缆引入，使雷电波在电缆中以半光速推进。由于雷击的能量与雷电波行波速度的平方成正比，使用一段长度超过 50m 的电缆进线后，作用在电机绕组上的冲击能量只剩下未设电缆前的 1/4，有效地保护了电机绝缘。

（3）在 10kV 母线上装设一组容量为 $0.5\mu F$ 的高压电容器，以降低雷电波的进波陡度，降低电机绝缘首端与匝间的电压上升速度，使之限制在 $2000V/\mu s$ 以下（10kV 电机绝缘电压上升速率一般最大允许值为 $5000V/\mu s$）。

（4）在电机的中性点装设专用避雷器，进一步防止过电压在电机中性点的全波反射，从而保护电机绕组（特别是尾端）及匝间绝缘。

5.2.3　不同容量的高压电机保护接线

（1）单机容量为 300～1500kW 的直配电机可采用图 5-7 所示进线有电缆段的保护接线。

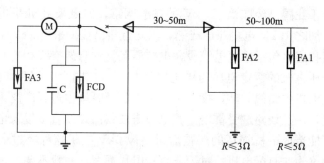

图 5-7　300～1500kW 直配电机进线有电缆段的保护接线

（2）单机容量 300kW 及以下的直配电机可采用图 5-8 所示保护接线或图 5-9 所示保护接线。

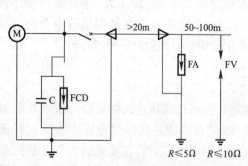

图 5-8　300kW 及以下直配电机带电缆
进线段的保护接线

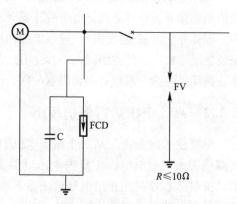

图 5-9　300kW 及以下直配
电机进线保护接线

5.2.4　高压电机保护原理

1. 进线段保护

从图 5-7～图 5-9 可以看出，进线段保护包括架空进线上的避雷器 FA 或保护间隙 FV 和首端电缆。避雷器或保护间隙的作用是将进线上侵入的雷电波的大部分引入大地，减轻配电所内避雷器的负担。目前保护间隙的使用已经越来越少，阀式避雷器较为常用。电缆的作用如同电容器，可以降低从架空线上侵入的过电压波的陡度。当雷电波使避雷器或保护间隙击穿时，电缆首端的金属护套就通过它们与芯线发生短路，由于雷电流的等值频率很高，强烈的趋肤效应使大部分雷电流沿电缆金属护套分流并流入大地，而流过电缆芯线的雷电流较小。同时，在电缆芯线上还感应出反电动势，阻止高电位的侵入。这样，室内母线上的过电压就比较低了。另外，接地引下线应尽可能短，以限制设备主绝缘承受的过电压幅值尽可能接近避雷器的残压。

2. 母线段保护

在电机母线上装设的 FCD 阀式避雷器用以限制雷电侵入波的幅值。与 FS 系列普通阀式避雷器相比，FCD 系列磁吹阀式避雷器由于采用磁吹灭弧间隙增强了灭弧能力，其火花间隙旁并联分路电阻，改善了冲击系数，降低了避雷器的冲击放电电压，使其有较好的保护特性。FCD 应尽量靠近电机安装，一般情况下可装在电机出线处，若一组母线上的电机不超过两台，也可装于母线上。

3. 电容器的作用

电容器 C 的作用在于使安装点的电位变化比较平缓，改善磁吹避雷器的冲击放电特性，降低侵入波的幅值。在雷电波起始瞬间，电容两端相当于短路，然后逐步充电，这就限制了电压上升的速度，即降低雷电波的陡度，有利于保护直配电机的匝间绝缘。在无电容器的情况下，电机中性点可能出现两倍于来波幅值的电压，有了电容器后，则可降低直配电机中性点的电压，从而保护该处的绝缘。电容器的数值一般每相取 $0.5\sim1\mu F$，按三相星形联结接线，其中性点接地，并设短路保护。

4. 中性点保护

若直配电机的中性点可以引出，且未直接接地时，应在中性点上加装避雷器以保护中性点处的绝缘，其额定电压不应低于电机最大运行相电压。

总之，高压直配电机的防雷保护应综合考虑供电线路敷设方式、供电距离、电压等级、绝缘等级、制造材料等因素，为提高防雷效果，可采取在进线电缆两端均设置避雷器、加长进线电缆长度、在电机绕组首端增设限流器、加大母线电容容量及选择绝缘等级较高的电机等措施。

5.3　自动化系统防雷保护

供排水行业的自动化技术应用非常广泛，体现在生产监控、管网调度、管网信息、营业收费、客户服务、企业综合管理、安防监控等诸多方面。供排水自动化系统主要由计算机控制系统构成，从系统结构上分主要有 SCADA 系统及 DCS 系统。控制系统设备主要分布在网络机房、程控交换机房、中央控制室、车间控制室及安防监控点等。供排水自动化控制系统是防雷保护的重点领域，应特别关注。

5.3.1　自动化系统综合防雷保护措施

自动化系统防雷是一项系统工程，需采用包括外部雷电防护和内部雷电防护措施进行综合防护，其主要内容见图 5-10。自动化系统综合防雷是一个有机的整体，应在做好外部防雷的前提下，重点做好内部防雷。前面的章节介绍了外部防雷措施，本节着重介绍自动化系统的内部防雷措施。

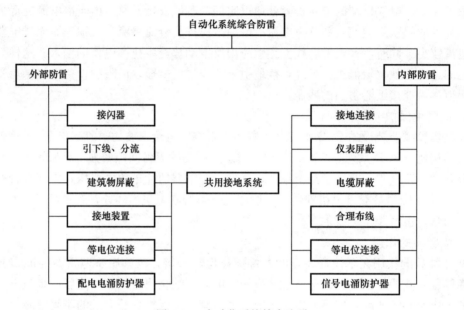

图 5-10　自动化系统综合防雷

1. 接地

接地是自动化系统用于雷电流（包括直击雷电流和雷电电磁感应电流）和静电荷的泄放、抑制电磁干扰的重要手段。

（1）自动化系统常见接地方式

自动化系统的信号接地有悬浮接地、单点接地、多点接地和混合接地四种方式。悬浮接地、单点接地、多点接地示意见图 5-11。混合接地是单点接地和多点接地的组合，一般是在单点接地的基础上再利用一些电感或电容实现多点接地的。

（2）共用接地

为了经济有效地达到防雷目的，现在比较一致的看法是采取共用接地的方式，即将交流地、直流地、保护地、信号地、防雷地统一共用，把所需接地的各系统连接到一个地网上，使其成为电气相通的统一接地网。接地电阻是不同功能接地的共同参数，在采用共用接地时，其接地电阻应按各种接地要求的最小值确定。

室内电气设备的保护接地、自动化系统的工作接地、屏蔽接地、电涌防护器接地等应共用接地装置，如图 5-12 所示。

（3）室内接地措施

安装在室内（如控制室、机柜室、仪表间等）的自动化系统，根据防雷的需要，应在

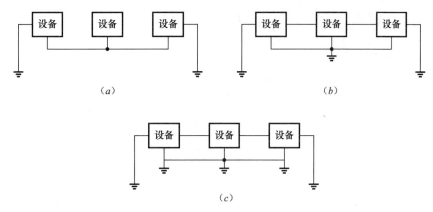

图 5-11 信号接地示意

(a) 悬浮接地；(b) 单点接地；(c) 多点接地

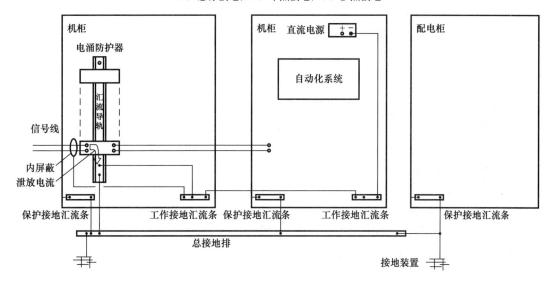

图 5-12 共用接地示意

交流配电柜附近设置各类接地汇总板、汇流条、接地排，便于 PE 线连接。室内的接地汇总板可作为自动化系统泄放雷电电涌电流的接地排，但不应是唯一的通路，还要按实际情况为雷电电涌电流设置低阻抗、短距离的泄放通路。例如信号电缆槽及穿线保护管也是承载雷电流的导体，因此在入口处单独设置接地排，与室内外的接地装置相连接。

对大型控制室、机柜室而言，应在室内沿墙或适当路径设置延长型接地排，利于接地连接和等电位的效能，并应安装在绝缘支架上。延长型接地排采用焊接连接，焊接处的有效截面积应大于接地排的截面积。室内接地排及连接路径如图 5-13 所示。

（4）室外接地措施

安装在室外（包括自然环境、敞开式和半敞开式环境）的自动化系统，其金属外壳、仪表保护箱、接线箱及机柜的壳体应就近接地或与接地的金属体相连接。现场仪表的金属外壳可以通过金属安装支架或金属设备自然接地。非金属设备顶部安装的仪表应就近接地。

2. 等电位连接

在厂区、设备区以及控制室的建筑物区域内，必须将所有金属设备、部件、管道、支

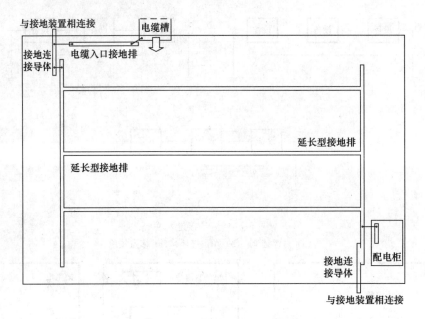

图 5-13   室内接地排及连接路径

架、结构的金属导体，用导体相互连接起来并接地，形成等电位体，使其电势（电压）均衡，不但防止雷电流经过路径产生的放电火花，也防止由地电位反击产生的火花，防止人员接触导体时产生电击，保护人身及设备安全。

等电位连接应采用直接与接地导体连接或采用导线与接地导体连接的方式。接地导体用于较大金属物体以及接地排的接地连接。实践证明，采用截面积为 4mm×40mm（厚×宽）的热镀锌扁钢作为接地导体，具有良好的电气效果，适用性强，简便易行，成本合适。连接导线应采用截面积不小于 4mm² 的多股绞合绝缘铜线。

自动化系统等电位连接网络结构有 S 型和 M 型以及两种结构的组合形式，如图 5-14所示：

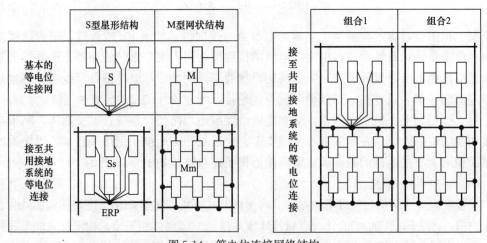

图 5-14   等电位连接网络结构

━━：建筑物的共用接地系统；──：等电位连接网；☐：设备

ERP：接地基准点；●：等电位连接网与共用接地系统的连接

（1）S 型结构

S 型（也称为星型或树型）结构一般用于设备相对较少或局部的系统中，如消防系统、监控系统等。当采用 S 型结构等电位连接网时，该系统的所有金属组件，除等电位连接点 ERP 外，均应与共用接地系统的各部件之间有足够的绝缘（或隔离）。在这类自动化系统中，所有信息设施的电缆管线屏蔽层均必须经 ERP 进入该系统内，此唯一的连接点亦是连接 SPD 以限制传导过电压的理想连接点。在此情况下，为了避免构成感应环路，各设备间的所有连接线路及电缆应与按星型布置的各条等电位连接线平行布线。S 型等电位连接网只允许单点接地，接地线可就近接至本机房或本楼层的等电位接地端子板，不必设专用接地线引下至总等电位接地端子板。由于是单点连接，因而没有与雷电相关的低频电流能进入系统，系统内部的低频干扰源也不能产生地电流。

（2）M 型结构

M 型（也称为网格型）结构通常用于设备较多、规模较大的开环系统，如计算机房、通信基站等。当采用 M 型结构的等电位连接网时，该系统的各金属组件不应与共用接地系统的各组件之间绝缘。M 型等电位连接网应通过多点组合到共用接地系统中去，并形成 Mm 型等电位连接网络。这种系统的各分项设备（或分组设备）之间敷设有多条线缆，这些设备和线缆可以在 Mm 型结构中由各个点进入该系统内。M 型结构对于高频来说是获得了一个低阻抗的网络，而且等电位连接网络的多个短路环路对磁场也起到多个衰减环路的作用，从而对自动化系统附近的原有磁场加以衰减。

（3）组合结构

对于更复杂的自动化系统，可采用 S 型和 M 型两种结构的组合形式，将各自的优点结合起来，提高安全性和可靠性。一个 S 型局部等电位连接网络可与一个 M 型结构组合在一起，一个 M 型局部等电位连接网络可在 ERP 与共用接地系统相连。在此组合中，局部等电位连接网络以及各设备的所有金属部件应与共用接地系统的各部件有足够的绝缘，而且所有设施及电缆在 ERP 处进入该系统。

（4）结构选择

自动化系统的等电位连接采用 S 型还是 M 型，除考虑系统设备多少和机房面积大小外，还应根据设备的工作频率来选择等电位连接网络形式及接地形式，从而有效地消除杂波干扰。供排水系统常用的自动化仪表的工作频率一般在 $20\,\mathrm{kHz}$ 以下，属于低频小信号系统，采用单点接地方式。因此，采用 S 型等电位连接网络比较合适。M 型结构形式相对复杂一些，成本较高，施工要求也比 S 型稍高，如果设计合理、施工正确，等电位效能也是很好的，可以满足自动化系统的防雷接地需要。

3. 屏蔽

屏蔽不仅是自动化系统防范和抵御电磁干扰的重要方法，也是减少雷电电磁场影响的重要措施。屏蔽与接地密切相关，屏蔽的防护功能离不开恰当的接地。自动化系统的防雷屏蔽主要包括仪表屏蔽和电缆屏蔽两个方面。

（1）仪表屏蔽

对于仪器仪表、电子设备而言，无论是安装在室内还是室外，都应置于钢板材料的全封闭机柜或仪表箱内，这是很好的屏蔽体。柜体、箱体的各部分应电气联通，门、顶、底等活动部件应采用截面积不小于 $4\,\mathrm{mm}^2$ 绝缘多股铜芯电线或其他有效的方式进行电气连接。机柜内应装有与机柜本体相连接的保护接地汇流条。

（2）电缆屏蔽

自动化系统的电缆普遍采用穿钢管或金属电缆槽敷设，这种敷设方式不但起到机械防护的作用，也是一种很好的电磁防护。采用金属铠装屏蔽电缆或采用互相绝缘的双层屏蔽电缆也可以获得同样的效果。电缆的外屏蔽层（包括保护钢管、电缆槽）应至少在两端接地，内屏蔽层应在一端接地。当钢管或电缆槽的长度较长时，还要进行多点重复接地，以利于雷电流的泄放。另外，钢管与仪表间、钢管之间、钢管与电缆槽之间应有良好的电气连接。

4. 合理布线

布线包括各类电缆（线）的敷设和接地连接的导线的路径。合理布线是顺利导流和减少雷电流影响的重要措施之一。

自动化系统配线应远离接地引下线或避雷带引下线（至少 2m），且避免与之平行敷设。如果无法避免时，应尽量远离并减少平行敷设的长度。电缆埋地敷设时，可采用钢筋混凝土电缆沟，电缆沟的金属配筋作为辅助屏蔽。

用于雷电电涌电流泄放的连接导体、电缆、电线应尽可能短，较短的连接导线比较粗的连接导线对雷电电涌电流的导流效果更好，而不能简单用增大导线的截面积来弥补替代。宜采用直线路径敷设，避免弯曲路径，且不要保留多余导线或将导线盘成环状，这样可以降低电感的影响，减少由缆线自身形成的感应环路面积。

5. 电涌保护

设置电涌防护器是保护自动化系统不受雷电电涌电流冲击、减少损坏和损失的有效措施之一，但电涌防护器的设置只是防雷工程的一部分，不应以设置电涌防护器来代替整个防雷工程。

（1）电涌防护器的原理

电涌防护器的工作原理是：接在被保护线路中，正常情况时电涌防护器不起作用，对保护线路的工作没有任何影响，当电涌电流沿着导线到达电涌防护器时，电涌防护器快速对地导通，将电涌电流释放到大地，并将输出端电压限制在不会损坏所连接仪表和设备的安全水平，当电涌电流衰减之后，电涌防护器自动地恢复正常状态。

电涌防护器的接地原理是为雷电电涌电流提供低阻抗、短距离、有效的对地泄放通路，使电涌防护器的限制电压起到保护自动化系统的作用，如图 5-15 所示。电涌防护器的导流条应作为整个信号线路的参考点，并作为自动化系统单点接地的连接点。

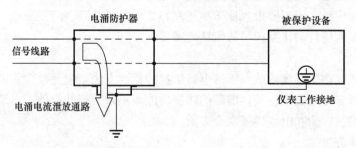

图 5-15　电涌防护器的接地原理

（2）电涌防护器的设置

电涌防护器的设置应考虑综合经济损失和投资成本，不应滥设。由于自动化系统回路太多，不可能在每个回路中都使用电涌保护器，必须有选择地安装。

下列自动化仪表的现场端及其控制室端应设置电涌防护器：

1）涉及人身安全的仪表；

2）变送器；

3）电气转换器、电气阀门定位器、电磁阀等现场电信号执行器；

4）热电阻；

5）电子开关。

一般来说，电缆（线）在室外地面以上敷设的距离越长，高度越高，受到雷击影响的概率越大，可视情况在设备两端设置电涌保护器。

（3）电涌防护器的选型

电涌防护器的选型应根据防护目的、信号类型、安装地点、安装方式确定。

标称供电电压为 24VDC 的两线制、三线制、四线制的 4～20mA 信号仪表，回路直流电源线属于信号供电，应为信号仪表类型，不属于直流电源类，应按信号仪表配备电涌防护器。直流电源装置属于直流电源类，应按直流电源配备电涌防护器。交流供电四线制仪表的交流供电应为交流电源类，应按交流电源配备电涌防护器。

正确选择的电涌防护器无论用于交流供电系统或是信号数据系统（例如现场总线、4～20mA、电信电话及网络通信等），都不应影响和改变原系统的特性和可靠性。

5.3.2 自动化系统机房防雷保护措施

1. 网络机房、程控交换机房

（1）机房位置选择

网络机房、程控交换机房位置应避开强电磁干扰区域，不宜设置在顶部一层、二层、三层，不应距容易引雷的铁塔等金属构筑物过近，如果无法避开强电磁场干扰时，应采取有效的电磁屏蔽措施。

（2）低压配电系统防护措施

网络机房、程控交换机房的低压配电系统防护措施参见 5.1.3 节"低压配电系统防雷保护措施"。

（3）信号线路防护措施

1）线路要求

信号线路宜埋地敷设，并应采取屏蔽措施，屏蔽体全长保持电气连通，至少作双端接地处理。优先采用屏蔽电缆，采用非屏蔽电缆时应进行屏蔽处理。

2）安装信号线路 SPD

信号线缆内芯线相应端口应安装适配的信号线路 SPD，信号线路 SPD 应根据线路的工作频率、传输介质、传输速率、传输带宽、工作电压、接口形式、特性阻抗等参数，选用电压驻波比和插入损耗小的适配 SPD，各类参数应满足表 5-3 和表 5-4 的要求。信号线路 SPD 的安装应符合下列规定：

① 信号线路 SPD 应连接在被保护设备的信号端口上。SPD 输出端与被保护设备的端口相连。SPD 也可以安装在机柜内，固定在设备机架上或附近支撑物上。

② 信号线路 SPD 接地端宜采用截面积不小于 $1.5mm^2$ 的铜芯导线与设备机房内的局

部等电位接地端子板连接，接地线应短而平直。

信号线路（有线）SPD 参数　　　　　　　　　　　　表 5-3

参数要求　　缆线类型 参数名称	非屏蔽双绞线	屏蔽双绞线	同轴电缆
标称导通电压	$\geq 1.2 U_n$	$\geq 1.2 U_n$	$\geq 1.2 U_n$
测试波形	$(1.2/50\mu s、8/20\mu s)$ 混合波	$(1.2/50\mu s、8/20\mu s)$ 混合波	$(1.2/50\mu s、8/20\mu s)$ 混合波
标称放电电流（kA）	≥ 1	≥ 0.5	≥ 3

注：U_n——最大工作电压。

信号线路、天馈线路 SPD 性能参数　　　　　　　表 5-4

名称	插入损耗 （dB）	电压 驻波比	响应时间 （ns）	平均功率 （W）	特性阻抗 （Ω）	传输速率 （bps）	工作频率 （MHz）	接口 形式
数值	≤ 0.5	≤ 1.3	≤ 10	≥ 1.5 倍系统 平均功率	应满足 系统要求	应满足 系统要求	应满足 系统要求	应满足 系统要求

（4）等电位连接、接地

网络机房、程控交换机房应设等电位连接网络。电气和电子设备的金属外壳、机柜、机架、金属管（槽）、屏蔽线缆外层、信息设备防静电接地、安全保护接地、SPD 接地端等均应以最短距离与等电位连接网络的接地端子连接。等电位连接端子应与预留的楼层主筋作等电位连接。等电位连接网络的结构可采用 S 型或 M 型或两种结构形式的组合型（见图 5-14），当信息系统工作频率小于 300kHz 以下时宜采用 S 型等电位连接，工作频率大于 1MHz 以上时宜采用 M 型等电位连接方法的组合。

（5）空间屏蔽

为改进电磁环境，所有与建筑物组合在一起的大尺寸金属件都应等电位连接在一起，并与防雷接地装置相连，在建筑物或房间的大空间屏蔽是由如金属支撑物、金属框架或钢筋混凝土的钢筋等自然构件组成时，这些构件构成一个格栅形大空间屏蔽，网络机房、程控交换机房内的金属门窗等应该等电位连接。重要的信息系统机房尚应采用不大于20cm×20cm 的金属网格进行六面屏蔽以改善雷电电磁环境。

（6）机房布线

网络机房、程控交换机房线缆主干线的金属线槽应敷设在电气竖井内。布置机房信号线缆的路由走向时，应尽量减小由线缆自身形成的感应环路面积。信号线路与电源线路应分开在不同线槽（管）内敷设，当共线槽（管）敷设时，应采取隔离措施，并对信号线路进行屏蔽。信号线缆与电力电缆的净距应符合表 5-5 要求。

2. 中央控制室

中央控制室、车间控制室等处安装了部分自动化控制设备，其防雷保护措施可参考网络机房、程控交换机房的相应内容，并应满足以下措施：

（1）中控室宜设置环形等电位连接排，电气和电子设备等就近与之连接。

1）中控室应设等电位连接网络。电气和电子设备的金属外壳、机柜、机架、金属管（槽）、屏蔽线缆外层、信息设备防静电接地、安全保护接地、电涌防护器（SPD）接地端等均应以最短的距离与等电位连接网络的接地端子连接。

信号线缆与电力电缆的净距　　　　　　　　　　　　　　　表 5-5

类　　别	与电子信息系统信号线缆接近状况	最小净距（mm）
380V 电力电缆 容量小于 2kV·A	与信号线缆平行敷设	130
	有一方在接地的金属线槽或钢管中	70
	双方都在接地的金属线槽或钢管中	10
380V 电力电缆 容量 2～5kV·A	与信号线缆平行敷设	300
	有一方在接地的金属线槽或钢管中	150
	双方都在接地的金属线槽或钢管中	80
380V 电力电缆 容量大于 5kV·A	与信号线缆平行敷设	600
	有一方在接地的金属线槽或钢管中	300
	双方都在接地的金属线槽或钢管中	150

注：1. 当 380V 电力电缆的容量小于 2kV·A，双方都在接地的线槽中，即两个不同线槽或在同一线槽中用金属板隔开，且平行长度小于等于 10m 时，最小间距可以是 10mm；
　　2. 电话线中存在振铃电流时，不应与计算机网络在同一根双绞线电缆中。

　　等电位连接网络的结构形式有：S 型和 M 型或两种结构形式的组合，自动化控制系统等电位连接网络结构如图 5-14 所示。

　　2）接地线应从共用接地装置引至总等电位接地端子板，通过接地干线引至楼层等位接地端子板，由此引至设备机房的局部等电位接地端子板。局部等电位接地端子板应与预留的楼层主钢筋接地端子连接。接地干线宜采用多股铜芯导线或铜带，其截面积不应小于 16mm²。接地干线应在电气竖井内明敷，并应与楼层主钢筋作等电位连接。

　　3）不同楼层的综合布线系统设备间或不同雷电防护区的配线交接间应设置局部等电位接地端子板。楼层配线柜的接地线应采用绝缘铜导线，截面积不小于 16mm²。

　　4）防雷接地应与交流工作接地、直流工作接地、安全保护接地共用一组接地装置，接地装置的接地电阻值必须按接入设备中要求的最小值确定。

　　接地装置应利用建筑物的自然接地体，当自然接地体的接地电阻达不到要求时必须增加人工接地体。

　　5）当设置人工接地体时，人工接地体宜在建筑物四周散水坡外大于 1m 处埋设成环形接地体，并可作为总等电位连接带使用。

　　（2）引入中控室的电源线应采用铠装电缆或套金属管埋地敷设，其埋地长度应符合式（5-1）的要求，但不应小于 15m：

$$l \geqslant 2\sqrt{\rho} \tag{5-1}$$

式中：l——金属铠装电缆或护套电缆穿钢管埋于地中的长度（m）；

　　　　ρ—— 埋电缆处的土壤电阻率（Ω·m）。

　　在入户端应将电缆的金属外皮、钢管接到共用接地装置上。

　　（3）中控室分配电柜应安装电源 SPD，且满足 5.1.3 节"低压配电系统防雷保护措施"的要求。中控室 SPD 安装示意如图 5-16 所示。监控计算机的信号线宜采用光纤作为信号线，当采用非屏蔽电缆时，应采取屏蔽措施，屏蔽体两端应接地，宜安装适配的信号 SPD。

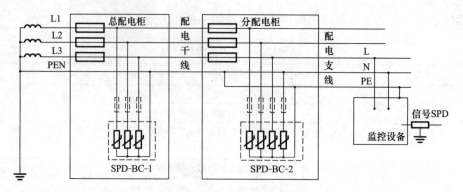

图 5-16 中控室 SPD 安装示意

5.3.3 安防监控系统防雷保护措施

安防监控系统大量设备安装在室外，防雷是必然要进行的工作。安防监控系统建设通常处于建设项目主体完工后，所以应配合主体项目建设，提前介入考虑接闪、防静电和防雷电电磁感应等问题，采取积极防护措施。安防监控系统布置示意如图 5-17 所示。

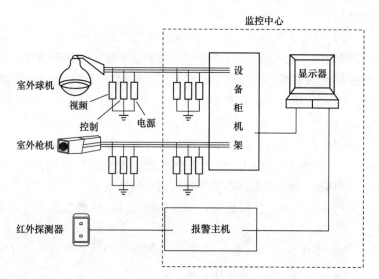

图 5-17 安防监控系统布置示意

1. 电源线路及电源 SPD

进入监控中心的电源配电线路（包含处于 LPZ0 区的摄像头等室外终端设备的电源线）应套金属管（槽）敷设，金属管（槽）全长保持电气连通并双端作接地处理。当全程屏蔽较困难时，应至少屏蔽 15m，并宜将屏蔽段埋地引入监控中心。

监控中心的配电箱应安装相应级别的电源 SPD，该电源 SPD 应和前级配电的电源 SPD 相互配合，达到能够承受预期通过它们的雷电流，电涌防护器的最大钳压加上两端引线的感应电压应与监控中心设备的基本绝缘水平和设备允许的最大电涌电压协调一致。为使最大电涌电压足够低，其两端的引线应做到最短。

处于 LPZ0 区的摄像头等室外终端设备的电源线宜安装适配的电源 SPD，与该摄像头连接的监控设备宜安装适配的电源 SPD。

2. 信号线路及信号 SPD

安防监控系统的信号线路包含视频信号和控制信号。进入监控中心的信号线路应套金属管（槽）敷设，金属管（槽）全长保持电气连通并双端作接地处理。当全程屏蔽较困难时，应至少屏蔽 15m，并宜将屏蔽段埋地引入监控中心。

处于 LPZ0 区的摄像头的视频信号和控制信号宜在摄像头就近端以及相连的监控中心的监控设备就近端安装适配的视频信号 SPD 和控制信号 SPD。

3. 等电位、接地和防静电

监控中心监控室应设等电位连接网。室内所有设备金属机架、金属线槽、保护接地和 SPD 的接地端等均应作等电位连接并接地，室外摄像头金属支撑杆应作接地处理，接地电阻应满足散流的要求且不宜大于 10Ω。

4. 空间屏蔽

为改进监控中心监控室的电磁环境，所有与建筑物组合在一起的大尺寸金属件都应等电位连接在一起，并与防雷接地装置相连。在建筑物或房间的大空间屏蔽是由诸如金属支撑物、金属框架或钢筋混凝土的钢筋等自然构件组成时，这些构件构成一个格栅形大空间屏蔽，监控中心监控室内的金属门窗等应该等电位连接。

5. 综合布线

布置安防系统信号线缆的路由走向时，应尽量减小由线缆自身形成的感应环路面积。信号线路与电源线路应分开在不同线槽（管）内敷设，当共线槽（管）敷设时，应采取隔离措施，并对信号线路进行屏蔽。

6. 避雷针保护

室外摄像头等设备应设置避雷短针保护，以免直接被雷电击中。

5.4　自动化仪表防雷保护

供排水系统自动化仪表应按 5.3 节"自动化系统防雷保护"的要求设防，其防雷措施相似。本节就供排水系统范围内具典型性的自动化仪表：压力、温度仪表，物位、流量仪表及水质分析仪表提出具体的防雷措施和要求，以方便对照。供排水系统的其他仪表防护可参考本节和 5.3 节相关内容。

5.4.1　压力、温度仪表

压力仪表通过压力变送器采集压力信号并转换成 4～20mA 的标准电流信号，温度仪表结构类似压力仪表，仅采集信号不同。

1. 雷击风险

雷电感应或雷电波侵入使雷电过电压沿电源线侵入，导致变送器绝缘击穿而损坏。雷击电磁脉冲在压力、温度仪表的芯线上感应出过电压，造成信号端口损坏。

2. 防雷措施

（1）屏蔽：压力、温度仪表的前端低压配电箱至仪表的电源线路应屏蔽，屏蔽层应至少在两端并宜在防雷区交界处作等电位连接。压力、温度仪表到 PLC 柜的信号线路应屏蔽，屏蔽层应至少在两端并宜在防雷区交界处作等电位连接。在需要保护的空间内，当采用屏蔽电缆时，若系统要求屏蔽层只在一端作等电位连接时，应采用两层屏蔽或穿钢管敷设，外层屏蔽或钢管应至少在两端并宜在防雷区交界处作等电位连接。

（2）等电位连接：压力、温度仪表的金属外壳应就近和防雷装置作等电位连接。

（3）电源 SPD：压力、温度仪表前端应就近安装电源 SPD，宜安装在其前端的低压配电箱处。

（4）信号 SPD：室外的压力、温度仪表宜在仪表端就近安装适配的信号 SPD。室内的压力、温度仪表可安装信号 SPD，I_n 不小于 5kA（8/20μs），其他参数如工作频率、驻波比、残压、特性阻抗、分布电容等参数均应符合系统的要求。

5.4.2　物位仪表

供排水系统常用物位仪表的测量方式多采用超声波物位仪，供电方式一般为两线制或四线制，电源为 DC24V 或 AC220V，输出信号一般为 4～20mA。

1. 雷击风险

雷电感应或雷电波侵入使雷电过电压沿电源线侵入，导致变送器绝缘击穿而损坏。雷击电磁脉冲在物位仪表的芯线上感应出过电压，造成信号端口损坏。

2. 防雷措施

（1）接地：当使用屏蔽电缆时，仅允许在变送装置端或 PLC 端单端接地，如果有接地电流，屏蔽电缆远离仪表一侧的屏蔽端应通过陶瓷电容（比如：1μF 1500V）接地，以抑制低频接地电流，同时可防止高频干扰信号。

（2）屏蔽：物位仪表的前端低压配电箱至仪表的电源线路应屏蔽，屏蔽层应至少在两端并宜在防雷区交界处作等电位连接。变送装置到 PLC 柜及超声波探头的信号线路应屏蔽，屏蔽层应至少在两端并宜在防雷区交界处作等电位连接。在需要保护的空间内，当采用屏蔽电缆时，因系统要求屏蔽层只在单端接地，故应采用两层屏蔽或穿钢管敷设，外层屏蔽或钢管应至少在两端并宜在防雷区交界处作等电位连接。

（3）等电位连接：物位仪表的金属外壳应就近与防雷装置作等电位连接。

（4）电源 SPD：物位仪表前端应就近安装电源 SPD，当前端的低压配电箱与变送装置的线路长度小于 10m 时，可安装在其前端的低压配电箱处。

（5）信号 SPD：处于 LPZ0 区的物位仪表前端应就近安装适配的信号 SPD，处于 LPZ1 区及后续防雷区且信号线跨越多个防雷区时宜安装适配的信号 SPD。信号 SPD 应安装在物位仪表和 PLC 连接的信号线路上，在做好屏蔽措施的基础上，不建议在超声波探头和变送装置之间的信号线路安装信号 SPD。

5.4.3　流量仪表

供排水系统常用的流量仪表包括电磁流量计、超声波流量计和热式气体质量流量计等。

1. 雷击风险

流量仪表的易损部件主要是转换器，雷电感应或雷电波侵入使雷电过电压沿电源线侵入，导致转换器绝缘击穿而损坏。雷击电磁脉冲在流量仪表芯线上感应出过电压，造成转换器信号端口损坏。

2. 防雷措施

（1）屏蔽：转换器的前端低压配电箱至转换器的电源线路应屏蔽，屏蔽层应至少在两端并宜在防雷区交界处作等电位连接。转换器到 PLC 柜及传感器的信号线路应屏蔽，屏蔽层应至少在两端并宜在防雷区交界处作等电位连接。在需要保护的空间内，当采用屏蔽电缆时，若系统要求屏蔽层只在一端作等电位连接，应采用两层屏蔽或穿钢管敷设，外层屏蔽或钢管应至少在两端并宜在防雷区交界处作等电位连接。

（2）等电位连接：低压配电箱、PLC 柜、转换器接地线柱、传感器接地线柱及其金属部件均应就近和防雷装置作等电位连接。

（3）电源 SPD：转换器前端应就近安装电源 SPD，宜安装在其前端的低压配电箱处。

（4）信号 SPD：应在流量仪表和 PLC 之间的传输信号线靠近转换器处安装适配的信号 SPD。

5.4.4　水质分析仪表

供排水系统常用的水质分析仪表包括浊度仪、余氯仪、溶解氧仪、pH 计等，虽然测量原理不同，但结构类似，主要由传感器和控制器组成。

1. 雷击风险

雷电感应或雷电波侵入使雷电过电压沿电源线侵入，导致控制器绝缘击穿而损坏。雷击电磁脉冲在控制器的芯线上感应出过电压，造成信号端口损坏。

2. 防雷措施

（1）屏蔽：低压配电箱至仪表的电源线路应屏蔽，屏蔽层应至少在两端并宜在防雷区交界处作等电位连接。控制器到 PLC 柜及传感器的信号线路应屏蔽，屏蔽层应至少在两端并宜在防雷区交界处作等电位连接。在需要保护的空间内，当采用屏蔽电缆时，因系统要求屏蔽层只在一端作等电位连接，故应采用两层屏蔽或穿钢管敷设，外层屏蔽或钢管应至少在两端并宜在防雷区交界处作等电位连接。

（2）等电位连接：当仪表的构件有金属外壳时，其外壳应就近和防雷装置作等电位连接。

（3）电源 SPD：控制器前端应就近安装电源 SPD，可安装在其前端的低压配电箱处。

（4）信号 SPD：处于 LPZ0 区的控制器应就近安装适配的信号 SPD。处于 LPZ1 区及后续防雷区的控制器，当信号线跨越多个防雷区时宜安装适配的信号 SPD，信号 SPD 应安装在控制器和 PLC 连接的信号线路上。控制器和传感器之间的线路应尽量短，在做好屏蔽措施的基础上，不建议在传感器和控制器之间的信号线路安装信号 SPD。

5.5　消毒系统防雷保护

消毒是供排水系统最具典型性和代表性的工艺环节，消毒系统包括具有毒气体环境的加氯系统、具有防爆要求的加氨系统、包含高压放电的臭氧系统、对人体有害辐射的紫外系统等。本节提出了具体的防雷保护措施和要求，供排水系统其他工艺环节的雷电防护可参考本章相关内容。

5.5.1 加氯系统

1. 加氯系统结构

加氯系统包括氯瓶、电子秤、加氯机、蒸发器、真空调节器、自动切换装置、水射器、余氯分析仪、漏氯报警仪等。

加氯控制方式一般采用原水流量配比加氯方式，以及复合环自动加氯方式，即根据滤后水流量及出厂水余氯反馈控制方式构成复合环控制。

加氯系统结构如图 5-18 所示。

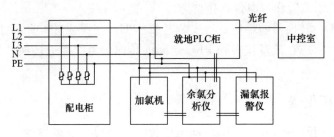

图 5-18   加氯系统结构

2. 雷击风险

加氯系统的易损设备包括就地 PLC 柜、加氯机、电子秤、余氯分析仪、漏氯报警仪等。雷电感应或雷电波侵入使雷电过电压沿电源线侵入，导致弱电设备绝缘击穿而损坏，雷击电磁脉冲在加氯系统信号线上感应出过电压，造成弱电设备信号端口损坏。

另外液氯罐、加氯管等装置在等电位连接不良的情况下，有可能在雷电流通过时产生火花，造成严重事故。所以加氯间应进行妥善的等电位连接及接地，加氯管及其他金属管道的法兰盘应跨接良好，平行敷设的长金属管道应采用导线跨接。

3. 防雷措施

（1）等电位连接及接地

1）加氯间内的电子秤仪表、氯瓶、金属管道、金属阀门以及其他金属物应进行等电位连接，如图 5-19 所示。

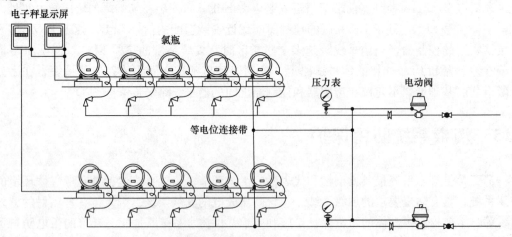

图 5-19   加氯间等电位连接

2）平行敷设的加氯管道，其净距小于 100mm 时应采用金属线跨接，跨接点的间距不应大于 30m；交叉净距小于 100mm 时，其交叉处亦应跨接。平行敷设的管道等电位连接见图 5-20；交叉敷设的管道等电位连接见图 5-21。

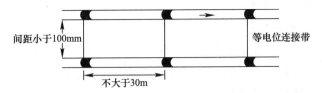

图 5-20　平行敷设的管道等电位连接

3）长金属管道的弯头、阀门、法兰盘等连接处的过渡电阻大于 0.03Ω 时，连接处应用金属线跨接。法兰盘金属线跨接见图 5-22。

4）加氯间应设置等电位连接排，加氯工艺流程上的金属设备、管道（包括加氯机、水射器、进出水管道、流量计、余氯分析仪、取样泵等）均应就近连接至等电位连接排，等电位连接排应就近与防雷接地装置连接。加氯间等电位连接排见图 5-23。

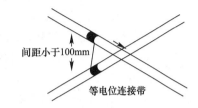

图 5-21　交叉敷设的管道等电位连接

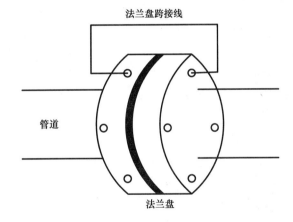

图 5-22　法兰盘金属线跨接

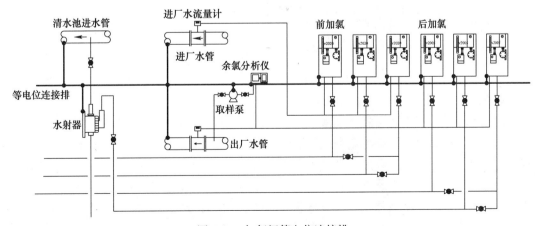

图 5-23　加氯间等电位连接排

5）漏氯吸收装置、碱液泵、风机、控制箱等应就近与接地装置连接。

（2）电源线路屏蔽及电源SPD

加氯系统配电线路及电源SPD的要求参见5.1.3节"低压配电系统防雷保护措施"。

（3）信号线路屏蔽及信号SPD

1）余氯仪、漏氯报警仪、流量计的信号线路应屏蔽，屏蔽层应至少在两端并宜在防雷区交界处作等电位连接。在需要保护的空间内，当采用屏蔽电缆时，若系统要求屏蔽层只在一端作等电位连接时，应采用两层屏蔽或穿钢管敷设，外层屏蔽或钢管应至少在两端并宜在防雷区交界处作等电位连接。

2）LPZ1区及后续防雷保护区内，当信号线路在同一个防雷保护区内且信号线长度不超过5m时，可不采取屏蔽措施。

3）加氯机、漏氯报警仪、余氯仪、流量计的进出信号线宜安装适配的信号SPD，I_n不小于5kA（8/20μs），其他参数如工作频率、驻波比、残压、特性阻抗、分布电容等参数均应符合系统的要求。

4）就地PLC柜与中控室的信号传输宜采用光纤作为信号线，当光纤有加强芯和护套金属层时，应把加强芯和护套金属层双端作接地处理。当采用铜缆时，应采取屏蔽措施。其他要求参见5.1节"供配电系统防雷保护"。

5.5.2 加氨系统

1. 加氨系统结构

加氨系统设备包括氨瓶、电子秤、加氨机、真空调节器、水射器、漏氨报警仪等。加氨系统的各种信号由就地PLC统一处理，由出水pH值控制加氨量，根据生产需要远程或就地启停加氨机。

加氨系统结构如图5-24所示。

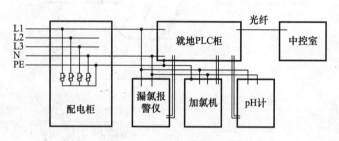

图5-24 加氨系统结构

2. 雷击风险

加氨系统的易损设备为就地PLC柜、加氨机、漏氨报警仪、pH计等。雷电感应或雷电波侵入使雷电过电压沿电源线侵入，导致弱电设备绝缘击穿而损坏，雷击电磁脉冲在加氨系统信号线上感应出过电压，造成弱电设备信号端口损坏。

另外氨瓶、加氨管等装置在等电位连接不良的情况下，有可能在雷电流通过时产生火花，造成爆炸危险。所以加氨间应进行妥善的等电位连接及接地，加氨管及其他金属管道的法兰盘、平行敷设的长金属管道应采用导线跨接。

3. 防雷措施

（1）等电位连接及接地

1）加氨间应设置等电位连接排，氨瓶、电子秤、真空调节器、加氨管、压力表、电动钢球阀、加氨机等均应就近连到等电位连接排上，等电位连接排应就近与防雷接地装置连接。加氨系统等电位连接见图 5-25。

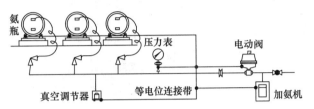

图 5-25　加氨系统等电位连接

2）平行、交叉敷设的金属管道的跨接处理见本章 5.5.1 节第 3）条。

3）长金属管道的弯头、阀门、法兰盘等连接处的过渡电阻大于 0.03Ω 时，应符合本章 5.5.1 节第 4）条的规定。

4）漏氨吸收装置、风机、控制箱等应就近与接地装置连接。

（2）电源线路屏蔽及电源 SPD

加氨系统配电线路及电源 SPD 的要求参见 5.1.3 节"低压配电系统防雷保护措施"。

（3）信号线路屏蔽及信号 SPD

1）漏氨报警仪、加氨机等的信号线路应屏蔽，屏蔽层应至少在两端并宜在防雷区交界处作等电位连接。在需要保护的空间内，当采用屏蔽电缆时，若系统要求屏蔽层只在一端作等电位连接时，应采用两层屏蔽或穿钢管敷设，外层屏蔽或钢管应至少在两端并宜在防雷区交界处作等电位连接。

2）LPZ1 区及后续防雷保护区内，当信号线路在同一个防雷保护区内且信号线长度不超过 5m 时，可不采取屏蔽措施。

3）宜在加氨机、漏氨报警仪的进出信号线安装适配的信号 SPD，I_n 不小于 5kA（8/20μs），其他参数如工作频率、驻波比、残压、特性阻抗、分布电容等参数均应符合系统的要求。

4）就地 PLC 柜与中控室的信号传输宜采用光纤作为信号线，当光纤有加强芯和护套金属层时，应把加强芯和护套金属层双端作接地处理。当采用铜缆时，应采取屏蔽措施，参照本条第 1）款。

5.5.3 臭氧系统

1. 臭氧系统结构

臭氧系统设备包括氧气源（一般使用液氧罐）、配电系统、臭氧发生系统、臭氧输送系统、尾气破坏系统、监测与控制系统等。氧气进入臭氧发生器，产生的臭氧通过流量控制阀门送到臭氧接触池，尾气通过尾气收集管负压收集，到尾气破坏器进行破坏分解。

臭氧发生器带有安全装置、电动阀门、PLC 以及运行操作界面，就地 PLC 主要监控臭氧发生器、阀门以及流量、浓度、温度、压力、露点、电功率等信号。PLC 柜可根据前、后臭氧接触池的水流量和余臭氧量，实现所需臭氧量的自动控制等功能。

臭氧系统结构如图 5-26 所示。

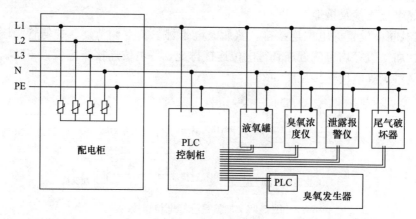

图 5-26 臭氧系统结构

2. 雷击风险

臭氧系统的易损设备为配电柜、PLC 柜、监测仪表等。雷电感应或雷电波侵入使雷电过电压沿电源线侵入，导致设备绝缘击穿而损坏，雷击电磁脉冲在臭氧系统信号线上感应出过电压，造成弱电设备信号端口损坏。

另外液氧罐、输送管道等装置在等电位连接不良的情况下，有可能在雷电流通过时产生火花，造成严重事故。所以液氧罐应进行妥善的接地处理，输送管道及其他金属管道的法兰盘应跨接良好，平行敷设的长金属管道应做好电位均衡的措施。

3. 防雷措施

（1）等电位连接及接地

1）臭氧系统应做好液氧罐的接地处理。

2）臭氧发生间应设置等电位连接排，设备金属外壳、金属管道以及其他金属物均应就近连接到等电位连接排上，等电位连接排应就近与防雷接地装置连接。臭氧发生间等电位连接见图 5-27。

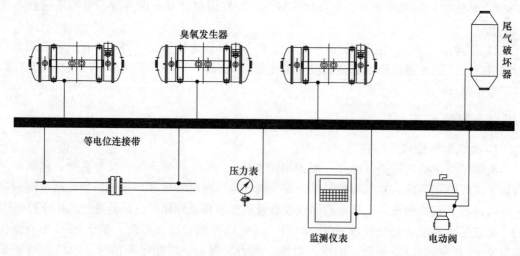

图 5-27 臭氧发生间等电位连接

3）平行、交叉敷设的金属管道的跨接处理见本章 5.5.1 节第 3）条。

4）长金属管道的弯头、阀门、法兰盘等连接处的过渡电阻大于 0.03Ω 时，应符合本章 5.5.1 节第 4）条的规定。

5）臭氧接触池内的水射器、进出水管道、臭氧浓度仪等应就近作接地处理。

6）尾气破坏装置、尾气监测装置、风机等应就近作接地处理。

（2）电源线路屏蔽及电源 SPD

臭氧系统配电线路及电源 SPD 的要求参见 5.1.3 节"低压配电系统防雷保护措施"。

（3）信号线路屏蔽及信号 SPD

1）露点监测仪、水中臭氧浓度仪、气体中臭氧浓度仪、氧气泄漏报警仪、臭氧泄漏报警仪等监测仪器仪表以及流量计的信号线路应屏蔽，屏蔽层应至少在两端并宜在防雷区交界处作接地处理。在需要保护的空间内，当采用屏蔽电缆时，若系统要求屏蔽层只在一端作接地处理时，应采用两层屏蔽或穿钢管敷设，外层屏蔽或钢管应至少在两端并宜在防雷区交界处作接地处理。

2）LPZ1 区及后续防雷保护区内，当信号线路在同一个防雷保护区内且信号线长度不超过 5m 时，可不采取屏蔽措施。

3）宜在露点监测仪、水中臭氧浓度仪、气体中臭氧浓度仪、氧气泄漏报警仪、臭氧泄漏报警仪等监测仪器仪表以及流量计的进出信号线安装适配的信号 SPD，I_n 不小于 5kA（8/20μs），其他参数如工作频率、驻波比、残压、特性阻抗、分布电容等参数均应符合系统的要求。

4）就地 PLC 柜与中控室的信号传输宜采用光纤作为信号线，当光纤有加强芯和护套金属层时，应把加强芯和护套金属层双端作接地处理。当采用铜缆时，应采取屏蔽措施，参照本条第 1）款。

5.5.4　紫外线消毒系统

1. 紫外线消毒系统结构

紫外线消毒系统由以下部分组成：系统控制中心（SCC）、配电中心（PDC）、紫外灯管、紫外传感器、水位传感器、水位控制器、自动清洗系统、液压系统中心（HSC，备选）、在线紫外监测装置（UVT，备选）等。

系统控制中心包含 PLC 或者微处理器、操作面板、输入输出连接和通信组件；配电中心（PDC）包括供电、通信和控制单元；紫外灯管模块与水流方向平行或垂直安装在明渠内；紫外感应器收集灯管发射的紫外光并把光信号转变为模拟信号；自动清洗系统负责清洗石英玻璃套管；水位传感器负责检测水位。

紫外线消毒系统结构如图 5-28 所示。

2. 雷击风险

紫外线消毒系统的电源和信号线路易遭受雷电感应，导致雷电波沿电源和信号线路侵入系统设备，从而造成设备损坏。

3. 防雷措施

1）配电中心外壳、系统控制中心外壳、紫外线模块金属部件等应进行等电位连接及接地处理。

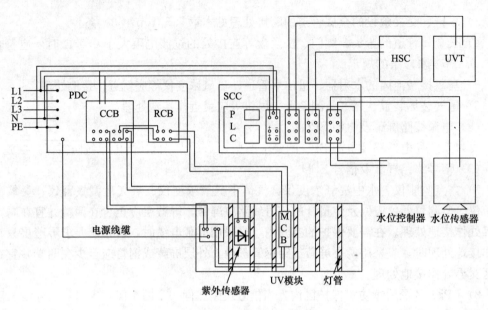

图 5-28   紫外线消毒系统结构

2）进入配电中心的电力电缆应屏蔽或采用铠装电缆，应安装适配的电源 SPD，并应符合 5.1.3 节"低压配电系统防雷保护措施"的要求。

3）由于紫外线消毒系统的组件分布比较集中，线路跨度相对较小，信号线缆宜采取屏蔽线缆或套钢管屏蔽，屏蔽体两端接地，系统控制中心和中控室的信号线缆跨度大，宜采用光纤做信号线，当采用电缆时应采用屏蔽电缆或套钢管屏蔽，屏蔽体双端接地，并宜安装适配的信号 SPD。

第6章　供排水系统防雷工程实践

6.1　防雷工程预算

工程预算是对工程项目在未来一定时期内的收入和支出情况所做的计划，它可以通过货币形式来对工程项目的投入进行评价并反映工程的经济效果。它是加强企业管理、实行经济核算、考核工程成本、编制施工计划的依据，也是确定工程造价和编制工程招标标底的主要依据。

编制工程预算时，需要按照施工图纸计算工程量，遵循一定的规则计算人工、材料和机械（台班）的消耗量，并在此基础上计算出资金量和工程的价格。预算定额就是计算和确定一个规定计量单位的分项工程或结构构件的劳动力（工日）、材料和施工机械（台班）消耗的数量标准。防雷工程属于电气类工程的子项目，涉及的预算定额主要有：

(1)《电气设备安装工程》；

(2)《安装工程机械台班费用定额》；

(3)《安装工程焊接材料消耗定额》；

(4)《建筑电气与弱电安装工程概、预算定额编制实用手册》（2004版）；

(5)《建设工程工程量清单计价规范》GB 50500—2013。

6.1.1　防雷工程费用组成

防雷工程费用由直接费、间接费、计划利润、税金等四部分组成，如图6-1所示。

1. 直接费

直接费是指直接耗用在防雷工程中的人工费、材料费、机械费和其他直接费的总和。

(1) 人工费：指直接从事防雷工程施工工人（包括运输等辅助工人）的基本工资、工资津贴以及属于生产工人开支范围的各项费用之和。

人工费涉及工程量的问题。工程量是指在劳动定额基础上确定的完成单位分项工程必须消耗的劳动量，其表达式如下：

分项工程人工消耗量＝基本用工＋其他用工＝（技工用工＋辅助用工＋超运距用工）×（1＋人工幅度差率）。

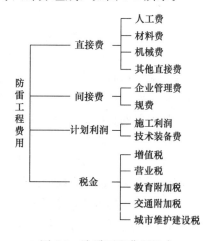

图6-1　防雷工程费用组成

上式中，技工用工指某项工程的主要用工；辅助用工指现场材料加工等用工；超运距用工指材料运输中超过劳动定额距离增加的用工；人工幅度差率指预算所考虑机械转移以及零星工程等用工。

（2）材料费：指列入预算定额内的材料、零件、配件等的消耗量按相应的预算单价计算的费用。

（3）机械费：指完成防雷工程所使用的各种施工机械发生的费用之和。

（4）其他直接费：指预算定额直接费以外，施工中必须支付的有关费用之和，包括生产工具用具使用费、工程定位测试、安装调试费等。

2. 间接费

间接费是企业管理费与规费之和。

（1）企业管理费：指防雷工程施工企业为组织和管理施工所发生的各项经营管理费用之和，包括管理人员的基本工资、工资性补贴及福利、差旅费、办公费、固定资产折旧、修理费、保险费、远地施工和施工队伍迁移费等。

（2）规费：指政府和有关权力部门规定必须缴纳的费用，由工程排污费、工程定额测定费、社会保障费、住房公积金、危险作业意外伤害保险等组成。

3. 计划利润

计划利润指施工企业在防雷工程竣工后扣除成本和税金后的纯收入，包括施工利润和技术装备费。计划利润的核定办法可以根据施工企业的资质，结合企业上年度承担的工程量及完成质量，再参照当年计划承担工程量等条件进行综合评定。

4. 税金

税金包括增值税、营业税、教育附加税、交通附加税、城市维护建设税等。

税金的计算方法：税金＝计算基础×税率

6.1.2　直接费的计算方法

在防雷工程的上述四项费用中，直接费是主要组成部分，占的比例最大，这里简单介绍直接费的计算方法。

1. 接闪器

接闪器包括针、带、网、线以及相应的支撑部件。避雷针的支撑部件有钢管支撑结构、钢塔架等金属结构；避雷带有水泥或扁钢制作的支撑结构；避雷网有钢塔架以及其他便于架设的结构；避雷线与避雷针相似，必须具有固定的钢结构。这些结构的安装必须有具体的施工措施来辅助完成，都属于直接工程费用，可在定额中查找、换算或借用。其中避雷带（网）按米计算，避雷线按 100m 为单位计算。

接闪器的支撑部件由铁制构件（杆、塔等）和钢筋混凝土基础组成。在计算基础时首先要明确采用模板的形式，模板有组合模板、复合木模板、木模板、定型钢模板、砖地模等；其次要明确采用模板层高，在防雷工程中用到的模板一般小于建筑工程的标准（3.6m）的基数；再次要明确钢筋加工方法。在基础的浇筑中，钢筋均按手工绑扎、部分焊接和点焊接的方法，钢筋和铁件都要计算相应的损耗。混凝土的体积按图示尺寸以立方米（m^3）为单位计算，不扣除钢筋、铁件和螺栓所占体积。基础、地坪浇筑时，混凝土的强度一般情况下采用 C25、C20。

2. 引下线

引下线主要由引下线敷设、端接卡制作和材料组成，敷设费用可在定额中查找，材料费用按实际市场价计算。

3. 接地装置

接地装置的费用由开挖、回填、碾压和材料等费用组成。施工中开挖的地沟或地槽长度均按施工图的图示尺寸净线长度计算。人工挖土方要明确土壤类别和土壤湿度。土壤类别不同，定额取费不同。土壤湿度对土方工程量计算和选套定额项目关系很大，在建筑工程预算定额中有详细规定。

地网施工中的回填土可分为人工回填土和机械填土碾压两种，工程量均以 m³ 为单位计算。

地网材料按接地极的数量和实际标注长度计算，施工中一般损耗部分可以忽略不计。

4. 等电位连接

等电位连接的工程量往往以米（m）计算，需要区分接地母线的规格。等电位网络的接地装置以组或系统来计算，如果是室外接地网，主要由垂直接地极构成的，按组计算工程量；如果是室内接地则按系统计算，即一个计算机网络为一个系统。

5. 电涌保护器

电涌保护器以台、组、套计算，包括产品价格、安装费用、材料费、机械费等，其中产品价格可在设备中另行计算。

6. 运输

避雷针塔构件的运输以吨（t）和公里（km）计算工程量。构件的安装高度以定额中的高度为准，当超过定额高度时，列入超高费用中。

6.2 防雷工程招标投标

招标投标是一种交易方式，与供求双方"一对一"直接交易的传统方式相比，招标投标是相对成熟、较高级、有组织和规范化的交易方式，在世界各国得到了广泛应用与发展。我国自 20 世纪 80 年代初开始实行招标投标制度，目前范围已涵盖货物、工程、服务等众多领域，在节约国家资金、提高社会效率、规范市场行为、促进技术进步等方面发挥了重要作用。

6.2.1 招标

招标是由招标人（采购方或业主）发出招标公告，说明需要采购商品或发包工程项目的具体内容，邀请投标人在规定的时间和地点投标，从中择优选出所提供条件最有利于招标人的投标人，并与之签订合同，使交易得以实现的活动。招标主体包括政府、企业和个人。

招标按竞争程度可分为公开招标和邀请招标，按交易范围可分为国内招标和国际招标，按招标程序可分为一次性招标和两阶段招标。

招标的特征表现为以下几点：

（1）标的物具有高价值和复杂性

与一般的商品交易相比，招标的对象一般合同金额大、技术含量高，往往体现为劳动与资本相结合、生产与交换相结合的综合交易行为。

（2）组织性强

招标有固定的组织人（招标人或招标代理机构），具有很强的时效性，场所和时间固定，有清晰明确的程序和规则。

（3）多目标综合优选

招标的目的是要在质量、价格、服务、资信、业绩等诸多方面达到最佳组合，使资源得到有效配置。

（4）公开、公平、公正

招标是非歧视性的，透明度高，监管严格，运作规范，最大限度地保护国家利益、社会公众利益和招投标当事人的合法权益。

我国供排水业务的运营方主要是国有（控股）企业和事业单位以及部分民营及合资企业，根据《中华人民共和国招标投标法》，全部或者部分使用国有资金的项目必须进行招标。就防雷工程招标而言，由于市场竞争较为充分，一般采取公开招标的方式。

公开招标是招标活动处于公众监督之下进行，由招标人通过公开发行的报纸、刊物或网络媒体发布招标公告，公开邀请供货商或承包人参加投标竞争的一种招标类型。公开招标最具竞争性，因为参与竞争的投标人数量众多，符合相应的资质条件便可不受限制，只要承包商或供货商愿意便可参加投标。公开招标可以最大限度地为一切有能力的投标人提供公平的竞争机会，招标人也有最大可能的选择范围，可从众多的投标人中选择一个报价合理、信誉良好的中标人。公开招标的缺点是所需费用较高，花费时间较长。由于竞争激烈，招标程序复杂，而且投标者越多其中标的可能性就越小，这些因素使得投标人承担较大的风险和较高的费用支出，并最终转嫁给招标人。

招标需要有专门的机构和人员对全部活动过程加以组织和管理。根据《中华人民共和国招标投标法》，招标人具有编制招标文件和组织评标能力的，可以自行办理招标事宜，且有权自行选择招标代理机构。我国各级政府的采购中心是官方的招标机构，供排水企业一般也常设招标部门。招标代理机构是具有国家主管部门授予的资质，接受招标人委托，代为从事招标投标组织活动，代为办理相关手续的中介机构。招标代理机构的性质、职能和地位决定其具有客观性、公正性和权威性。在组织实施招标采购的过程中，招标代理机构不仅要接受委托人和投标人的监督，还要接受政府有关部门和社会的监督，也受到职业资质考核和职业道德的约束。招标代理机构包括各省市建设工程交易服务中心、各类招标公司等。

6.2.2　投标

投标是投标人（卖方、承包商等）选取适合自身的招标信息，根据招标人在招标文件中的各项要求，在规定的时间、地点内，向招标人递交投标书以争取成交的交易行为。与招标人获取最佳投资效益的目的不同，投标人在谋求利润最大化的动机驱动下参与投标竞争，并借此提高知名度，扩大市场占有率，促进自身良性发展。投标主体分为法人、法人以外的其他组织、个人三类。

投标最显著的特点是一次性和秘密性。投标报价是一次性的，投标人没有讨价还价的权利。投标书也是一次性递交，一般不可撤回或修改。投标书必须密封，开标前各投标人的价格信息都是保密的。

按投标人的组织形式不同，投标可分为单独投标和联合投标。单独投标最为常见，由某一个投标主体全权组织投标工作，承担全部利益和风险。联合投标是由一个主办人和若干成员协议组成一个联合体参与投标，各取所长，分工合作，分散风险，多见于大型招标项目。

根据《防雷工程专业资质管理办法》，从事防雷工程专业设计或者施工的单位，应当取得《防雷工程专业设计资质证》或者《防雷工程专业施工资质证》。防雷工程的投标人必须具备相关资质，并在等级许可的范围内投标。

6.2.3 招标投标的程序

招标投标是一种规范的交易活动，具有严格的约定和规则，要遵循一定的程序。公开招标程序如图 6-2 所示：

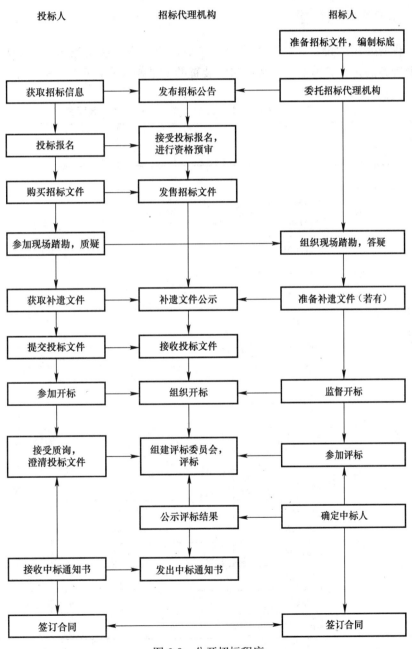

图 6-2 公开招标程序

6.3　防雷工程施工

　　防雷工程的施工应严格执行相关的技术标准，制定健全的质量管理体系和安全管理体系。施工单位应具备相应的施工资质，施工人员具备相应的资格并持证上岗，各种计量器具应经法定计量认证机构检定合格并在有效期内使用。监理单位和建设单位应全程跟踪监控，对施工质量和施工安全进行全面的监督、检验和考核。

6.3.1　防雷装置质量要求

　　防雷工程所使用的设备、材料、成品、半成品应符合相关标准规范，说明书、合格证、检验报告齐全，有进场记录。常用防雷装置的质量要求见表 6-1～表 6-4。

接闪线（带）、接闪杆和引下线的材料、结构和最小截面面积　　　　表 6-1

材　料	结　构	最小截面面积 （mm²）	备　注
铜	单根扁铜	50	厚度 2mm
	单根圆铜	50	直径 8mm
	铜绞线	50	每股线直径 1.7mm
	单根圆铜	176	直径 15mm
镀锡铜	单根扁铜	50	厚度 2mm
	单根圆铜	50	直径 8mm
	铜绞线	50	每股线直径 1.7mm
铝	单根扁铝	70	厚度 3mm
	单根圆铝	50	直径 8mm
	铝绞线	50	每股线直径 1.7mm
铝合金	单根扁形导体	50	厚度 2.5mm
	单根圆形导体	50	直径 8mm
	绞线	50	每股线直径 1.7mm
	单根圆形导体	176	直径 15mm
	表面镀铜的单根 圆形导体	50	径向镀铜厚度至少 250μm， 铜纯度 99.9%
热浸镀锌钢	单根扁钢	50	厚度 2.5mm
	单根圆钢	50	直径 8mm
	绞线	50	每股线直径 1.7mm
	单根圆钢	176	直径 15mm

续表

材　料	结　构	最小截面面积 （mm²）	备　注
不锈钢	单根扁钢	50	厚度 2mm
	单根圆钢	50	直径 8mm
	绞线	70	每股线直径 1.7mm
	单根圆钢	176	直径 15mm
钢	表面镀铜的单根 圆钢	50	径向镀铜厚度至少 250μm， 铜纯度 99.9%

注：1. 热浸或电镀锡的锡层最小厚度为 1μm；
　　2. 热浸镀锌钢的镀锌层宜光滑连贯、无焊剂斑点，镀锌层至小圆钢镀层厚度 22.7g/m²、扁钢镀层厚 32.4g/m²；
　　3. 单根圆铜、单根圆形导体铝合金，单根圆钢热浸镀锌钢、单根圆钢不锈钢仅应用于接闪杆。当应用于机械应力没达到临界值之处，可采用直径 10mm、最长 1m 的接闪杆，并应固定牢固；
　　4. 单根圆铜、单根圆钢热浸镀锌、单根圆钢不锈钢仅应用于入地之处；
　　5. 不锈钢中铬大于等于 16%，镍大于等于 8%，碳小于等于 0.07%；
　　6. 对埋于混凝土以及与可燃材料直接接触的不锈钢，当为单根圆钢时最小尺寸宜增大至直径 10mm，截面面积 78mm²，当为单根扁钢时，最小厚度宜为 3mm，截面面积 75mm²；
　　7. 在机械强度无重要要求之处，截面面积 50mm²（直径 8mm）可减为截面面积 28mm²（直径 6mm）；
　　8. 避免在单位能量 10MJ/Ω 下熔化的最小截面是铜 16mm²、铝 25mm²、钢 50mm²、不锈钢 50mm²；
　　9. 截面面积允许误差为 -3%；
　　10. 当防雷装置安装位置具有高温或外来机械力的威胁时，截面面积 50mm² 的单根金属材料的尺寸应加大到截面面积 60mm² 的单根扁形材料或采用直径 8mm 的单根圆形材料。

接地体的材料、结构和最小尺寸　　　　　　表 6-2

材　料	结　构	最小尺寸			备　注
		垂直接地体最小 直径（mm）	水平接地体最小 截面面积或直径 （mm²）	接地板最小尺寸 （mm）	
铜	铜绞线	—	50	—	每股直径 1.7mm
	单根圆铜	—	50	—	直径 8mm
	单根扁铜	—	50	—	厚度 2mm
	单根圆铜	15	—	—	—
	铜管	20	—	—	壁厚 2mm
	整块铜板	—	—	500×500	厚度 2mm
	网格铜板	—	—	600×600	各网格边截面 25mm×2mm， 网格网边总长度不小于 4.8m
钢	热镀锌圆钢	14	78	—	
	热镀锌钢管	20	—	—	壁厚 2mm
	热镀锌扁钢	—	90	—	厚度 3mm
	热镀锌钢板	—	—	500×500	厚度 3mm
	热镀锌网格钢板	—	—	600×600	各网格边截面 30mm×3mm， 网格网边总长度不小于 4.8m
钢	镀铜圆钢	14	—	—	径向镀铜层至少 250μm， 铜纯度 99.9%
	裸圆钢	14	78	—	
	裸扁钢或热 镀锌扁钢	—	90	—	厚度 3mm

续表

材　料	结　构	最小尺寸			备　注
		垂直接地体最小直径（mm）	水平接地体最小截面面积或直径（mm²）	接地板最小尺寸（mm）	
钢	热镀锌钢绞线	—	70	—	每股直径1.7mm
	热镀锌角钢	50×50×3	—	—	
	镀铜圆钢	—	50	—	径向镀铜层至少250μm，铜纯度99.9%
不锈钢	圆形导体	16	78	—	
	扁形导体	—	100	—	厚度2mm

注：1. 镀锌层应光滑连贯、无焊剂斑点，镀锌层至少圆钢镀层厚度22.7g/m²、扁钢32.4g/m²；
　　2. 热镀锌之前螺纹应先加工好；
　　3. 铜绞线、单根圆铜、单根扁铜也可采用镀锡；
　　4. 铜应与钢结合良好；
　　5. 裸圆钢、裸扁钢和钢绞线作为接地体时，只有在完全埋在混凝土中时才允许采用；
　　6. 裸扁钢或热镀锌扁钢、热镀锌钢绞线，只适用于与建筑物内的钢筋或钢结构每隔5m的连接；
　　7. 不锈钢中铬大于等于16%，镍大于等于5%，钼大于等于2%，碳小于等于0.08%；
　　8. 截面积允许误差为−3%；
　　9. 不同截面的型钢，其截面不小于290mm²，最小厚度3mm。如可用50mm×50mm×3m的角钢做垂直接地体。

防雷装置各连接部件的最小截面　　　　　表6-3

等电位连接部件		材料	截面（mm²）
等电位连接带（铜或热镀锌钢）		铜、铁	50
从等电位连接带至接地装置或至其他等电位连接带的连接导体		铜	16
		铝	25
		铁	50
从屋内金属装置至等电位连接带的连接导体		铜	6
		铝	10
		铁	16
连接SPD的导体	电气系统	Ⅰ级试验的SPD	铜	6
		Ⅱ级试验的SPD		2.5
		Ⅲ级试验的SPD		1.5
	电子系统	D1类SPD		1.2
		其他类的SPD（连接导体的截面可小于1.2mm²）		根据具体情况确定

注：连接单台或多台Ⅰ级分类试验或D1类的SPD的单根导体的最小截面面积的计算方法，应符合《建筑物防雷设计规范》GB 50057中第5.1.2条的规定。

电子信息系统各类等电位连接装置最小截面积　　　表6-4

名　称	材料	最小截面积（mm²）
垂直接地干线	多股铜芯线或铜带	50
楼层端子板与机房局部端子板之间的连接导体	多股铜芯线或铜带	25
机房局部端子板之间的连接导体	多股铜芯导线	16

续表

名 称	材 料	最小截面积（mm²）
设备与机房等电位连接网络之间的连接导体	多股铜芯导线	6
机房网格	铜箔或多股铜芯导体	25
总等电位接地端子板	铜带	150
楼层等电位接地端子板	铜带	100
机房局部等电位接地端子板（排）	铜带	50

6.3.2 接地装置分项工程

1. 接地装置安装

（1）主控项目

1）利用建筑物桩基、梁、柱内钢筋做接地装置的自然接地体和为接地需要而专门埋设的人工接地体，应在地面以上按设计要求的位置设置可供测量、接人工接地体和作等电位连接用的连接板。

2）接地装置的接地电阻值应符合设计文件的要求。

3）在建筑物外人员可经过或停留的引下线与接地体连接处 3m 范围内，应采用下列一种或多种防止跨步电压对人员造成伤害的方法，具体如下：

① 铺设使地面电阻率不小于 $50k\Omega \cdot m$ 的 5cm 厚的沥青层或 15cm 厚的砾石层。

② 设立阻止人员进入的护栏或警示牌。

③ 将接地体敷设成水平网格。

（2）一般项目

1）人工接地体宜在建筑物四周散水坡外大于 1m 处埋设，在土壤中的埋设深度不应小于 0.5m。冻土地带人工接地体应埋设在冻土层以下。水平接地体应挖沟埋设，垂直接地体宜直接打入地沟内，其间距不宜小于其长度的 2 倍并均匀布置。

2）角钢、钢管、铜棒、铜管等接地体应垂直配置，石墨或其他非金属导电材料接地体宜挖坑埋设或参照生产厂家的安装要求埋设。人工垂直接地体的长度宜为 2.5m，人工垂直接地体之间的间距不宜小于 5m。人工接地体与建筑物外墙或基础之间的水平距离不宜小于 1m。

3）垂直接地体坑内、水平接地体沟内宜用低电阻率土壤回填并分层夯实。

4）可采取下列方法降低接地电阻：

① 将垂直接地体深埋到低电阻率的土壤中或扩大接地体与土壤的接触面积。

② 置换成低电阻率的土壤。

③ 采用降阻剂或新型接地材料。

5）接地体的连接应采用焊接，并宜采用放热焊接（热剂焊）。当采用通用的焊接方法时，应在焊接处作防腐处理。钢材、铜材的焊接应符合下列规定：

① 导体为钢材时，焊接时的搭接长度及焊接方法要求应符合表 6-5 的规定。

防雷装置钢材焊接时的搭线长度及焊接方法 　　　　　　　　表 6-5

焊接材料	搭接长度	焊接方法
扁钢与扁钢	不应少于扁钢宽度的 2 倍	两个大面不应少于 3 个棱边焊接
圆钢与圆钢	不应少于圆钢直径的 6 倍	双面施焊
圆钢与扁钢	不应少于圆钢直径的 6 倍	双面施焊
扁钢与钢管、扁钢与角钢	紧贴角钢外侧两面或紧贴 3/4 钢管表面，上、下两侧施焊，并应焊以由扁钢弯成的弧形（或直角形）卡子或直接由扁钢本身弯成弧形或直角形与钢管或角钢焊接	

② 导体为铜材与铜材或铜材与钢材时，连接工艺应采用放热焊接，熔接接头应将被连接的导体完全包在接头里，要保证连接部位的金属完全熔化，并应连接牢固。

6）接地装置应在不同位置至少引出两根连接导体与室内总等电位接地端子板相连接。接地引出线与接地装置连接处应焊接或热熔焊。

7）接地线应采取防止发生机械损伤和化学腐蚀的措施。

8）接地装置在地面处与引下线的连接，以及不同地基的建筑物基础接地，可按图 6-3～图 6-5 施工。

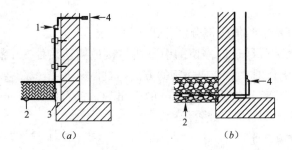

图 6-3　在建筑物地面处连接板（测试点）的安装

（*a*）墙上的测试接头；（*b*）地面的测试接头

1—墙上的测试点；2—土壤中抗腐蚀的 T 型接头；3—土壤中抗腐蚀的接头；

4—钢梁与接地线的接点

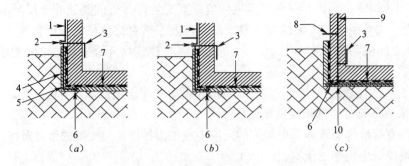

图 6-4　地基防水层外接地极连接安装

（*a*）接地极位于沥青防水层下无钢筋的混凝土中；（*b*）部分接地导体穿过土壤；

（*c*）穿过沥青防水层将基础接地极与接地排相连的连接导体

1—引下线；2—测试接头；3—与内部 LPS 相连的等电位连接导体；4—无钢筋的混凝土；

5—LPS 的连接导体；6—基础接地极；7—沥青防水层；8—测试接头与钢筋的连接导体；

9—混凝土中的钢筋；10—穿过沥青防水层的防水套管

9）敷设在土壤中的接地体与混凝土基础中的钢材相连接时，宜采用铜材或不锈钢材料。

2. 接地装置安装工序

（1）自然接地体底板钢筋敷设完成，应按设计要求作接地施工，经检查确认并作隐蔽工程验收记录后再支模或浇捣混凝土。

（2）人工接地体应按设计要求位置开挖沟槽，打入人工垂直接地体或敷设金属接地模块（管）和使用人工水平接地体进行电气连接，应经检查确认并作隐蔽工程验收记录。

（3）接地装置隐蔽应经检查验收合格后再覆土回填。

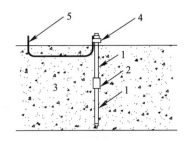

图 6-5　A 型接地装置与接地
线连接安装

1—可延伸的接地体；2—接地体接合器；
3—土壤；4—接地线与接地体连接的
夹具；5—接地线

6.3.3　引下线分项工程

1. 引下线安装

（1）主控项目

1）引下线的安装布置应符合《建筑物防雷设计规范》GB 50057 的有关规定，第一类、第二类和第三类防雷建筑物专设引下线不应少于两根，并应沿建筑物周围均匀布设，其平均间距分别不应大于 12m、18m 和 25m。

2）明敷的专用引下线应分段固定，并应以最短路径敷设到接地体，敷设应平正顺直、无急弯。焊接固定的焊缝应饱满无遗漏，螺栓固定应有防松零件（垫圈），焊接部分的防腐应完整。

3）建筑物外的引下线敷设在人员可停留或经过的区域时，应采用下列一种或多种方法，防止接触电压和旁侧闪络电压对人员造成伤害：

① 外露引下线在高 2.7m 以下部分穿不小于 3mm 厚的交联聚乙烯管，交联聚乙烯管应能耐受 100kV 冲击电压（1.2/50μs 波形）。

② 应设立阻止人员进入的护栏或警示牌。护栏与引下线水平距离不应小于 3 m。

4）引下线两端应分别与接闪器和接地装置作可靠的电气连接。

5）引下线上应无附着的其他电气线路，在高耸金属构架起接闪作用的金属物上敷设电气线路时，线路应采用直埋于土壤中的铠装电缆或穿金属管敷设的导线。电缆的金属护层或金属管应两端接地，埋入土壤中的长度不应小于 10m。

6）引下线安装与易燃材料的墙壁或墙体保温层间距应大于 0.1m。

（2）一般项目

1）引下线固定支架应固定可靠，每个固定支架应能承受 49N 的垂直拉力。固定支架的高度不宜小于 150mm，固定支架应均匀，引下线和接闪导体固定支架的间距应符合表 6-6 的要求。

2）引下线可利用建筑物的钢梁、钢柱、消防梯等金属构件作为自然引下线，金属构件之间应电气贯通。当利用混凝土内钢筋、钢柱作为自然引下线并采用基础钢筋接地体时，不宜设置断接卡，但应在室外墙体上留出供测量用的测接地电阻孔洞及与引下线相连的测试点接头。混凝土柱内钢筋，应按工程设计文件要求采用土建施工的绑扎法、螺丝扣

引下线和接闪导体固定支架的间距　　　　　　　　　　表 6-6

布置方式	扁形导体和绞线固定支架的间距（mm）	单根圆形导体固定支架的间距（mm）
水平面上的水平导体	500	1000
垂直面上的水平导体	500	1000
地面至 20m 处的垂直导体	1000	1000
从 20m 处起往上的垂直导体	500	1000

连接等机械连接或对焊、搭焊等焊接连接。

3）当设计要求引下线的连接采用焊接时，焊接要求应符合表 6-5 的规定。

4）在易受机械损伤之处，地面上 1.7m 至地面下 0.3m 的一段接地应采用暗敷保护，也可采用镀锌角钢、改性塑料管或橡胶等保护，并应在每一根引下线上距地面不低于 0.3m 处设置断接卡连接。

5）引下线不应敷设在下水管道内，并不宜敷设在排水槽沟内。

6）引下线安装中应避免形成环路，引下线与接闪器连接的施工可按图 6-6～图 6-10 执行。

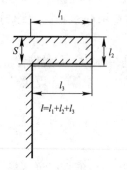

图 6-6　引下线安装中避免形成
小环路的安装
S—隔距；l—计算隔距的长度

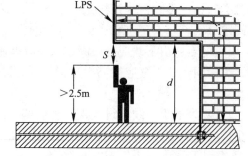

图 6-7　明敷引下线避免对人体闪络的安装
d—实际距离应大于 $S+2.5$；S—隔距，$S=k_i k_e / k_m l$（m）
其中 k_i：第一类防雷建筑物取 0.08，第二类防雷建筑物取 0.06，第三类防雷建筑物取 0.04；k_e：引下线为 1 根时取 1，引下线为 2 根时取 0.66，引下线为 3 根或以上时取 0.44；k_m：绝缘介质为空气时取 1，绝缘介质为钢筋混凝土或砖瓦时取 0.5；l—需考虑隔离的点到最近某电位连接点的长度。

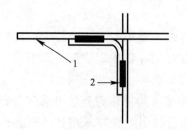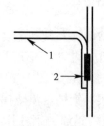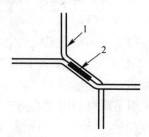

图 6-8　引下线（接闪导线）在弯曲处焊接要求
1—钢筋；2—焊接缝口

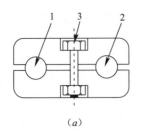 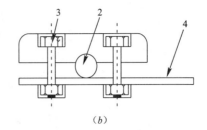

图 6-9　钢筋与导体间的卡接施工

（a）钢筋与圆形导体卡接；（b）钢筋与带状导体卡接

1—钢筋；2—圆形导体；3—螺栓；4—带状导体

2. 引下线安装工序

（1）利用建筑物柱内钢筋作为引下线，在柱内主钢筋绑扎或焊接连接后，应做标志，并按设计要求施工，经检查确认记录后再支模。

（2）直接从基础接地体或人工接地体引出的专用引下线，应先按设计要求安装固定支架，并经检查确认后再敷设引下线。

6.3.4　接闪器分项工程

1. 接闪器安装

（1）主控项目

1）建筑物顶部和外墙上的接闪器必须与建筑物栏杆、吊车梁、管道、设备、门窗、幕墙支架等外露的金属物进行电气连接。

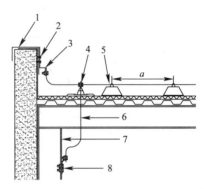

图 6-10　使用屋面自然金属构件作 LPS 施工

1—屋面女儿墙；2—接头；3—可弯曲的接头；

4—T 型连接点；5—接闪导体；6—穿过防水套管

的引下线；7—钢筋梁；8—接头；

a—接闪带固定支架的间距，取 500～1000mm

2）接闪器的安装布置应符合工程设计文件的要求，并应符合《建筑物防雷设计规范》GB 50057 中对不同类别防雷建筑物接闪器布置的要求。

3）位于建筑物顶部的接闪导线可按工程设计文件要求暗敷在混凝土女儿墙或混凝土屋面内。高层建筑物的接闪器应采取明敷方法。在多雷区，宜在屋面拐角处安装短接闪杆。

4）专用接闪杆应能承受 0.7kN/m² 的基本风压，在经常发生台风和大于 11 级大风的地区，宜增大接闪杆的尺寸。

5）接闪器上应无附着的其他电气线路或通信线、信号线。

（2）一般项目

1）当利用金属物做接闪器时，其材料、规格应符合表 6-1 的规定。

2）专用接闪杆位置应正确，焊接固定的焊缝应饱满无遗漏，焊接部分防腐应完整。接闪导线应位置正确、平正顺直、无急弯。焊接的焊缝应饱满无遗漏，螺栓固定的应有防松零件。

3）接闪导线焊接时的搭接长度及焊接方法应符合表 6-5 的规定。

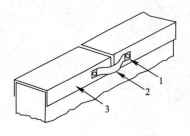

图 6-11 女儿墙上金属盖罩做自
然接闪器时的跨接施工

1—耐腐蚀的接头；2—可弯曲导体；
3—女儿墙上金属盖罩

4）固定接闪导线的固定支架应固定可靠，每个固定支架应能承受 49N 的垂直拉力。固定支架应均匀，并符合表 6-6 的要求。

5）接闪器在建筑物伸缩缝处的跨接及坡屋面上施工可按图 6-11～图 6-13 执行。

2. 接闪器安装工序

（1）暗敷在建筑物混凝土中的接闪导线，在主筋绑扎或认定主筋进行焊接，并做好标志后，应按设计要求施工，经检查确认隐蔽工程验收记录后再支模或浇捣混凝土。

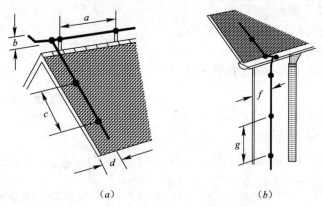

（a） （b）

图 6-12 坡屋面接闪器与引下线的安装施工

（a）坡屋顶屋脊上接闪器及屋顶引下线的安装；（b）与屋檐排水沟连接的引下线的安装

a—水平接闪导线支架的距离，取 500～1000mm；b—水平接闪导线的翘起高度，取 100mm；
c—坡面接闪导线支架的距离，取 500～1000mm；d—接闪器与屋面边沿的距离，尽可能靠近屋面边沿；
f—引下线与建筑物转角处的距离，取 300mm；g—引下线支架距离，取 1000mm

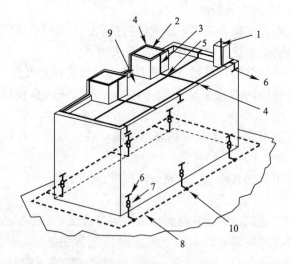

图 6-13 利用钢筋混凝土结构建筑外墙柱内钢筋引下的外部防雷装置的施工

1—接闪杆（避雷针）；2—水平接闪导体；3—引下线；4—T 型接头；5—十字型接头；6—与钢筋的连接；
7—测试接头；8—B 型接地装置，环形接地体；9—有屋顶装置的平屋面；10—耐腐蚀的 T 型连接点

（2）明敷在建筑物上的接闪器应在接地装置和引下线施工完成后再安装，并与引下线电气连接。

6.3.5 等电位连接分项工程

1. 等电位连接安装

（1）主控项目

1）在雷电防护区的界面处应安装等电位接地端子板，进出建筑物的金属管线应作等电位连接，在建筑物入户处应作总等电位连接。建筑物等电位连接干线与接地装置应有不少于 2 处的直接连接。

2）第一类防雷建筑物和具有 1 区、2 区、21 区及 22 区爆炸危险场所的第二类防雷建筑物内、外的金属管道、构架和电缆金属外皮等长金属物的跨接，应符合《建筑物防雷设计规范》GB 50057 的有关规定。

（2）一般项目

1）等电位连接可采取焊接、螺钉或螺栓连接等。当采用焊接时，应符合表 6-5 的规定。当有抗电磁干扰要求时，连接导线宜穿钢管敷设。

2）电子系统设备机房应预埋与房屋内墙结构柱主钢筋相连的等电位接地端子板，等电位连接应根据电子系统的工作频率分别采用星形结构（S 型）或网形结构（M 型）。工作频率小于 300kHz 的模拟线路，可采用星形结构等电位连接网络；频率为兆赫（MHz）级的数字线路，应采用网形结构等电位连接网络。等电位连接网格的连接宜采用焊接、熔接或压接。连接导体与等电位接地端子板之间应采用螺栓连接，连接处应进行热搪锡处理。

3）等电位连接导线应使用具有黄绿相间色标的铜质绝缘导线。

4）建筑物入户处等电位连接施工和屋面金属管入户等电位连接施工可按图 6-14～图 6-18 执行。

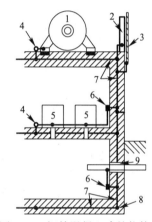

图 6-14 钢筋混凝土建筑物等电位连接位置

1—屋面配电设备；2—钢梁；3—立面的金属覆盖物；4—等电位连接点；5—电气设备或电子设备；6—等电位连接带；7—混凝土中的钢筋（含网状导体）；8—基础接地极；9—各种管线的公共入口

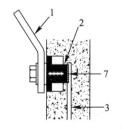
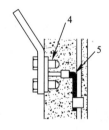
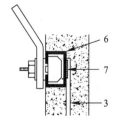

图 6-15 钢筋混凝土墙内钢筋外接等电位连接预留件施工

1—等电位连接导体；2—焊接在钢筋等电位连接线上的螺帽；3—钢筋等电位连接线；
4—非金属铸件等电位连接点；5—铜等电位连接绞线；6—c 形钢质安装带；7—焊接

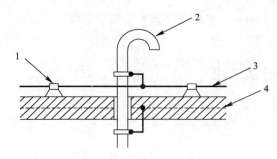

图 6-16   屋面入户金属管与接闪导线连接施工

1—接闪导体支架；2—金属管道；3—水平接闪导体；4—混凝土中钢筋

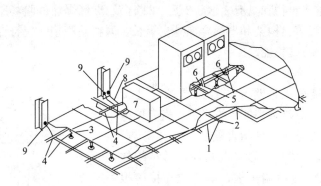

图 6-17   活动地板下用薄铜带构成的高频信号基础网络

1—薄铜带（0.25mm×100mm）；2—薄铜带与薄铜带之间的焊接连接；3—薄铜带与立柱之间的焊接连接；4—薄铜带与等电位连接带之间的焊接连接；5—设备的低阻抗等电位连接带；6—薄铜带与设备等电位连接带之间的焊接连接；7—电源配电中心；8—电源配电中心的接地线；9—基准网络与周围建筑物钢柱（或钢筋混凝土柱上的预埋件）的焊接连接

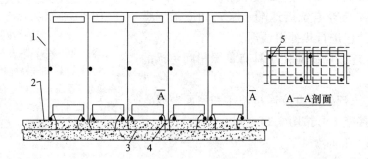

图 6-18   利用钢筋混凝土地面内焊接钢筋网做等电位连接基准网

1—装有电子负荷设备的金属外壳；2—混凝土地面的上部；3—地面内焊接钢筋网；
4—高频等电位连接；5—电子负荷设备的金属外壳与等电位连接基准网的连接点

2. 等电位连接安装工序

（1）在建筑物入户处的总等电位连接，应对入户金属管线和总等电位连接板的位置检查确认后再设置与接地装置连接的总等电位连接板，并按设计要求作等电位连接。

（2）在后续防雷区交界处，应对供连接用的等电位连接板和需要连接的金属物体的位置检查确认记录后再设置与建筑物主筋连接的等电位连接板，并按设计要求作等电位连接。

（3）在确认网形结构等电位连接网与建筑物内钢筋或钢构件连接点的位置、信息技术设备的位置后，应按设计要求施工。网形结构等电位连接网的周边宜每隔 5m 与建筑物内的钢筋或钢结构连接一次。电子系统模拟线路工作频率小于 300kHz 时，可在选择与接地系统最接近的位置设置接地基准点后，再按星形结构等电位连接网设计要求施工。

（4）对于暗敷的等电位连接线及其连接处，应作隐蔽工程记录，并在竣工图上注明其实际部位、走向。

6.3.6 屏蔽分项工程

1. 屏蔽装置安装

为了防止雷击电磁脉冲对电子设备产生损害或干扰，机房、控制室等需要采取相应的屏蔽措施，屏蔽工程施工应符合工程设计文件和《电子信息系统机房施工及验收规范》GB 50462 的有关规定。

2. 屏蔽装置安装工序

（1）在建筑物六面体上敷设金属导体构成格栅形屏蔽空间，对金属导体本身或其与建筑物内的钢筋构成的网格尺寸，应经检查确认后再进行电气连接。

（2）支模或进行内装修时，应使屏蔽网格埋在混凝土或装修材料之中。

6.3.7 综合布线分项工程

1. 综合布线安装

（1）主控项目

1）接地线在穿越墙壁、楼板和地坪处宜套钢管或其他非金属的保护套管，钢管应与接地线作电气连通。

2）低压配电线路（三相或单相）的单芯线缆不应单独穿于金属管内。

3）不同回路、不同电压等级的交流和直流电线不应穿于同一金属管中，同一交流回路的电线应穿于同一金属管中，管内电线不得有接头。

4）爆炸危险场所使用的电线（电缆）的额定耐受电压值不应低于 750V，且必须穿在金属管中。

（2）一般项目

1）建筑物内传输网络的综合布线施工应符合《综合布线系统工程验收规范》GB 50312 的有关规定。

2）当信息技术电缆与供配电电缆同属一个电缆管理系统和同一路由时，其布线应符合下列规定：

① 电缆布线系统的全部外露可导电部分，均应按要求进行等电位连接。

② 由分线箱引出的信息技术电缆与供配电电缆平行敷设的长度大于 35m 时，从分线箱起的 20m 内应采取隔离措施，也可保持两线缆之间有大于 30mm 的间距，或在槽盒中加金属板隔开。

③ 在条件许可时，宜采用多层走线槽盒，强、弱电线路宜分层布设。

3）低压配电系统的电线色标应符合相线采用黄、绿、红色，中性线用浅蓝色，保护线用绿/黄双色线的要求。

4）接地线、SPD 连接线转弯时弯角应大于 90°，弯曲半径应大于导线直径的 10 倍。

2. 综合布线安装工序

（1）信息技术设备应按设计要求确认安装位置，并按设备主次逐个安装机柜、机架。

（2）敷设各类配线的线槽（盒）、桥架或金属管应符合设计文件的要求，经检查确认后，再按设计文件规定的位置和走向安装固定。

（3）已安装固定的线槽（盒）、桥架或金属管应与建筑物内的等电位连接带进行电气连接，连接处的过渡电阻不应大于 0.24Ω。

（4）各类配线应按设计文件要求分别布设到线槽（盒）、桥架或金属管内，经检查确认后，再与低压配电系统和信息技术设备相连接。

6.3.8 电涌保护器分项工程

1. 电涌保护器安装

（1）主控项目

1）低压配电系统中 SPD 的安装布置应符合工程设计文件和《低压配电系统的电涌保护器（SPD）第 12 部分：选择和使用导则》GB/T 18802.12 的规定。

2）电子系统信号网络中的 SPD 的安装布置应符合工程设计文件和《低压电涌保护器第 22 部分：电信和信号网络的电涌保护器（SPD）选择和使用导则》GB/T 18802.22 的规定。

3）当建筑物上有外部防雷装置，或建筑物上虽未敷设外部防雷装置，但与之邻近的建筑物上有外部防雷装置且两建筑物之间有电气联系时，有外部防雷装置的建筑物和有电气联系的建筑物内总配电柜上安装的 SPD 应符合下列要求：

① 应当使用 I 级分类试验的 SPD。

② 低压配电系统的 SPD 的主要性能参数：冲击电流应不小于 12.5kA（10/350μs），电压保护水平不应大于 2.5kV，最大持续运行电压应根据低压配电系统的接地形式选取。

4）当 SPD 内部未设计热脱扣装置时，对失效状态为短路型的 SPD，应在其前端安装熔丝、热熔线圈或断路器进行后备过电流保护。

（2）一般项目

1）当低压配电系统中安装的第一级 SPD 与被保护设备之间关系无法满足下列条件时，应在靠近被保护设备的分配电盘或设备前端安装第二级甚至第三级 SPD：

① 第一级 SPD 的有效电压保护水平低于设备的耐过电压额定值时。

② 第一级 SPD 与被保护设备之间的线路长度小于 10m 时。

③ 在建筑物内部不存在雷击放电或内部干扰源产生的电磁场干扰时。

2）电源线路 SPD 的安装应符合下列规定：

① 电源线路的各级 SPD 应分别安装在线路进入建筑物的入口、防雷区的界面和靠近被保护设备处。SPD 各接线端应在本级开关、熔断器的下桩头分别与配电箱内线路的同名端相线连接，SPD 的接地端应以最短距离与所处防雷区的等电位接地端子板连接。配电箱的保护接地线（PE）应与等电位接地端子板直接连接。

② 带有接线端子的电源线路 SPD 应采用压接，带有接线柱的 SPD 宜采用接线端子与

接线柱连接。

3）天馈线路 SPD 的安装应符合下列规定：

① 天馈线路 SPD 应安装在天馈线与被保护设备之间，宜安装在机房内设备附近或机架上，也可以直接安装在设备射频端口上。

② 天馈线路 SPD 的接地端应采用截面积不小于 6mm² 的铜芯导线就近连接到 LPZ0A 或 LPZ0B 与 LPZ1 交界处的等电位接地端子板上，接地线应短直。

4）信号线路 SPD 的安装应符合下列规定：

① 信号线路 SPD 应连接在被保护设备的信号端口上，SPD 可以安装在机柜内，也可以固定在设备机架或附近的支撑物上。

② 信号线路 SPD 接地端宜采用截面积不小于 1.5mm² 的铜芯导线与设备机房等电位连接网络连接，接地线应短直。

5）无明确的产品安装指南时，开关型 SPD 与限压型 SPD 之间的线路长度不宜小于 10m，限压型 SPD 之间的线路长度不宜小于 5m。当 SPD 之间的线路长度小于 10m 或 5m 时应加装退耦的电感（或电阻）元件。生产厂明确在其产品中已有能量配合的措施时，可不再接退耦元件。

6）SPD 两端连线的材料和最小截面要求应符合表 6-3 的规定。连线应短且直，总连线长度不宜大于 0.5m，如有实际困难，可采用图 6-19 所示的 V 型连接。

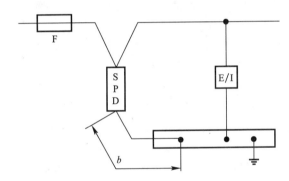

图 6-19　SPD 安装在或靠近电气装置电源进线端

b—SPD 与等电位连接带之间的连接导线长度，不宜大于 0.5m；

F—安装在电源进线端的剩余电流保护器；

E/I—被保护的电气装置或设备

7）SPD 在低压配电系统和电子系统中的安装施工可按图 6-20～图 6-22 执行。

2. 电涌保护器安装工序

（1）低压配电系统中的 SPD 安装，应在对配电系统接地形式、SPD 安装位置、SPD 的后备过电流保护安装位置及 SPD 两端连线位置检查确认后，首先安装 SPD，在确认安装牢固后，将 SPD 的接地线与等电位连接带连接后再与带电导线进行连接。

（2）信号网络中的 SPD 安装，应在 SPD 安装位置和 SPD 两端连接件及接地线位置检查确认后，首先安装 SPD，在确认安装牢固后，将 SPD 的接地线与等电位连接带连接后再接入网络。

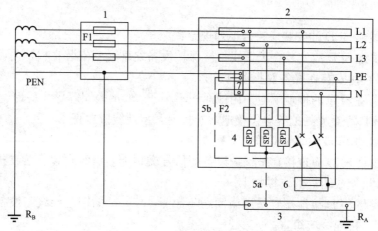

图 6-20 TN 系统中的 SPD

1—装置的电源；2—配电盘；3—总接地端或总接地连接带；4—SPD；5—SPD 的接地连接；6—需要保护的设备；7—PE 与 N 线的连接带；F1—安装在电源进线端的剩余电流保护器；F2—保护 SPD 推荐的熔丝、断路器或剩余电流保护器；R_A—本装置的接地电阻；R_B—供电系统的接地电阻；L1、L2、L3—相线 1、2、3

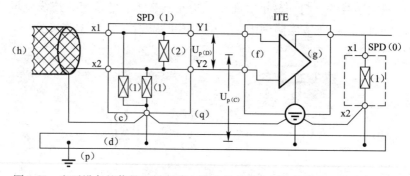

图 6-21 电子设备的信号和低压配电输入的共模电压和差模电压的防护措施

（c）—SPD 的连接点；（d）—总等电位连接带；（f）—信息技术设备；（g）—电线接口；（h）—信息技术线路；SPD（1）—信息网络上的 SPD；SPD（0）—直流配电线路上的 SPD；（p）—接地连接导体；（q）—必要的连接；$U_{P(C)}$—共模状况下电压保护水平；$U_{P(D)}$—差模状况下电压保护水平；x1，x2—SPD 的接线端子；Y1，Y2—电涌保护器保护侧的接线端子；（1）—限制共模电压的电涌防护元件；（2）—限制差模电压的电涌防护元件

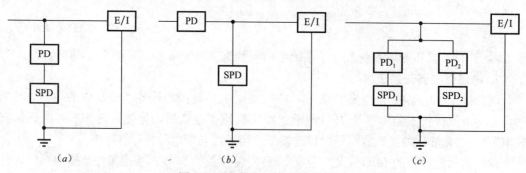

图 6-22 安装 SPD 与过电流保护

（a）优先重点保证供电连续性；（b）优先重点保证保护连续性；（c）供电连续性和保护连续性的结合
PD—SPD 的过电流保护器；E/I—被保护的电气装置或设备

6.4　防雷工程验收

防雷工程施工完毕，施工单位应进行自行检查，然后提出验收申请，由监理单位、建设单位共同对施工安装质量作出评价。防雷工程验收应符合以下规范：

（1）《建筑物防雷设计规范》GB 50057；

（2）《建筑物防雷工程施工与质量验收规范》GB 50601；

（3）《建筑工程施工质量验收统一标准》GB 50300；

（4）《混凝土结构工程施工质量验收规范》GB 50204；

（5）《电子信息系统机房施工及验收规范》GB 50462；

（6）《综合布线系统工程验收规范》GB 50312；

（7）《电气装置安装工程接地装置施工及验收规范》GB 50169。

需要说明的是，该验收并不作为最终的竣工依据。根据《防雷减灾管理办法》和《防雷装置设计审核和竣工验收规定》，防雷装置的竣工验收属于气象主管机构组织实施的一项行政许可项目，相关内容将在第 8 章介绍。

6.4.1　接地装置分项工程

1. 检验批划分

接地装置分项工程应按人工接地装置和利用建筑物基础钢筋的自然接地体各分为 1 个检验批，大型接地网可按区域划分为几个检验批进行质量验收和记录。

2. 检测要求

主控项目和一般项目应进行下列检测：

（1）供测量和等电位连接用的连接板（测量点）的数量和位置是否符合设计要求。

（2）测试接地装置的接地电阻值。

（3）检查接地装置的结构、安装位置、材质、连接方法、防腐处理。

（4）检查接地装置连接是否可靠，连接处不应松动、脱焊、接触不良。

（5）检查第一类防雷建筑物接地装置及与其有电气联系的金属管线与独立接闪器接地装置的安全距离。

（6）检查接地体的埋设间距、深度、安装方法。

（7）检查在建筑物外人员可停留或经过的区域需要防跨步电压的措施。

（8）检查接地线的连接方法。

（9）检查整个接地网外露部分接地线的规格、防腐、标识和防机械损伤等措施。测试与同一接地网连接的各相邻设备连接线的电气贯通状况，其间直流过渡电阻不应大于 0.2Ω。

（10）检查接地线在穿越墙体、伸缩缝、楼板和地坪时加装的保护管是否满足设计要求。

6.4.2　引下线分项工程

1. 检验批划分

引下线分项工程应按专用引下线、自然引下线和利用建筑物柱内钢筋各分 1 个检验批进行质量验收和记录。

2. 检测要求

主控项目和一般项目应进行下列检测：

（1）检测引下线的平均间距。

（2）检查引下线的敷设、固定、防腐、防机械损伤措施。

（3）检查明敷引下线防接触电压、闪络电压危害的措施。检查引下线与易燃材料的墙壁或保温层的安全间距。

（4）测量引下线两端和引下线连接处的电气连接状况，其间直流过渡电阻值不应大于 0.2Ω。

（5）检测在引下线上附着其他电气线路的防雷电波引入措施。

6.4.3　接闪器分项工程

1. 检验批划分

接闪器分项工程应按专用接闪器和自然接闪器各分为 1 个检验批，一幢建筑物上在多个高度上分别敷设接闪器时，可按安装高度划分为几个检验批进行质量验收和记录。

2. 检测要求

主控项目和一般项目应进行下列检测：

（1）检查接闪器与大尺寸金属物体的电气连接情况，其间直流过渡电阻值不应大于 0.2Ω。

（2）检查明敷接闪器的布置，接闪导线（避雷网）的网络尺寸是否大于第一类防雷建筑物 5m×5m 或 4m×6m、第二类防雷建筑物 10m×10m 或 8m×12m、第三类防雷建筑物 20m×20m 或 16m×24m 的要求。

（3）检查暗敷接闪器的敷设情况。

（4）检查接闪器的焊接、螺栓固定的应备帽、焊接处防锈状况。

（5）检查接闪导线的平正顺直、无急弯和固定支架的状况。

（6）检查接闪器上附着其他电气线路或其他导电物是否有防雷电波引入措施，以及与易燃易爆物品之间的安全间距。

6.4.4　等电位连接分项工程

1. 检验批划分

等电位连接分项工程应按建筑物外大尺寸金属物等电位连接、金属管线等电位连接、各防雷区等电位连接和电子系统设备机房各分为 1 个检验批进行质量验收和记录。

2. 检测要求

（1）检查等电位接地端子板（等电位连接带）的安装位置、材料规格和连接方法。

（2）检查等电位连接网络的安装位置、材料规格和连接方法。

（3）检查电子信息系统的外露导电物体、各种线路、金属管道以及信息设备等电位连接的材料规格和连接方法。

（4）等电位连接带表面应无毛刺、明显伤痕、残余焊渣，安装平整、连接牢固，绝缘导线的绝缘层无老化龟裂现象。

（5）等电位连接的有效性可通过等电位连接导体之间的电阻值测试来确定，第一类防雷建筑物中长金属物的弯头、阀门、法兰盘等连接处的过渡电阻不应大于 0.03Ω；连在额定值为 16A 的断路器线路中，同时触及的外露可导电部分和装置外可导电部分之间的电阻不应大于 0.24Ω；等电位连接带与连接范围内的金属管道等金属体末端之间的直流过渡电阻值不应大于 3Ω。

6.4.5 屏蔽分项工程

1. 检验批划分

屏蔽装置应按建筑物屏蔽、设备屏蔽、线缆屏蔽各分为 1 个检验批进行质量验收和记录。

2. 检测要求

（1）检查电子信息系统机房和设备屏蔽设施的安装方法。

（2）检查进出建筑物线缆的路由布置、屏蔽方式。

（3）检查进出建筑物线缆屏蔽设施的等电位连接。

6.4.6 综合布线分项工程

1. 检验批划分

综合布线分项工程应为 1 个检验批，当建筑工程有若干独立的建筑时，可按建筑物的数量分为几个检验批进行质量验收和记录。

2. 检测要求

（1）检查电源线缆、信号线缆的敷设路由、敷设间距。

（2）检查电子信息系统线缆与电气设备的间距。

（3）线槽或线架上的线缆绑扎间距应均匀合理，绑扎线扣应整齐，松紧适宜；绑扎线头宜隐藏不外露。

6.4.7 电涌保护器分项工程

1. 检验批划分

SPD 安装工程可作为 1 个检验批，也可按低压配电系统和电子系统中的安装分为 2 个检验批进行质量验收和记录。

2. 检测要求

（1）对 SPD 进行外观检查，SPD 的表面应平整、光洁、无划伤、无裂痕和烧灼痕或变形，SPD 的标志应完整和清晰。

（2）检查 SPD 的安装位置、安装数量、型号、主要性能参数（如 U_c、I_n、I_{max}、I_{imp}、U_p 等）、安装工艺（连接导体的材质和导线截面、连接导线的色标、连接牢固程度等）。

（3）检查 SPD 安装工艺和接地线与等电位连接带之间的过渡电阻。

（4）检查 SPD 是否具有状态指示器。如有，则需确认状态指示应与生产厂说明相一致。

（5）测量多级 SPD 之间的距离和 SPD 两端引线的长度。

（6）检查安装在电路上的 SPD 限压元件前端是否有脱离器。如 SPD 无内置脱离器，则检查是否有过电流保护器。

（7）检查电源线路各级 SPD 的能量配合。

6.4.8　防雷工程验收资料

防雷工程应具有完整的施工操作和质量检查记录，各分项工程检验批的主控项目和一般项目应抽样检验合格。验收报告应包括以下内容：

（1）项目概述；

（2）各分项工程的施工与安装；

（3）防雷装置的性能、被保护对象及范围；

（4）接地电阻以及有关参数的测试数据和测试仪器；

（5）结论和评价。

防雷工程验收记录可参照表 6-7 执行。

防雷工程验收记录表　　　　　　　　　　表 6-7

工程名称		结构类型		层数	
施工单位		技术部门负责人		质量部门负责人	
分包单位		分包单位负责人		分包技术负责人	

序　号	分项工程名称	检验批数	施工单位检查意见	验收意见
1	接地装置安装			
2	引下线安装			
3	接闪器安装			
4	等电位连接安装			
5	屏蔽装置安装			
6	综合布线安装			
7	SPD 安装			
	质量控制资料			
	安全和功能检验（检测）报告			
	观感质量验收			

验收单位	分包单位	项目经理	年　月　日
	施工单位	项目经理	年　月　日
	勘察单位	项目负责人	年　月　日
	设计单位	项目负责人	年　月　日
	监理（建设）单位	总监理工程师 （建设单位项目负责人）	年　　月　　日

防雷工程通过验收后，施工单位应提交下列技术文件和资料，以供存档备案：

（1）竣工图，包括防雷装置安装竣工图、接地线敷设竣工图、接地装置安装竣工图、等电位连接带安装竣工图、屏蔽设施安装竣工图等；

（2）防雷产品合格证、说明书；

（3）被保护设备一览表；

（4）变更设计或施工洽谈单；

（5）安装工程记录（包括隐蔽工程记录）；

（6）重要会议及相关事宜记录。

6.5 防雷装置维护管理

对于供排水系统而言，雷电防护是保护设备及人身安全的重要技术手段，是保障供排水生产的重要措施，也是日常运行管理工作的重要组成部分。防雷管理工作应制度化、常态化，坚持"安全第一、预防为主、防治结合"的原则，最大程度地减轻雷电灾害可能造成的损失。

6.5.1 管理架构及职责

（1）供排水系统的防雷工作可实行分级管理，各级厂站为所辖范围的防雷主管单位。集团公司可成立防雷领导小组，统筹、指导、监督各级防雷工作。

（2）各级防雷主管单位应设防雷负责人（专职或兼职），防雷负责人应由经过防雷技术培训且具有一定防雷知识的专业人员担任。

（3）各级防雷主管单位应重视防雷知识的宣传教育，提高员工的防雷安全意识和自我保护技能。

（4）各级防雷主管单位应制定雷电灾害应急预案，确保科学、高效处理灾情。

（5）各级防雷主管单位应贯彻执行上级发布的防雷规程、规范及有关技术措施，负责所辖范围的防雷装置运行维护，并逐级上报统计报表。

（6）各级防雷主管单位对防雷装置的设计、安装、隐蔽工程图纸资料、年检测试记录等，均应及时归档，妥善保管。

6.5.2 防雷装置维护

（1）防雷装置的维护人员应经过培训并熟悉雷电防护技术。

（2）防雷装置的维护分为定期维护和日常维护两类。每年雷雨季节到来之前，应进行一次定期全面检测维护。

（3）日常维护应在每次雷击之后进行。在雷电活动强烈的地区，对防雷装置应随时进行目测检查。

（4）检测外部防雷装置的电气连续性，若发现有脱焊、松动和锈蚀等，应进行相应的处理，特别是在断接卡或接地测试点处，应经常进行电气连续性测量。

（5）检查接闪器、杆塔和引下线的腐蚀情况及机械损伤情况，包括由雷击放电所造成的损伤情况。若有损伤，应及时修复；当锈蚀部位超过截面的三分之一时，应更换。

（6）测试接地装置的接地电阻值，若测试值大于规定值，应检查接地装置和土壤条件，找出变化原因，采取有效的整改措施。

（7）检测内部防雷装置和设备金属外壳、机架等电位连接的电气连续性，若发现连接处松 或断路，应及时更换或修复。

（8）检查各类电涌保护器的运行情况，有无接触不良，漏电流是否过大，发热、绝缘是否良好，积尘是否过多等。出现故障，应及时排除或更换。

（9）定期委托具有专业防雷检测资质的单位对防雷装置进行检测，检测期限为每年一次。

6.5.3　雷害分析与申报

1. 雷害分析

建（构）筑物或设备设施遭受雷击后，应及时对损坏情况进行分析统计，内容包括：

（1）各种构件的损坏程度；各种电气绝缘部分有无击穿闪络的痕迹，有无烧焦气味；设备设施的损坏部位，设备的电气参数变化情况。

（2）各种防雷元件损坏情况、参数变化情况。

（3）安装了雷电测量装置的，应记录测量数据，计算出雷电流幅值。

（4）了解雷害事故发生地点的情况，分析周围环境特点，并记录当时的气象情况。

（5）保留雷击损坏部件，并对现场进行拍照或录像。

（6）建立雷电活动档案，了解所在地区的雷电规律、雷电强度、雷击概率及雷电入侵途径，对雷害进行统计，积累必要的资料。

2. 雷害申报

雷击事故发生后应及时上报，当出现雷击导致人员伤亡和重大设备损坏等事故时，应第一时间通知防雷主管机构进行雷灾调查。防雷主管机构技术人员到达事故现场后进行照相、采样等工作，并填写《雷击灾害现场调查表》，最后将根据该表出具《雷电灾害调查鉴定报告》。《雷电灾害调查鉴定报告》一式三份，一份报气象主管机构，一份送项目使用单位，一份由防雷主管机构存档。

6.6　防雷工程实例

某自来水厂地处南方一沿海城市，该市属于雷暴多发区，53 年平均雷暴日数为 68.2d，年雷暴日数最多为 103d。自来水厂规模 15 万 m^3/d，采用常规处理工艺，厂区平面布置如图 6-23 所示：

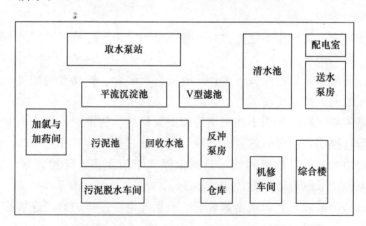

图 6-23　厂区平面布置

该厂址规划前是一片空旷、低洼的荒地，有多个大面积的水塘，土壤电阻率低，且临近水库，处于雷击多发区。因此，水厂建设时非常重视防雷的设计和施工，对建（构）筑物、配电系统、自动化系统等都进行了科学、妥善的防雷保护。下面以该厂的取水泵站和综合楼为例，详细介绍其防雷措施。

6.6.1　取水泵站

取水泵站工艺流程如图 6-24 所示：

1. 构筑物防雷

泵房为钢筋混凝土结构，属二类防雷建筑，防雷接地平面布置如图 6-25 所示：

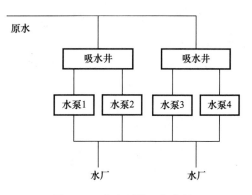

图 6-24　取水泵站工艺流程

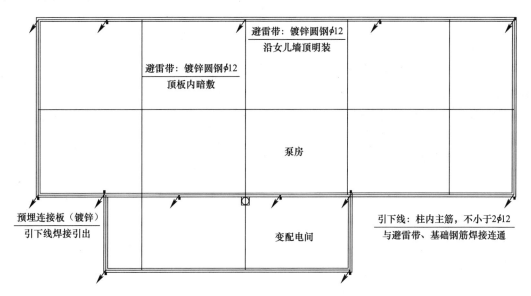

图 6-25　取水泵站防雷接地平面布置

屋面避雷带采用 φ12 镀锌圆钢沿女儿墙和顶板敷设，见图 6-26。

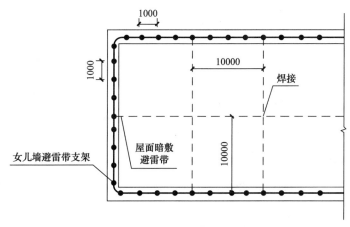

图 6-26　屋面避雷带平面图

女儿墙上的避雷带支撑间距为：直线段 1.0m，转弯处 0.5m，避雷带支架高出女儿墙 150mm，具体做法见图 6-27。

顶板避雷带网格间距 10m，具体做法见图 6-28。

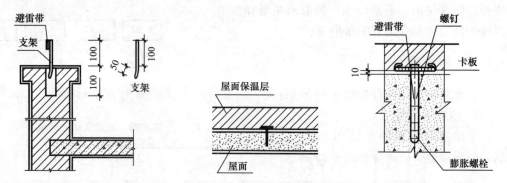

图 6-27 避雷带在女儿墙上安装图　　图 6-28 避雷带在顶板内安装图

图 6-25 中斜箭头处为引下线位置，引下线利用建筑物柱内两根截面不小于 ϕ12 的主筋（见图 6-29）。在施工过程中，作为引下线的钢筋自下而上保持一致，在上端应与避雷带可靠焊接，下端与基础挖孔桩及拉梁内筋焊接，焊接长度不小于 72mm。

接地装置利用桩基钢筋体连接，并通过圈梁钢筋体将地下所有承台与桩基连接一体，形成闭式环形接地网。同时，为防止建筑物的自然接地电阻值不能达到设计要求，在有引下线的柱子中预埋连接钢板，作为增加人工接地体的外接处，具体做法参见图 6-30。

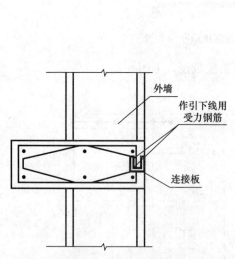

图 6-29 钢筋混凝土柱内钢筋作防雷引下线

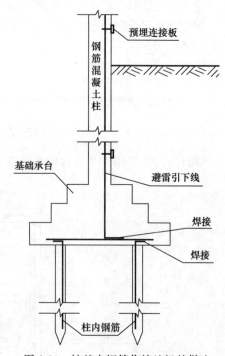

图 6-30 桩基内钢筋作接地极的做法

2. 配电系统防雷

本项目电源由水厂 10kV 双回路引至，同时工作，互为备用，在泵房旁设置 10kV、

380V 系统各一套。主要用电负荷为四台卧式双吸中开离心泵机组,其中 1120kW 一台,900kW 两台,500kW 一台,均采用 10kV 高压水冷电机,就地无功补偿。低压负荷由一台 200kVA 的变压器和一台 50kVA 的所用变供电,380V 系统采用 TN-S 制。

变压器中性点接地,与防雷接地共用一套接地系统,电力设备的金属外壳与变压器接地中性线连接,具体做法见图 6-31。

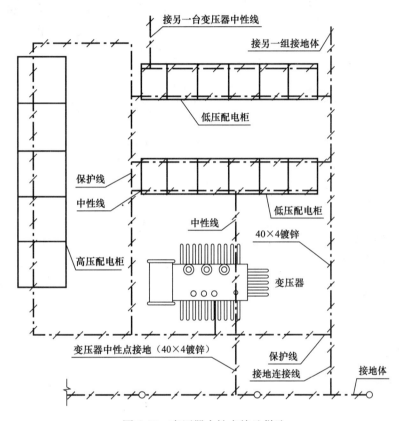

图 6-31 变压器中性点接地做法

图 6-32 是 10kV 高压系统图,直接与架空线路连接的电动机在母线上设置阀型避雷器与电容器组。这里选择的避雷器型号为 HY5W-12.7/31,额定电压 12.7kV,标称放电电流下残压不大于 31kV。

6.6.2 综合楼

综合楼为第二类防雷建筑物,总建筑面积 2500m²,地上三层,总高度 13m,框架结构。功能分区为一楼化验室、食堂,二楼中控室,三楼办公室。

1. 防直击雷

利用现浇钢筋混凝土平屋面内的钢筋网,特别是檐口处的钢筋网作为接闪器。利用圈梁和构造柱以及墙内的钢筋网作为引下线。利用基础和桩基内的钢筋体作为接地体。敷设在混凝土中作为防雷装置的钢筋,其直径不小于 10mm。图 6-33 是避雷带、引下线与接地体连接示意。

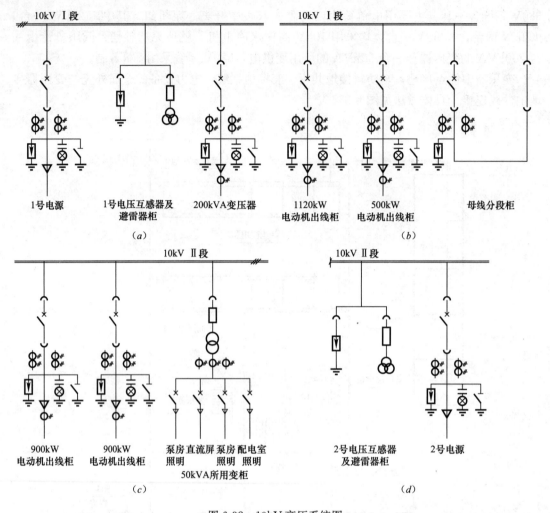

图 6-32 10kV 高压系统图

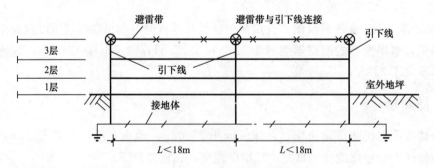

图 6-33 避雷带、引下线与接地体连接示意

2. 等电位连接

根据综合楼的建筑结构、公用设施、用电设备等情况，按照图 6-34 的做法，组成总等电位连接系统。

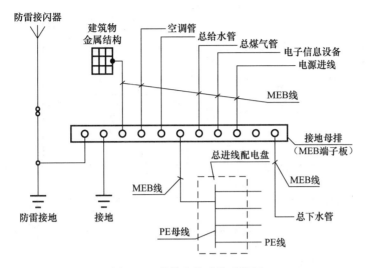

图 6-34 总等电位连接系统图

总等电位连接系统有赖于各个局部的等电位连接。图 6-35 是铝合金窗的等电位连接，在窗框定位后，墙面抹灰层施工前将连接导体暗敷，$\phi 10$ 圆钢与钢筋或窗框等建筑物金属构件的焊接长度不小于 60mm。

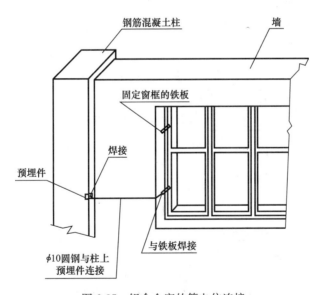

图 6-35 铝合金窗的等电位连接

图 6-36 是电源进线、信号进线等线缆的等电位连接，所有进入建筑物的金属套管都要与接地母排连接，屏蔽电缆应至少在两端作等电位连接。

综合楼二层是中控室，设备的信号接地和保护接地共用接地装置，并与建筑物金属结构及管道连通以实现等电位连接。在中控室的架空地板下装设等电位连接网格，采用宽 60mm、厚 0.6mm 的紫铜带明敷，参见图 6-37。

3. 电涌保护

综合楼里配置了大量的电子信息设备，如计算机、服务器、监视器、路由器等，很容

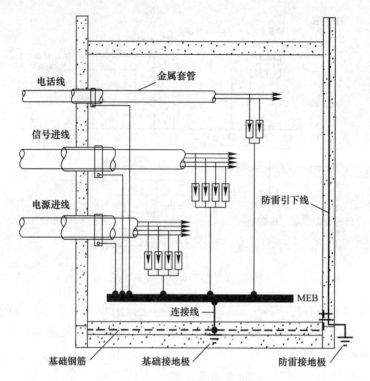

图 6-36　进线等电位连接

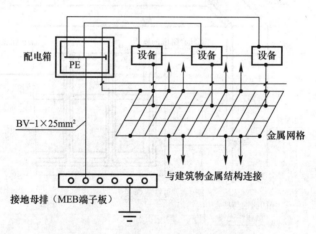

图 6-37　电子信息设备等电位连接

易遭受感应雷的冲击，电源浪涌保护和信号浪涌保护是重要的防范手段，这里选用了德国 OBO 的防雷器。如图 6-38 所示，在总配电柜里安装 V25-B/3＋NPE 电源防雷器，作为第一级（B 级）防护，$U_p<1.8kV$，$I_{max}=60kA$（8/20μs）。在各个分配电柜里安装 V20-C/3＋NPE 电源防雷器，作为第二级（C 级）防护，$U_p<1.4kV$，$I_{max}=40kA$（8/20μs）。在前面两级防护的基础上，加装 VF230-AC 电源精细防雷器，作为第三级（D 级）防护，$U_p<1.0kV$，$I_{max}=7.0kA$（8/20μs）。

图 6-39 为配电柜内电源防雷器接线示意。

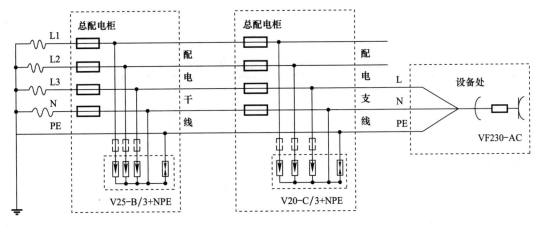

图 6-38　电源三级防护

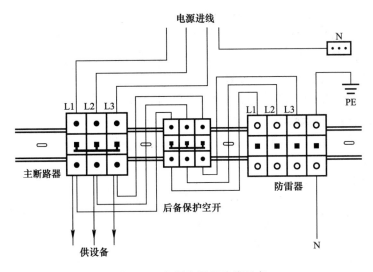

图 6-39　电源防雷器接线示意

　　除了进行电源保护以外，还要对信号线路作防雷处理，表 6-8 是各种信号防雷器的选型表。信号防雷器的安装比较简单，一般串联在被保护设备的前端即可。

信号防雷器选型表　　表 6-8

信号线类型	接口类型	防雷器型号	最大工作电压	最大放电电流
以太网	RJ45	RJ45S-E100/4-F	6.2V	7.5kA
RS232	SD	SD09-V24/9	18V	340A
RS485	SD	SD09-V11/9	7.5V	750A
视频	BNC	KoaxB-E2/MF-F	6.2V	10kA
现场控制	ASP	FLD24	27V	20kA

第 7 章　防雷企业与防雷产品

本章主要介绍防雷企业及防雷产品。从行业的分工类型和市场经营模式上介绍了不同的防雷企业。防雷产品主要介绍雷电监测设备的类型、工作原理，以及电涌保护器产品沿革、类型。

7.1　防雷企业

我国防雷技术起步较晚，20 世纪 80 年代末期才有第一家防雷企业诞生，到 20 世纪 90 年代末，随着两大防雷标准的颁布（《建筑物防雷设计规范》GB 50057—1994 和《建筑物电子信息系统防雷技术规范》GB 50343—2004），防雷行业才进入了快速发展阶段，防雷企业的数量和规模也呈飞速增长态势。

防雷企业按照行业分工和市场经营模式大致可分为四种类型：

（1）防雷工程设计与施工企业

代理经销产品，提供工程勘察、设计、施工服务。如全国各地区气象主管机构所属防雷工程公司。

（2）SPD 研发生产企业

研发、制造防雷及接地产品，工程技术服务比重低于 10％，以国外品牌或引进国外技术居多。如 DEHN、OBO、深圳盾牌、广东明家、兴业雷安、海鹏信等。

（3）防雷一体化解决方案提供商

针对客户需求定向开发自有知识产权产品，并提供勘察、设计、施工服务。如四川中光、北京欧地安、爱劳、地凯等。

（4）雷电定位和预警产品生产企业

为客户提供雷电实时预警设施的专业化公司。如芬兰 VAISALA 公司、武汉高压研究所和中科院空间中心。

7.1.1　防雷工程设计与施工企业

为具有相应资质，专业从事防雷工程设计与施工的企业统称。

1. 防雷资质

防雷资质全称防雷工程专业资质，源于 2005 年 1 月 28 日中国气象局第 10 号令《防雷工程专业资质管理办法》，目前已被中国气象局第 22 号令《防雷工程专业资质管理办法》取代（自 2011 年 9 月 1 日起施行）。该办法规定在中华人民共和国境内从事防雷工程专业设计或者施工的单位，应当按照规定申请防雷工程专业设计或者施工资质。经认定合格，取得《防雷工程专业设计资质证》或者《防雷工程专业施工资质证》后，方可在资质等级许可的范围内从事防雷工程专业设计或者施工。

　　防雷工程专业资质分为设计资质和施工资质两类，资质等级分为甲、乙、丙三级。甲级资质单位可以从事《建筑物防雷设计规范》规定的第一类、第二类、第三类防雷建筑物，以及各类场所和设施的防雷工程的设计或者施工。乙级资质单位可以从事《建筑物防雷设计规范》规定的第二类、第三类防雷建筑物，以及各类场所和设施的防雷工程的设计或者施工。丙级资质单位可以从事《建筑物防雷设计规范》规定的第三类防雷建筑物的防雷工程的设计或者施工。不可移动文物防雷工程的设计或者施工应当由乙级以上资质单位承担。

2. 防雷资质申请条件

（1）申请防雷工程专业设计或者施工资质的单位必须具备以下条件：

1）企业法人资格；

2）有固定的办公场所和防雷工程专业设计或者施工的设备和设施；

3）从事防雷工程专业的技术人员必须取得《防雷工程资格证书》；

4）有防雷工程专业设计或者施工规范、标准等资料并具有档案保管条件；

5）建立质量保证体系，具备安全生产基本条件和完善的规章制度。

（2）申请甲级资质的单位除了符合第（1）条的基本条件外，还应当同时符合以下条件：

1）注册资本人民币一百五十万元以上。

2）具有与承担业务相适应的防雷工程专业技术人员和辅助专业技术人员。取得《防雷工程资格证书》的专业技术人员中，三名以上具有防雷相关专业高级技术职称，六名以上具有防雷相关专业中级技术职称。

3）近三年完成防雷工程总额不少于八百万元，所完成的综合防雷工程不少于二十个，每个工程额不低于三十万元，其中至少有一个工程额不低于一百五十万元。

4）所承担的防雷工程，必须经过当地气象主管机构的设计审核和竣工验收。

5）取得乙级资质三年以上，每年年检合格。

（3）申请乙级资质的单位除了符合第（1）条的基本条件外，还应当同时符合以下条件：

1）注册资本人民币八十万元以上。

2）具有与承担业务相适应的防雷工程专业技术人员和辅助专业技术人员。取得《防雷工程资格证书》的专业技术人员中，两名以上具有防雷相关专业高级技术职称，四名以上具有防雷相关专业中级技术职称。

3）近三年内完成防雷工程总额不少于四百万元，所完成的综合防雷工程不少于二十个，每个工程额不低于十五万元，其中至少有两个工程额不低于五十万元。

4）所承担的防雷工程，必须经过当地气象主管机构的设计审核和竣工验收。

5）取得丙级资质一年以上，每年年检合格。

（4）申请丙级资质的单位除了第（1）条的基本条件外，还应当同时符合以下条件：

1）注册资本人民币五十万元以上。

2）具有与承担业务相适应的防雷工程专业技术人员和辅助专业技术人员。取得《防雷工程资格证书》的专业技术人员中，一名以上具有防雷相关专业高级技术职称，三名以上具有防雷相关专业中级技术职称。

（5）防雷产品生产、经销、研制单位不得申请防雷工程专业设计资质。

3. 企业数量规模

自 20 世纪 80 年代末诞生第一家雷电防护企业，90 年代中期形成行业规模，至 2002

年逐步发展成熟，至今已有20多年的发展历史。依据相关数据统计，截至2009年3月1日，国内共有具有防雷设计、施工资质的防雷企业1498家，其中甲级资质企业42家，乙级资质企业586家，丙级资质企业870家。

目前我国防雷工程双甲资质企业有（部分）：

（1）北京华云技术开发公司

（2）北京万云科技开发有限公司

（3）山西华云技术开发公司

（4）河北宇翔防雷工程有限公司

（5）内蒙古金川开发区防雷工程公司

（6）天津市防雷技术中心

（7）吉林省雷电防护工程公司

（8）辽宁雷电防护工程有限责任公司

（9）哈尔滨华云防雷工程有限责任公司

（10）上海华云防雷科技有限公司

（11）安徽华云新技术开发公司

（12）池州防雷工程公司

（13）江苏天安防雷工程有限责任公司

（14）宁波市华盾雷电防护技术有限公司

（15）浙江东方防雷工程有限公司

（16）福建省华云科技开发公司

（17）厦门祥云科技服务公司

（18）江西省蓝天雷电防护有限公司

（19）山东天科防雷工程有限公司

（20）青岛新科防雷工程技术有限公司

（21）武汉雷光防雷有限公司

（22）湖南普天科比特防雷技术有限公司

（23）广东天文防雷工程有限公司

（24）湛江市防雷技术服务公司

（25）广州蓝天防雷技术有限公司

（26）广西防雷工程有限责任公司

（27）海南祥云雷电防护有限公司

（28）陕西华安防雷工程技术有限责任公司

（29）青海安居防雷工程有限公司

（30）宁夏恒安防雷工程有限公司

（31）石河子市新天地科技服务公司

（32）新疆瑞特电子工程技术公司

（33）四川兰电防雷有限公司

（34）北京欧地安科技股份有限公司

（35）北京爱劳电气设备安装有限公司

7.1.2　SPD 研发生产企业

1. SPD 生产历程

雷电电涌保护器的专业生产，欧美起步最早，一些厂家已经有上百年的经营历史，在世界防雷市场占有较大份额，在全球都有相当的知名度（如 PolyPhaser、FURSE、DEHN、Phoenixcontact、OBO 的各种 SPD）。以气放管和 ZnO 芯片而闻名的日本三光社（Sankosha）和音羽电机（otowa）也已有 60 多年的历史。

中国最早的 SPD 研发生产企业虽然只有二十年的历史，产品绝大部分都在国内市场销售，即使有部分出口，也还谈不上国际影响，但发展前景良好，无论从整体技术和产品水平上，都有了飞速的发展，一些专家学者及优势企业在国内外同行中有了一定的话语权。

2. 国内企业发展状况

与国内其他行业一样，我国防雷产品制造企业经历了从引进国外先进技术与消化吸收、集成创新和原始创新三个阶段，目前行业内多数企业处于国外先进技术引进与消化吸收期，其中，优势企业正处于集成创新和原始创新阶段。

国内防雷企业数量众多，但成长历史较短，竞争日趋激烈。随着经济的发展和社会认知度的提高，具备研发优势、质量优势和资金优势的企业必将脱颖而出，引领整个行业走向健康发展。雷电电涌防护产品制造业按照技术开发、设计水平和产品制造能力可分为三个层次：

第一层次：通过引进消化再创新和原始创新形成具有自主知识产权的核心技术，为客户提供系统整体解决方案和精致的定制化产品的企业，技术和产品制造工艺接近国际先进水平；

第二层次：通过引进外来技术进行生产，为客户提供标准产品的企业；

第三层次：进行简单组装的企业。

3. 企业数量规模

20 世纪 80 年代末，以四川中光和广西地凯为代表的国内 SPD 研发生产企业开始出现。90 年代以来，国内的防雷技术发展较快，社会各行各业对防雷产品的需求剧增，国外产品开始进入我国市场，给民营企业和有创新能力的科研人员开启了一个新的天地，发掘了一个大的市场和发展空间。90 年代陆续诞生了兴业雷安、爱劳、杭州万马（后更名万利）、烟台玛斯特、天津中力、标定、普天、深圳盾牌、科通、锦天乐、雷迅、华海力达、恒毅兴等企业。2000 年以后，北京欧地安、广东明家、东方翰易、雷泰、泰科等品牌开始陆续出现。

截至 2009 年具有电涌保护器研发生产能力的企业已超过 550 家，主要集中在北京、广东、四川、浙江、湖南等省市。据市场调查机构的数据显示，2008 年业内年销售业绩在 1000 万元以上的主要电涌保护器制造企业仅不到 40 家。其中，年销售业绩在 1 亿元以上的电涌保护器制造企业有：四川中光高科产业发展集团公司、广东明家科技股份有限公司、南京菲尼克斯电气有限公司等，年销售业绩在 5000 万元以上的电涌保护器制造企业近 10 家。这近 40 家企业的总销售业绩约 12.8 亿元人民币，约占 2008 年中国电涌保护器市场份额的 40% 左右。

7.1.3 雷电定位和预警产品生产企业

1. 企业背景

美国 LLP 公司是最初生产雷电定位系统设备的公司，现被芬兰 VAISALA 公司收购，目前世界上绝大多数国家都采用 VAISALA 生产的雷电定位系统。我国在 20 世纪 80 年代末期，由中科院北京空间中心从美国引进了雷电定向定位系统设备，随后中科院北京空间中心、武汉高压研究所开始了自主研发，之后上海交大、新乡中国电波研究所也开展了第一代定向定位系统的研制。目前，国内闪电定位设备主要用的中国科学院空间科学与应用研究中心生产的 ADTD 系统。

2. 企业规模

目前，国内具有一定规模的雷电定位和预警产品生产厂家只有武汉高压研究所和中科院空间中心。

7.1.4 防雷行业面临的问题

(1) 产业现状仍处于"小、散、多"局面

中国有电涌保护器生产企业 550 多家，迄今产值上亿的企业寥寥无几，4000 万以下企业占到 90%。国内企业以 1000 万元、4000 万元、1 亿元作为分水岭形成了比较突出的金字塔结构。一批优质企业在 4000 万至 1 亿元之间徘徊，处于厚积薄发的状态。

(2) 低压电器厂家对防雷企业的冲击

在防雷产品市场近年来的增量中，建筑电气市场暨原有及新建常规建筑物低压配电部分配套电源电涌保护器所占比重较大，由于市场容量大、技术门槛低，市场竞争异常激烈，并且 ABB、施耐德、正泰、德力西等低压电气厂家也将该类产品作为补充产品线生产，同时参照国外市场经验，常规建筑电气市场配套电源避雷器也基本由低压电气厂家自行生产配套。对于专业电涌保护器制造企业而言是一个很大的竞争压力。

(3) 国内专业电涌保护器企业增长性明显

从增长性上看，主要的专业制造企业和防雷一体化解决方案提供商的企业稳定增长性要明显优于防雷工程公司。

由于国内企业的兴起，国外产品的市场占有率和增长性已低于国内厂家。

(4) 中小企业的潜在危机

在防雷工程市场，一直以来，建筑物直击雷防护工程大多由建筑工程商承担，信息系统防雷多数由系统集成商承担。随着国家气象局第 10 号令《防雷工程专业资质管理办法》的发布，这些防雷工程项目才逐步单列，并由专业防雷工程公司涉入承揽。由于各地执法力度参差不齐，诸多防雷工程仍然在延续历史格局。中国气象局相继出台的第 8 号令《防雷减灾管理办法》、第 10 号令《防雷工程专业资质管理办法》、第 11 号令《防雷装置设计审核和竣工验收规定》，对于防雷行业从生产企业到设计、施工企业进行了相关规范，是行业走向标准化的有利开始。各级气象主管机构执法力度的逐渐加强，有利于优胜劣汰，促进行业的进一步净化。随之带来的问题是，在建筑工程商和系统集成商取得相关防雷资质后，以防雷工程作为唯一主业的多数中小防雷公司将面临出局的危险。

（5）低层次无序化竞争损害整体利益

防雷企业产品同质化严重，以价格作为唯一市场竞争手段。由于常规配套市场竞争充分，利润率低，目前绝大多数企业的产品从种类、功能、参数的基本特点趋同，仅适用于常规建筑配电、普通计算机、电话、以太网等基本通用环境及设备用户。甚至很多伪劣产品在市场上泛滥，在一定程度上影响了行业的整体前进步伐。

（6）依赖原有细分渠道不足以维持企业持续发展

随着市场竞争更加充分，客户渠道单一的企业将面临巨大挑战。防雷企业必须跟踪大行业的发展动向，及时调整产品结构，拓展新的市场，否则将难以为继。

（7）市场竞争要求企业经营模式更趋于优化

1）行业客户需求一体化解决方案。强势防雷企业基于很强的资源优势及背景，依靠防雷专业设计及技术服务能力，采取以技术服务为主导，渠道为辅的营销模式。

2）以新产品开发为主，加大产品规模，借助配套企业及行业，来拓展品牌影响力，从而增加市场份额。

3）专注于已具备良好市场基础及技术解决能力的领域，同时寻找新兴市场机会。

由于国家及各个行业对雷电防护、电磁信息安全的重视程度不断提高，传统雷电电涌防护行业的产品、技术不可避免地面临再一次全面升级——综合雷电防护级别的市场需求必然向电磁环境安全防护级别的市场需求升级，市场需求正在向深化发展。这一市场需求的发展意味着行业面临整合，拥有自主知识产权创新产品并能够提供一体化解决方案的企业会强劲崛起。

7.2 雷电定位和预警监测设备

7.2.1 雷电监测概述

雷电监测技术是 20 世纪 70 年代中后期，由于美国军方对航天航空雷电实时预警的需求，由美国科学家 Uman 和 Kride 教授提出并实现的现代化雷电监测技术。雷电监测系统从对雷电测量的特征观测上可以划分为两大类：雷电定位探测和大气电场探测。目前国际和国内采用的雷电预警和预报技术，大都利用了这两类设备。

雷电定位系统是近 20 年来在雷电工程技术领域应用最广泛的雷电监测技术手段。雷电定位系统通过对闪电回击辐射的声、光、电磁场信息的测量和分析，进而确定闪电放电的空间位置和放电参数。经过 30 多年的发展，雷电定位监测系统已广泛应用于电力系统、航天航空、减灾防灾和保险理赔等行业。

在雷电定位技术及其系统自主研发以及雷电监测网的建设上，我国属起步较早、持续性好、已建的监测覆盖区域大、积累监测资料长的雷电监测大国。我国电力系统率先并持续开展了雷电监测，并建有覆盖国土面积大部分的全国雷电监测网。该系统由中心站和分布在不同地方的数个在线时差探测站组成。当被监视的区域内发生雷云对地放电时，中心站根据各时差探测站获得的闪电放电电磁信号时差，通过专用程序计算和确定雷击点位置。通过连续监测，可获得被监测区域地面落雷的次数和落雷密度，同时也可获得每次雷击的发生时间、位置、雷电流幅值和极性等信息。我国目前有上百个 VLF/LF 雷电定位系统的监测站，主要由气象、电力、电信、民航、部队等部门建设和使用，这些系统在雷电及对流性灾害天气过程的监测、防灾指挥、雷电防护等方面起到了重要应用。

7.2.2　雷电监测设备

1. 雷电定位设备

雷电定位设备或称闪电定位仪是利用闪电回击辐射的声、光、电磁场特性来遥测闪电回击放电参数的一种自动化探测设备。我国的雷电监测系统，以及美国国家雷电监测网NLDN采用的是多站雷电定位探测设备，一般可以提供闪电放电的发生时间、地点分布以及地闪回击的电磁场强度、电流幅度、电流波形的上升和衰减时间（电流陡度、电荷、能量）等各种雷电特征信息，用于局部地区使用的单站闪电定位设备也能够提供各种地闪回击发生的信息。这些雷电探测数据的使用在很大程度上改善了人们对雷电灾害的防御能力。

雷电定位系统可对云地闪及部分云闪进行定位，并实时监测大范围内的雷电活动情况，能自动测量雷电发生的时间、地点、放电电流强度和电流极性等参数，并可利用分析软件对探测子站的探测数据进行统计分析，输出闪电活动的位置和各项雷电特征。国内闪电定位设备主要用的是由中国科学院空间科学与应用研究中心开发的 ADTD 系统，国外大多采用芬兰 VAISALA 的闪电定位设备。雷电定位探测设备见图 7-1。

 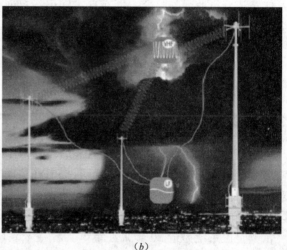

(a)　　　　　　　　　　　　　(b)

图 7-1　雷电定位保测设备

(a) 低频 CG 云地闪电探测设备；(b) 高频 VHF 雷电探测设备

2. 大气电场仪

大气电场仪是用来测量大气电场及其变化的设备，它是利用导体在电场中产生感应电荷的原理来测量电场的。当云中发生电荷分离时，地面电场将发生相应的变化，其强度与云中电荷的积累量和分布有关，因此通过测量地面大气电场的变化，可以反演出高空云层电场的变化，对发生雷击的危险性作出预报。

大气电场仪可以测量地面大气电场的强度和极性，可以自动、连续、实时监测雷雨云中强雷电活动中心在地面产生的电场强度、极性以及闪电数等。大气电场强度是大气电学的基本参数，在晴天电学、雷暴电学以及闪电的研究中都有用到，在雷暴和闪电监测中更具有重要作用。大气电场仪既能够记录闪电发生前雷暴中的电场变化，又可记录雷暴过程中发生的闪电（包括云闪和地闪）；既可单独使用以记录局部地区雷电情况，又可联网监测大范围区域雷电活动情况。大气电场仪实例见图7-2。

图 7-2　倒置式大气电场仪安装实例（左）及探头（右）

3. 大气电场仪与雷电定位系统的结合

与大气电场仪不同，通常的闪电定位系统通过对闪电电磁脉冲特征的测量，确定闪电发生的空间位置，而雷电的产生是雷雨云中电荷累积的结果，只有当雷雨云中电荷积累到一定程度，达到击穿电场强度之后，闪电开始发生，闪电定位系统才能对其进行监测，但对于尚未发生雷电的云可以说没有任何监测结果响应，也无法探测到闪电形成前云中电场活动的演变过程，对只能定位地闪的闪电定位系统则记录不到在雷云早期出现的云闪。将大气电场仪和闪电定位仪进行适当的组合，可以组成整个区域内对雷暴和雷电活动的综合监测系统，这将大大改善对雷电的预报和预警功能。

7.3　雷电防护产品

7.3.1　电涌保护器产品沿革

1. 概述

电涌保护器（SPD）是一种用于带电系统中限制瞬态过电压和导引泄放电涌电流的非线性防护器件，常称为"避雷器"或"过电压保护器"。电涌保护器的作用是把窜入电力线、信号传输线的瞬时过电压限制在设备或系统所能承受的电压范围内，或将强大的雷电流泄流入地，保护设备或系统不受雷电冲击而损坏。电涌保护器已经广泛应用于建筑、通信、安防、金融、自动化、交通、电力等行业。

最原始的电涌保护器羊角形间隙，出现于 19 世纪末期，用于架空输电线路，防止雷击损坏设备绝缘而造成停电，故称"Surge Protective Device（电涌保护器）"。20 世纪 20 年代，出现了铝电涌保护器，氧化膜电涌保护器和丸式电涌保护器；30 年代出现了管式电涌保护器；50 年代出现了碳化硅防雷器；70 年代出现了以金属氧化物陶瓷为主要部件的金属氧化物电涌保护器。现代电涌保护器，不仅对高压线路中的各种雷电过电压和操作过电压有很好的保护作用，也成为电子信息领域必不可少的防雷保护器件。

2. 产品类型

电涌保护器的类型按结构和用途可以分为：

(1) 按使用的非线性元件的特性分类

按使用的非线性元件的特性可分为电压开关型 SPD、限压型 SPD 和混合型 SPD；用于通信和信号网络中的 SPD 除有上述特性要求外，还按其内部是否串接限流元件的要求，分为有、无限流元件的 SPD。

(2) 按在不同系统中的不同使用要求分类

按用途可分为电源系统 SPD、信号系统 SPD 和天馈系统 SPD；按端口型式和连接方式分为与保护电路并联连接的单端口 SPD 及与保护电路串联连接的双端口（输入、输出端口）SPD，以及适用于电子系统的多端口 SPD 等；按使用环境分为户内型和户外型等。

3. 主要参数及其定义

SPD 产品主要参数及定义如下：

(1) 最大持续工作电压 U_c：允许持续施加于 SPD 端子间的最大电压有效值（交流方均根电压或直流电压），其值等于 SPD 的额定电压。U_c 不应低于线路中可能出现的最大连续运行电压。

(2) 标称放电电流 I_n（额定放电电流）：流过 SPD 的 $8/20\mu s$ 波形的放电电流峰值（kA）。一般用于对 SPD 作 II 级分类试验，也可用于 I、II 级分类试验的预处理试验。

(3) 冲击电流 I_{imp}（脉冲电流）：由电流峰值 I_p 和总电荷 Q 所规定的脉冲电流，一般用于 SPD 的 I 级分类试验，其波形为 $10/350\mu s$。

(4) 最大放电电流 I_{max}：通过 SPD 的 $8/20\mu s$ 电流波的峰值电流。用于 SPD 的 II 级分类试验，其值按 II 级动作负载的试验程序确定，$I_{max} > I_n$。

(5) 额定负载电流 I_L：能对双端口 SPD 保护的输出端所连接负载提供的最大持续额定交流电流有效值或直流电流。

(6) 电压保护水平 U_p：是表征 SPD 限制接线端子间电压的性能参数，对电压开关型 SPD 指规定陡度下最大放电电压，对电压限制型 SPD 指规定电流波形下的最大残压。

(7) 残压 U_{res}：冲击放电电流通过电压限制型 SPD 时，在其端子上所呈现的最大电压峰值，其值与冲击电流的波形和峰值电流有关，是确定 SPD 的过电压保护水平的重要参数。

(8) 残流 I_{res}：对 SPD 不带负载，施加最大持续工作电压 U_c 时，流过 PE 接线端子的电流，其值越小则待机功耗越小。

(9) 参考电压 $U_{ref(1Ma)}$：指限压型 SPD（如电力系统无间隙避雷器）通过 1mA 直流参考电流时，其端子上的电压。

(10) 泄漏电流 I_1：在 $0.75U_{ref(1Ma)}$ 直流电压作用下流过限压型 SPD 的漏电流，通常为微安级，其值越小则 SPD 的热稳定性越好。为防止 SPD 的热崩溃及自燃起火，SPD 应通过规定的热稳定试验。

(11) 额定断开续流值 I_f：SPD 本身能断开的预期短路电流，不应小于安装处的预期短路电流值。续流 I_f 是冲击放电电流以后，由电源系统流入 SPD 的电流。续流与持续工作电流 I_c 有明显区别。

（12）响应时间：从暂态过电压开始作用于 SPD 的时间到 SPD 实际导通放电时刻之间的延迟时间，称为 SPD 的响应时间，其值越小越好。通常限压型 SPD（如氧化锌压敏电阻）的响应时间短于开关型 SPD（如气体放电管）。

（13）冲击通流容量：SPD 不发生实质性破坏而能通过规定次数、规定波形的最大冲击电流的峰值。对 I 级分类试验的 SPD 以 I_p 来表征；对 II、III 级分类试验的 SPD 以 I_{max} 来表征，一般约为标称放电电流（I_n）的 2~2.5 倍。

（14）用于信号系统（包括天馈线系统）的 SPD，另有插入损耗、驻波系数、传输速率、频率、带宽等特殊匹配参数的要求。

7.3.2 电涌保护器产品实例

本节内容摘自某 SPD 生产企业的产品资料，包括：AM 电源防雷模块、AS 信号控制电涌保护器、AS 网络电涌保护器、AJ 二合一集成电涌保护器、AM 防雷插座（排插）等，用以说明电涌保护器的产品类型及性能参数。

1. 电源 SPD

电源 SPD 见图 7-3。

图 7-3　电源 SPD

（1）适用范围

电源防雷模块适用于配电室、配电柜、开关柜、交直流配电屏等系统的电源保护，包括：

1）建筑物内有室外输入的配电箱、建筑物层配电箱；

2）用于低压（220/380VAC）工业电网和民用电网；

3）在电力系统中，主要用于自动化机房、变电站主控制室电源屏内三相电源输入或输出端。

（2）命名规则

AM系列交流电源SPD的型号命名规则如下：

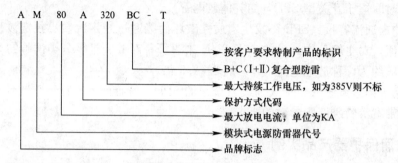

保护方式代码见表7-1。

电源SPD保护方式代码　　　　　　　　　　表 7-1

保护方式	三相 L1, L2, L3, N-PE	三相 L1, L2, L3, -N, N-PE（3+1电路）	单相 L, N-PE	单相 L, -N, N-PE（1+1电路）
代号	A	B	C	D

（3）主要技术参数见表7-2。

电源SPD主要技术参数　　　　　　　　　　表 7-2

型　号	AM100A	AM80B	AM60C	AM40D
标称工作电压（U_n）	220V			
最大持续工作电压（U_c）	320V/385V			
标称放电电流（I_n 8/20μs）	50kA	40kA	30kA	20kA
最大放电电流（I_{max} 8/20μs）	100kA	80kA	60kA	40kA
保护模式	L1, L2, L3, N-PE	L1, L2, L3, -N, N-PE	L, N-PE	L, -N, N-PE
保护水平（U_p 8/20μs In）	2000V	1800V	1500V	1500V
响应时间	≤25ns			
外形尺寸（mm）	90×145×63	90×145×63	90×36×69	90×36×69
接线线径	25mm²	25mm²	16mm²	10mm²
防护等级	IP20			
安装方式	35mm 导轨安装			
工作环境	环境温度：-40℃～+85℃；相对湿度：≤95%（25℃）；海拔：≤3km			

（4）电源SPD产品原理及尺寸（图7-4～图7-7）：

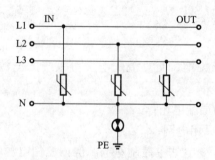

图7-4　三相电源SPD原理

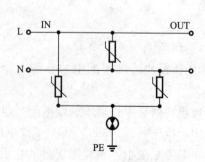

图7-5　单相电源SPD原理

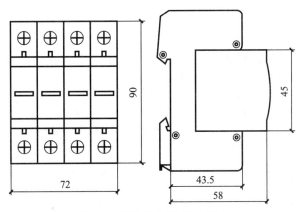

图 7-6　模块式电源 SPD 尺寸

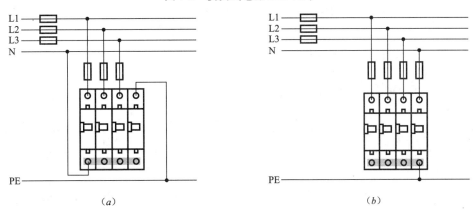

图 7-7　接线示意

（*a*）3＋1 接线模式；（*b*）对地接线模式

2. 控制信号 SPD

控制信号 SPD 见图 7-8。

图 7-8　控制信号 SPD

（1）适用范围

1）V.1，X.27，RS485，RS422；

2）LAN，CAN，V.24/RS232-C，MODBUS；

3）令牌网、工业总线；

4）对相同工作电压下，相同规格内的传输速率之信号保护同样也适用。

（2）命名规则

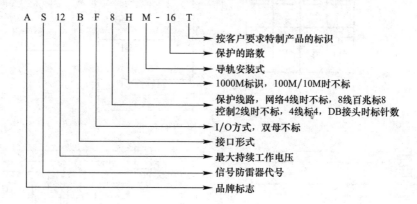

```
A  S  12  B  F  8  H  M - 16  T
```

- 按客户要求特制产品的标识
- 保护的路数
- 导轨安装式
- 1000M标识，100M/10M时不标
- 保护线路，网络4线时不标，8线百兆标8
- 控制2线时不标，4线标4，DB接头时标针数
- I/O方式，双母不标
- 接口形式
- 最大持续工作电压
- 信号防雷器代号
- 品牌标志

（3）主要技术参数见表7-3。

控制信号 SPD 主要技术参数　　　　　　　　　　　表 7-3

型　号		AS05Y	AS12Y	AS24Y	AS36Y4
标称工作电压（U_n）		5V	12V	24V	36V
标称放电电流（I_n）		3kA			
最大放电电流（I_{max}）		5kA			
保护水平 （U_p　8/20μs　I_n）	芯线-芯线	≤30V			
	芯线-接地线	≤100V			
响应时间		≤1ns			
适应传输速率		10Mbps			
插入损耗		≤0.5dB			
接头形式		压接式			
保护路数（对）		1	1	1	2
外形尺寸（不包含接地线）(mm)		52×25×25			90×23×54
防护等级		IP20			
安装模式		串联/导轨安装			
工作环境		环境温度：-40℃～+85℃；相对湿度：≤95%（25℃）；海拔：≤3km			

（4）控制信号 SPD 产品原理及尺寸（图 7-9～图 7-11）：

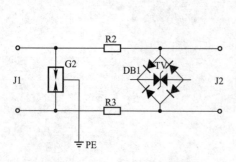

图 7-9　控制信号 SPD 原理

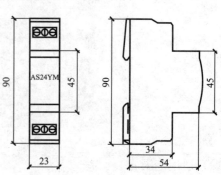

图 7-10　道轨式控制信号 SPD 尺寸

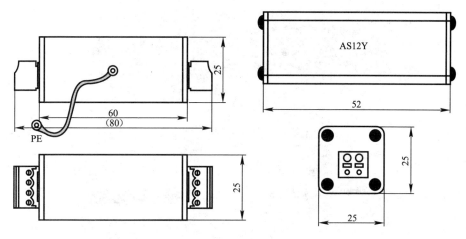

图 7-11 控制信号 SPD 尺寸

（5）工控模拟量控制 SPD

1）适用范围

① 模拟流量控制系统；

② V.1，X.27，RS485，RS422；

③ 工业总线；

④ 对相同工作电压下，相同规格内的传输速率之信号保护同样也适用。

2）工控模拟量控制 SPD 见图 7-12。

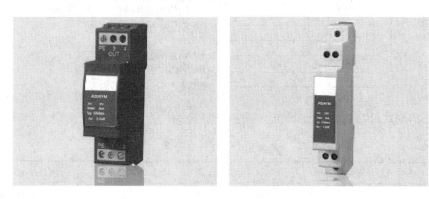

图 7-12 工控模拟量控制 SPD

3. 网络 SPD

网络 SPD 见图 7-13。

（1）适用范围

1）10/100Mbps SWITCH、HUB、ROUTER 等网络设备的雷击和雷电电磁脉冲造成的感应过电压保护；

2）网络机房网络交换机防护；

3）网络机房服务器防护；

4）网络机房其他带网络接口设备防护；

5）24 口集成防雷箱主要应用于综合网络柜、分交换机柜内多信号通道的集中防护。

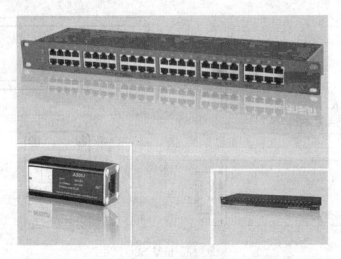

图 7-13　网络 SPD

（2）命名规则

AS 12 B F 8 H M - 16 T

- 按客户要求特制产品的标识
- 保护的路数
- 导轨安装式
- 1000M标识，100M/10M时不标
- 保护线路，网络4线时不标，8线百兆标8 控制2线时不标，4线标4，DB接头时标针数
- I/O方式，双母不标
- 接口形式
- 最大持续工作电压
- 信号防雷器代号
- 品牌标志

网络 SPD I/O 代码含义见表 7-4，网络 SPD 接头代码含义见表 7-5。

网络 SPD I/O 代码含义　　　　表 7-4

I/O方式	J/J（阳入阳出）	J/K（阳入阴出）	K/J（阴入阳出）	K/K（阴入阴出）
代号	J	M	F	W（省略不标）

网络 SPD 接头代码含义　　　　表 7-5

接头	BNC	RJ45	RJ11	RS485（压接式）	DB	CC4
代号	B	J	R	Y	D	C

（3）主要技术参数见表 7-6。

网络 SPD 主要技术参数　　　　表 7-6

产品型号	AS05J	AS05J8	AS05JH	AS05J24	AS05JH-24
最大持续工作电压（U_c）			5V		
标称放电电流（I_n　8/20μs）			3kA		

续表

产品型号		AS05J	AS05J8	AS05JH	AS05J24	AS05JH-24
最大通流容量（I_{max}　8/20μs）		5kA				
保护水平 （U_p 8/20μs I_n）	芯线-芯线	≤15V				
	芯线-接地线	≤50				
适应传输速率		100Mbps	≤100Mbps	1000Mbps	100Mbps	1000Mbps
插入损耗		≤0.5dB				
接口形式	输入 In	RJ45（F）				
	输出 Out	RJ45（F）				
保护形式		1/2，3/6	1/2，3/6，4/5，7/8		1/2，3/6	1-8
保护路数		1			24	
外形尺寸（不包含接地线）（mm）		68×25×25	112×40×25		483×113×32	
防护等级		IP20				
安装模式		串联			19 英寸机箱机架式	
工作环境		环境温度：−40℃～+85℃；相对湿度：≤95％（25℃）；海拔：≤3km				

（4）网络 SPD 产品原理及尺寸（图 7-14、图 7-15）：

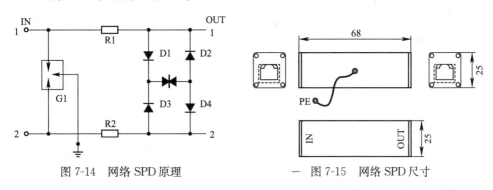

图 7-14　网络 SPD 原理　　　　　　　　— 图 7-15　网络 SPD 尺寸

（5）千兆网络 SPD

千兆网络 SPD 又名 1000M 网线电涌保护器、千兆网口电涌保护器，用于保护千兆网络中的网络系统设备。千兆网络 SPD 见图 7-16。

图 7-16　千兆网络 SPD

4. 二合一 SPD

（1）功能与原理

二合一 SPD 是由电源 SPD、信号 SPD 两部分集成的电涌保护器，用于保护对电磁干扰敏感的监控系统，使其免受雷电过电压和感应过电压、静电放电等所造成的损坏。

（2）适用范围

大量用于监控系统中设备的防护（电源线、视频线、云台控制线、网线等），如银行监控系统，小区安防系统，学校、企业、道路安全防护等监控设备。

（3）命名规则

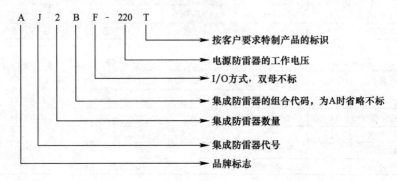

二合一 SPD 集成方式代码含义见表 7-7；二合一 SPD I/O 代码含义见表 7-8。

二合一 SPD 集成方式代码含义　　　　　　　表 7-7

集成方式	电源＋视频	电源＋控制	电源＋网络
代号	A（省略不标）	B	C

二合一 SPD I/O 代码含义　　　　　　　表 7-8

I/O方式	J/J（阳入阳出）	J/K（阳入阴出）	K/J（阴入阳出）	K/K（阴入阴出）
代号	J	M	F	W（省略不标）

（4）主要技术参数见表 7-9。

二合一 SPD 主要技术参数　　　　　　　表 7-9

产品型号	AJ2-24	AJ2-220	AJ2-12	AJ2B-24	AJ2C-48
1. 电源 SPD 部分性能参数					
标称工作电压（U_c）	24V AC	220V AC	12V DC	24V AC	48V DC
标称放电电流（I_n　8/20μs）	5kA				
最大放电电流（I_{max}　8/20μs）	10kA				
保护水平（U_p 8/20μs，10kA）	≤100V				
2. 信号 SPD 部分性能参数					
不同时出现在一款产品内	视频			控制	网络
标称工作电压（U_n）	12V			24V	5V
标称放电电流（I_n　8/20μs）	5kA				
最大放电电流（I_{max}　8/20μs）	10kA				
保护水平（U_p　8/20μs，3kA）	≤25V（芯线-外壳/接地线）				
适应数据传输速率	≤100Mbps				100Mbps
特性阻抗	75Ω				不适用
插入损耗	≤0.5dB				
接头形式-I/O	BNC-K/J			RS485（压接式）	RJ45

产品型号	AJ2-24	AJ2-220	AJ2-12	AJ2B-24	AJ2C-48
3. 其他参数					
外壳	铝型材外壳，表面拉线氧化（黑色，银色）				
外形尺寸（mm）	114×57×27（不含接头）				112×40×25
导线接口 电源部分	压接式端口，可夹紧规格为 16-26AWG（约 0.15～1.3mm²）的导线				
导线接口 视频信号部分	BNC 接头，直接连相对应 BNC 接头				
导线接口 接地	地线接线端子或 2.5mm² 地线				
安装方式	机箱、柜内安装				
工作环境	环境温度：-40～+85℃；相对湿度：≤95%（25℃）；海拔：≤3km				

（5）二合一 SPD 产品原理及尺寸（图 7-17、图 7-18）：

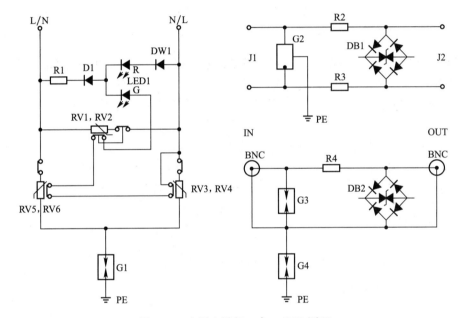

图 7-17 电源＋视频二合一 SPD 原理

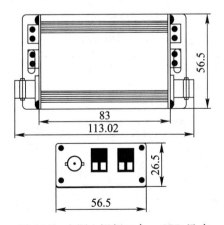

图 7-18 电源＋视频二合一 SPD 尺寸

5. 电源防雷插座

电源防雷插座见图 7-19。

图 7-19　电源防雷插座

（1）适用范围

主要用于交流电源末级防护，适用于终端设备，如后台机、视频监控系统、以太网交换机、家用电器 220AC 电源防护。

（2）命名规则

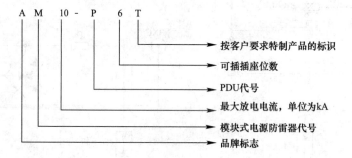

（3）主要技术参数见表 7-10。

电源防雷插座主要技术参数　　　　　　　　表 7-10

产品型号	AM10-2	AM10-3	AM10-4	AM10-5	AM10-6
标称工作电压（U_n）			220V		
最大持续工作电压（U_c）			300V		
额定工作电流			10A		
标称放电电流（I_n　8/20μs）			5kA		
最大通流容量（I_{max}　8/20μs）			10kA		
保护水平（U_p　8/20μs　I_n）			≤900V		
导通电压			470V		
响应时间			25ns		
线长			1.8m/2.5m		
可插入插头位数	2	3	4	5	6
防护等级			IP20		
安装方式			即插即用（插排可选）		
工作环境		环境温度：−40℃～+85℃；相对湿度：≤95%（25℃）；海拔：≤3km			

（4）产品原理及尺寸（图 7-20、图 7-21）：

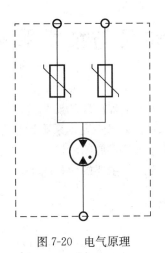

图 7-20　电气原理　　　　　图 7-21　插座尺寸

第8章 防雷行政许可与技术服务

随着雷电防护技术的进步，以及防雷产品和防雷工程市场的蓬勃发展，我国已开始实施面向全社会的防雷减灾管理模式。近些年来，防雷法律法规体系不断健全，现代防雷业务体系逐步完善，防雷减灾工作已步入依法管理、科学发展的阶段。本章将从行政监管的角度，介绍现行的与防雷相关的法律法规，并解读部分主要的业务内容。

8.1 防雷法律法规体系层级

防雷法律法规体系是国家和地方全部现行防雷法律法规构成的有机联系的统一整体，共分四个层级，每个层级的法律效力不同，第一层级至第四层级的法律法规效力逐步降低，上位法要高于下位法。

第一层级：《气象法》；

第二层级：国务院 412 号令和《气象灾害防御条例》；

第三层级：地方法规，如各省的气象条例、气象灾害防御条例；

第四层级：《防雷减灾管理办法》（中国气象局 20 号令）；

《防雷装置设计审核和竣工验收规定》（中国气象局 21 号令）；

《防雷工程专业资质管理办法》（中国气象局 22 号令）；

其他政府相关规章及国务院各部委相关规章。

需要说明的是，国务院、中国气象局、省政府、省气象局及安监局等相关部门下发的规范性文件，只要与国家法律法规及规章不抵触，应贯彻执行。

8.1.1 《气象法》

在现行防雷法律法规体系中，《气象法》具有最高的法律效力。《气象法》中有关防雷的规定有：

第三十一条　各级气象主管机构应当加强对雷电灾害防御工作的组织管理，并会同有关部门指导对可能遭受雷击的建筑物、构筑物和其他设施安装的雷电灾害防护装置的检测工作。安装的雷电灾害防护装置应当符合国务院气象主管机构规定的使用要求。

第三十七条　违反本法规定，安装不符合使用要求的雷电灾害防护装置的，由有关气象主管机构责令改正，给予警告。使用不符合使用要求的雷电灾害防护装置给他人造成损失的，依法承担赔偿责任。

第三十一条　规定了各级气象主管机构在雷电灾害防御工作中的组织管理职责，这是国家法律层面上赋予各级气象主管机构的权利，也是应尽的义务。相应地，第三十七条对有关违法行为所应承担的法律责任作出了规定。

8.1.2 国务院 412 号令

2004 年，国务院颁布了第 412 号令《国务院对确需保留的行政审批项目设定行政许可的规定》，涉及防雷行政许可的有两项：

第 377 项 防雷装置检测、防雷工程专业设计、施工单位资质认定，实施机关：中国气象局，省、自治区、直辖市气象主管机构。

第 378 项 防雷装置设计审核和竣工验收，实施机关：县以上地方气象主管机构。

8.1.3 《气象灾害防御条例》

《气象灾害防御条例》首次以法律规范的形式确立气象灾害普查、风险评估和区划制度，有关防雷的内容主要有：

第二十三条 各类建（构）筑物、场所和设施安装雷电防护装置应当符合国家有关防雷标准的规定。对新建、改建、扩建建（构）筑物设计文件进行审查，应当就雷电防护装置的设计征求气象主管机构的意见；对新建、改建、扩建建（构）筑物进行竣工验收，应当同时验收雷电防护装置并有气象主管机构参加。雷电易发区内的矿区、旅游景点或者投入使用的建（构）筑物、设施需要单独安装雷电防护装置的，雷电防护装置的设计审核和竣工验收由县级以上地方气象主管机构负责。

第二十四条 专门从事雷电防护装置设计、施工、检测的单位应当具备下列条件，取得国务院气象主管机构或者省、自治区、直辖市气象主管机构颁发的资质证：

（一）有法人资格；

（二）有固定的办公场所和必要的设备、设施；

（三）有相应的专业技术人员；

（四）有完备的技术和质量管理制度；

（五）国务院气象主管机构规定的其他条件。

第四十五条 违反本条例规定，有下列行为之一的，由县级以上气象主管机构或者其他有关部门按照权限责令停止违法行为，处 5 万元以上 10 万元以下的罚款；有违法所得的，没收违法所得；给他人造成损失的，依法承担赔偿责任：

（一）无资质或者超越资质许可范围从事雷电防护装置设计、施工、检测的；

（二）在雷电防护装置设计、施工、检测中弄虚作假的。

8.1.4 《防雷减灾管理办法》

《防雷减灾管理办法》主要内容解读如下：

第三条明确了防雷减灾工作的原则：安全第一、预防为主、防治结合。

第三章规定防雷工程专业设计和施工实行资质认定制度，防雷装置的设计实行审核制度，施工实行竣工验收制度。资质分甲、乙、丙三级，并实行分级管理。甲级由中国气象局负责认定；乙、丙级由省级气象主管机构认定，并报中国气象局备案。设计或者施工单位，应在资质等级许可范围内从事防雷工程专业设计或者施工。禁止无资质或者超出资质等级进行专业设计或者施工。县级以上气象主管机构负责本行政区域内的防雷装置的设计审核和竣工验收。

第四章明确了实行防雷装置定期检测制度、防雷检测单位资质认定制度、防雷检测报告制度，以及用户主动申报制度。

第六章规定防雷产品应通过气象主管机构的测试认证并备案。

第七章涉及的法律责任共有 7 条，分别对资质认定、资质使用、设计审核及竣工验收、雷击灾害事故等违法行为处罚作出了具体规定。

8.1.5 《防雷装置设计审核和竣工验收规定》

《防雷装置设计审核和竣工验收规定》明确了气象主管机构的职责和权限，规定了应当进行设计审核和竣工验收的防雷装置范围，对设计审核、竣工验收所提交资料作了详细要求，并设置了罚则。相关条款摘录如下：

第二条　县级以上地方气象主管机构负责本行政区域内防雷装置的设计审核和竣工验收工作。未设气象主管机构的县（市），由上一级气象主管机构负责防雷装置的设计审核和竣工验收工作。

第三条　防雷装置的设计审核和竣工验收工作应当遵循公开、公平、公正以及便民、高效和信赖保护的原则。

第四条　下列建（构）筑物、场所和设施的防雷装置应当经过设计审核和竣工验收：

（一）《建筑物防雷设计规范》规定的第一、二、三类防雷建筑物；

（二）油库、气库、加油加气站、液化天然气、油（气）管道站场、阀室等爆炸和火灾危险环境及设施；

（三）邮电通信、交通运输、广播电视、医疗卫生、金融证券、文化教育、不可移动文物、体育、旅游、游乐场所等社会公共服务场所和设施以及各类电子信息系统；

（四）按照有关规定应当安装防雷装置的其他场所和设施。

第五条　防雷装置设计未经审核同意的，不得交付施工。防雷装置竣工未经验收合格的，不得投入使用。新建、改建、扩建工程的防雷装置必须与主体工程同时设计、同时施工、同时投入使用。

8.1.6 《防雷工程专业资质管理办法》

该办法规定防雷工程专业资质分为设计资质和施工资质两类，每类分甲、乙、丙三级。

甲级资质单位可以从事《建筑物防雷设计规范》规定的第一类、第二类、第三类防雷建筑物，以及各类场所和设施的防雷工程的设计或者施工。

乙级资质单位可以从事《建筑物防雷设计规范》规定的第二类、第三类防雷建筑物，以及各类场所和设施的防雷工程的设计或者施工。

丙级资质单位可以从事《建筑物防雷设计规范》规定的第三类防雷建筑物的防雷工程的设计或者施工。

该办法还规定了资质申请与受理的条件、资质审查与评审的程序，以及资质年检制度，设计和施工资质的有效期为三年。

8.2　防雷行政许可

行政许可是行政机关根据公民、法人或者其他组织的申请，经依法审查，准予其从事特定活动的行政性管理行为。根据国务院 412 号令等有关法律法规的规定，防雷资质认定、防雷装置设计审核和防雷装置竣工验收属于气象主管机构组织实施的三个行政许可项目。

8.2.1 防雷资质认定

欲从事防雷专业检测、设计、施工的单位，应当按照有关规定取得相应资质。防雷从业单位资质认定包括防雷装置检测单位资质认定、防雷工程专业设计单位资质认定、防雷工程专业施工单位资质认定三大类。

防雷装置检测资质由省（区、市）气象主管机构认定（电力、通信行业除外）。防雷工程专业资质分甲、乙、丙三级，实行分级管理，甲级由国务院气象主管机构认定，乙、丙级由省（区、市）气象主管机构认定。防雷工程资质的业务范围是：甲级对应一类及危爆场所，乙级对应二类，丙级对应三类。

防雷资质认定遵循公开、公平、公正以及便民、高效和信赖保护的原则，对申请单位的注册资金、专业人员数量、项目业绩等均有明确规定，实施备案和年检制度，且防雷产品的生产、经销和研制单位不得申请设计资质，防雷施工单位不得申请检测资质。

8.2.2 防雷装置设计审核

防雷装置设计审核指县级以上气象主管机构对防雷装置的设计进行审核并准许施工的行政许可行为。防雷装置设计审核是对防雷装置的合法性和规范性的全面审查，设计必须符合国家有关法律、法规、规章。施工单位应按照审核同意的方案进行施工，未经审核或审核不合格的设计方案不得交付施工。

防雷设计审核分为初步设计审核和施工图设计审核两类，由行政许可相对人（建设单位）提出申请。建设单位申请新建、改建、扩建建（构）筑物设计文件审查时，应当同时申请防雷装置设计审核。施工中变更和修改方案的，应重新申请审核。需要提交的资料包括《防雷装置设计审核申请书》、设计单位和人员的资格和资质证书、设计图纸、防雷专业技术机构出具的技术评价报告等。资料齐全以后，许可机构在规定的期限内作出审核决定，对合格者核发核准书。防雷装置设计审核的工作流程如图 8-1 所示。

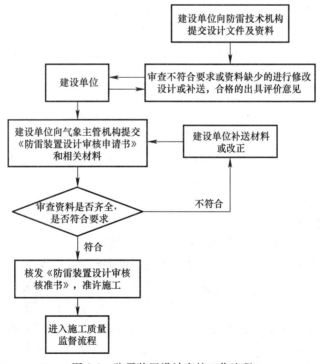

图 8-1 防雷装置设计审核工作流程

8.2.3   防雷装置竣工验收

防雷装置竣工验收指县级以上气象主管机构依法对防雷装置投入实际使用的行政许可行为。气象主管机构审核申请材料的合法性，安装的防雷装置必须符合国家有关标准，必须按照核准的施工图施工完成。未经验收并取得合格证书的防雷装置不得投入使用。

新建、改建、扩建建（构）筑物竣工验收时，建设单位应当通知当地气象主管机构同时验收防雷装置。防雷装置竣工验收由建设单位提出申请，并提交以下材料：

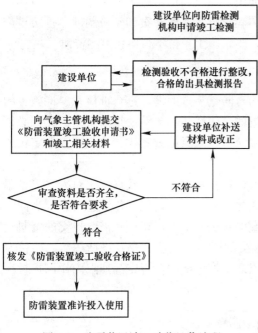

图 8-2   防雷装置竣工验收工作流程

（1）《防雷装置竣工验收申请书》；

（2）《防雷装置设计核准意见书》；

（3）施工单位的资质证和施工人员的资格证书；

（4）具备防雷装置检测资质的单位出具的《防雷装置检测报告》；

（5）防雷装置竣工图纸等技术资料；

（6）防雷产品出厂合格证、安装记录等证明文件。

防雷装置经验收符合要求的，由气象主管机构出具《防雷装置验收意见书》。不符合要求的，气象主管机构出具《防雷装置整改意见书》，申请单位应整改完成后按照原程序重新申请验收。防雷装置竣工验收的工作流程如图 8-2 所示。

8.3   防雷技术服务

防雷技术服务指由气象主管机构认可的防雷专业技术机构（目前主要为县级以上防雷中心）为委托人提供的有偿服务。防雷技术服务包括：雷击风险评估、雷电灾害调查鉴定、防雷装置设计技术评价、防雷装置检测等，委托人按照物价局的规定支付服务费。

8.3.1   雷击风险评估

《防雷减灾管理办法》第二十七条规定：大型建设工程、重点工程、爆炸和火灾危险环境、人员密集场所等项目应当进行雷电灾害风险评估，以确保公共安全。各级地方气象主管机构按照有关规定组织进行本行政区域内的雷电灾害风险评估工作。

雷击风险评估是根据项目所在地雷电活动时空分布特征及其灾害特征，结合现场情况进行分析，对雷电可能导致的人员伤亡、财产损失程度与危害范围等方面的综合风险计算，从而为项目选址、功能分区布局、防雷类别（等级）与防雷措施确定、雷灾事故应急方案等提出建设性意见的一种评价方法。雷击风险评估可为评估对象提供雷电防护的科学设计、灾害风险控制、经济投资、应急管理等方面服务，保证防雷工程安全可靠、技术先进、经济合理。雷击风险评估是开展综合防雷的必经程序，也是实现科学防雷的必要条件，体现了预防为主、防治结合的理念。

雷击风险评估包括三个方面的内容：

（1）计算建筑物年预计雷击次数，确定建筑物的防雷分类；

（2）爆炸物质与危险环境的划分；

（3）建筑物内部雷击风险与防护分级。

雷击风险评估业务流程如图 8-3 所示。

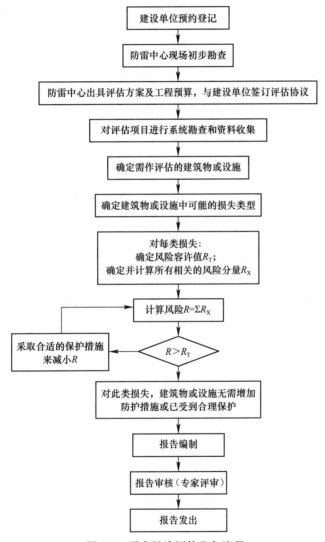

图 8-3　雷击风险评估业务流程

8.3.2　雷电灾害调查鉴定

雷电灾害包括因雷击造成的火灾、爆炸、建筑物的物理损坏，人和生命体伤亡，电气系统和电子信息系统的损坏，以及由此引起的环境和社会功能的破坏等。《防雷减灾管理办法》规定，遭受雷电灾害的组织和个人，应当及时向当地气象主管机构报告，气象主管

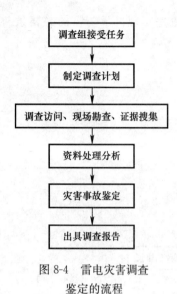

机构负责组织雷电灾害调查、鉴定工作。地方各级气象主管机构应当及时向当地人民政府和上级气象主管机构上报本行政区域内的重大雷电灾情和年度雷电灾害情况。

雷电灾害调查是气象部门履行的重要职能之一，也是雷电防护研究的基础工作。雷电灾害调查可以更准确地掌握雷电灾害发生的规律，提出消除同类事故的措施和办法，为政府部门制定防雷减灾工作方针、政策和发展规划提供决策依据。

雷电灾害调查包括雷击灾害实地调查、雷击灾害分析、雷电灾害统计三个部分。在雷电灾害发生后，气象主管机构对事故现场情况和背景情况进行勘察、取证、评估等一系列工作，并采用剩磁法、金相法、综合分析法等鉴定方法，最终得出结论。灾害性质的鉴定结论可分为雷电灾害、非雷电灾害和不确定三种。

雷电灾害调查鉴定的流程如图 8-4 所示。

图 8-4　雷电灾害调查鉴定的流程

8.3.3　防雷装置设计技术评价

防雷装置设计技术评价是防雷设计审核的前置条件之一，其主体是当地气象主管机构认可的防雷技术机构，即县级以上的防雷中心。防雷中心根据国家法律法规和标准规范，对设计单位所作的防雷设计施工图或方案进行科学性、安全性、规范性审查。

1. 防雷装置设计技术评价业务流程

防雷装置设计技术评价的业务流程如图 8-5 所示。建设单位递交全套资料，包括设计方案、施工图、防雷产品资料、登记表等；防雷中心检查所送资料是否齐全、登记表填写的内容和实际设计是否吻合；对资料缺漏、错误的发出补送通知书，资料齐全的进行技术审查；技术审查中发现问题的签发"审查意见书"，通知设计单位进行修改，合格的准予通过。

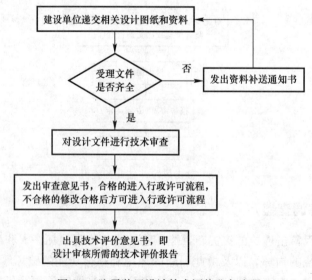

图 8-5　防雷装置设计技术评价业务流程

2. 防雷装置设计技术评价的项目和要求

（1）防雷区划分：按照防雷规范要求划分防雷区，明确直击雷和感应雷区域，做到分区合理、保护全面、界限明晰。

（2）建筑物防雷类别：根据建筑物的重要性、使用性质、发生雷击事故的可能性和后果分为第一类、第二类、第三类防雷建筑物。

（3）电子系统防护等级：电子系统应依据其重要性、使用性质和雷击风险评估来确定雷电防护等级。

（4）接地装置

1）一般规定：应优先利用建筑物的基础钢筋作为防雷的接地装置，所有防雷接地、工作接地、保护接地、电子系统接地均共用一个接地装置。各类接地装置的接地电阻值应满足表 8-1 的要求，不能满足时应增设自然接地装置。如果自然接地装置的接地电阻还达不到规范要求，才允许增设人工接地装置。

各类防雷装置接地电阻值的要求   表 8-1

建筑物防雷类别	自然深基础接地装置	自然浅基础接地装置	独立接地装置
第一类防雷建筑物	1Ω	4Ω	10Ω
第二类防雷建筑物	1Ω	4Ω	10Ω
第三类防雷建筑物	1Ω	4Ω	30Ω

2）自然接地装置：应优先采用建筑物桩内主钢筋作为防雷的垂直接地装置，利用建筑物地梁内主钢筋作为水平接地装置。

① 垂直接地装置：应利用每根引下线下不少于 50% 的桩作为垂直接地装置，要求每根桩利用两条纵向主钢筋与桩承台钢筋网焊接，焊接长度满足表 8-2 的要求。

各类防雷装置材料焊接长度的要求   表 8-2

焊接材料	焊接要求	其他要求
扁钢与扁钢	宽度的 2 倍	三面焊接
圆钢与圆钢	直径的 6 倍（双面焊接）	直径的 12 倍（单面焊接）
圆钢与扁钢	圆钢直径的 6 倍（双面焊接）	圆钢直径的 12 倍（单面焊接）
扁钢与钢管	接触部位两侧进行焊接	由钢带弯成的弧形
扁钢与角钢	接触部位两侧进行焊接	由钢带本身弯成直角形

② 水平接地装置：应利用地梁内不少于两条主钢筋作为水平接地装置，地梁内的主钢筋应与承台或引下线柱内对角两条钢筋通长焊接，焊接长度满足表 8-2 的要求。

3）基础防雷网格：应由建筑物地梁内的两条不小于 $\phi10$ 的圆钢构成，若建筑物基础网格连接处没有基础钢筋，则应采用两条不小于 $\phi16$ 的圆钢连接基础防雷网格。建筑物基础防雷网格尺寸应满足表 8-3 的要求。

建筑物防雷网格尺寸的最低要求   表 8-3

建筑物防雷类别	网格尺寸
第一类防雷建筑物	5m×5m 或 4m×6m
第二类防雷建筑物	10m×10m 或 8m×12m
第三类防雷建筑物	20m×20m 或 16m×24m

4）接地装置电阻测试端子：应设计在建筑物的四个角，测试端子的材料应采用不小于 $\phi12$ 的热镀锌圆钢或 $40mm\times4mm$ 的热镀锌扁钢暗敷在建筑物外墙内，端子高度为 0.3m，接地测试端子面板应采用绝缘材料设计。

5）接地装置安全距离：当两独立接地装置水平距离小于 20m 时，应将两接地装置进行等电位连接，等电位连接材料应采用两条不小于 $\phi16$ 的热镀锌圆钢或 $40mm\times4mm$ 的热镀锌扁钢，埋设深度应不小于 0.6m，在出、入口或人行道路的埋设深度应不小于 0.8m。

6）人工接地装置：当采用自然接地装置不能满足对接地电阻值的要求或无自然接地装置时，可采用人工接地装置进行设计。人工接地装置应优先采用热镀锌材料，其最小规格尺寸应满足规范要求。

7）接地装置连接：接地装置的连接应采用焊接；接至电气设备上的接地线，应用镀锌螺栓连接；有色金属接地线不能采用焊接时，可用螺栓连接。各种金属构件、金属管道等作为接地线时，应保证其全长为完好的电气通路。利用串联的金属构件、金属管道作接地线时，应在其串接部位焊接金属跨接线。

（5）引下线

1）应优先利用建筑物柱内或剪力墙内两条纵向主钢筋作防雷引下线，引下线的平均间距应满足表 8-4 的要求。

各类防雷建筑物引下线平均间距的最小要求　　表 8-4

建筑物防雷类别	引下线平均间距（m）
第一类防雷建筑物	12
第二类防雷建筑物	18
第三类防雷建筑物	25

2）当建筑物的单跨跨度≥30m 时，应将建筑物每跨结构柱子的两条主钢筋（不小于 $\phi16$）作为防雷引下线。

3）当利用两根钢筋作为一组引下线时，其钢筋直径不小于 $\phi16$；当利用四根钢筋作为一组引下线时其钢筋直径应不小于 $\phi10$，其纵向的两条不小于 $\phi16$ 的主筋应逐层通长焊接，焊接长度应满足表 8-2 的要求。

4）引下线主筋的顶部应与建筑物外圈梁的两条主钢筋焊接，水平间距应满足表 8-4 的要求。

5）建筑物有均压环设计时，引下线的两条纵向主钢筋应与均压环的两条水平主钢筋焊接，焊接长度满足表 8-2 的要求。

6）每根引下线的接地电阻值应≤10Ω（第一、二类防雷建筑物）或 30Ω（第三类防雷建筑物）。

7）当利用消防梯、钢柱等金属构件作引下线时，要求各部件之间应焊接并构成良好的电气通路，且所有钢柱应作为引下线，对于裸露的钢柱且人能触及部分应采用绝缘物包裹。

8）当建筑物采用人工引下线设计时，引下线应沿建筑物边角敷设，间距应满足表 8-4 的要求。当采用暗敷引下线时，应敷设在建筑物外墙的抹灰层内；当采用明敷时，应敷设在建筑物外墙的瓷砖或抹灰层外。

9）引下线材料应采用≥$\phi10$ 的圆钢或截面积≥$100mm^2$、厚度≥5mm 的扁钢，当引下线采用明敷时材料要求为热镀锌。

10）当建筑物采用自然引下线时应设计接地电阻测试端子，当采用人工引下线时应设计接地电阻断接卡子。建筑物接地电阻测试端子和断接卡子应设计在建筑物两侧，高度应满足 0.3～1.8m 的要求。

（6）均压环

1）均压环应优先采用结构外圈梁内的两条水平钢筋构成闭合的电气通路，当无结构外圈梁时，应采用两条不小于 $\phi12$ 镀锌圆钢或一条 40mm×4mm 的热镀锌扁钢沿建筑物外墙敷设一圈。用作均压环的钢筋应与每层引下线的两条钢筋作焊接，焊接长度应满足表 8-2 的要求。

2）在多雷及以上地区，第一、二、三类防雷建筑物应在 30m 以下每三层设计一个均压环，在 30m 以上每两层或垂直间距不大于 6m 设计一个均压环。有地下室和群楼的建筑物，地下部分应每层设计一个均压环，在群楼部分应每两层设计一个均压环。

3）在少雷地区，第一、二、三类防雷建筑物应从 30m 起，每两层或垂直间距不大于 6m 沿建筑物设计均压环。

4）对于公共建筑物，应从首层起每两层设计一个均压环，并将每层的金属门、窗与均压环的预留端子作电气连接。

5）有玻璃幕墙设计的建筑物，应每层设计均压环。

6）有地下室设计的建筑物，宜将建筑物地下室中间层作为均压环设计，并沿均压环按不大于表 8-4 值将护壁桩内的两条钢筋或地矛钢筋与均压环内的两条钢筋焊接，焊接长度应满足表 8-2 的要求。

（7）接闪器

1）避雷针

① 避雷针应设计在建筑物易受雷击的部位：建筑物的女儿墙外侧、屋角、水塔、楼梯屋顶四角、人字屋面脊的两端，其材料、规格应满足表 8-5 的要求。

避雷针长度及材料的要求 　　　　　　　　　　　　　　　　表 8-5

避雷针的要求	圆钢	钢管
避雷针针长＜1m	$\phi12$	$\phi20$
避雷针针长 1～2m	$\phi16$	$\phi25$
烟囱顶上的避雷针	$\phi20$	$\phi40$

② 屋顶最高处及屋角等处应采用 $\phi12$ 的热镀锌圆钢和高度为≤0.3m 的避雷短针。

③ 避雷针应采用 GB 50057 规定的滚球法进行保护设计，避雷针接地电阻值应满足表 8-1 的要求。

2）避雷带

① 避雷带应沿建筑物屋檐、女儿墙外侧或屋脊设计。当采用明敷设计时，其材料应选用不小于 $\phi10$ 的热镀锌圆钢或不锈钢圆钢，也可利用建筑物女儿墙的金属扶手或金属栏杆设计避雷带。

② 避雷带应设计成一个完整的闭合通路，任何两点之间都应连通。跨越伸缩缝和沉降缝处避雷带应采取弧型跨接。

③ 避雷带设计的接地电阻值应满足表 8-1 的要求。

3）避雷网

① 应优先利用建筑物内、外圈梁内的钢筋构成屋面防雷网格，对于特殊建筑物应依据距引下线水平距离 1m 的安全距离设计屋面防雷网格。

② 防雷装置屋面防雷网格可采用明敷或暗敷设计，明敷时网格钢筋应不小于 $\phi 12$，暗敷时应不小于 $\phi 10$。当采用暗敷设计时，建筑物屋面应设计避雷针或避雷带或其组合。各类建筑物屋面防雷网格的最小尺寸应满足表 8-3 的要求。

（8）玻璃幕墙

1）建筑物玻璃幕墙应与现有的均压环或引下线作可靠的电气连接，同时均压环应在每个幕墙金属预埋就近处预留 $\geq \phi 8$ 的热镀锌圆钢，并与幕墙的金属预埋件焊接，焊接长度应满足表 8-2 的要求。

2）幕墙金属构件的上下边及侧边封口、沉降缝、伸缩缝、防震缝应采用柔性导线跨接，铜质导线截面积宜不小于 $25mm^2$，铝质导线截面积宜不小于 $30mm^2$，跨接应采用搪锡端子。兼有防雷功能的幕墙压顶板宜采用厚度不小于 3mm 的铝合金板制造，压顶板截面宜不小于 $50mm^2$（幕墙高度不大于 150m 时）。幕墙压顶板体系与主体结构屋顶的防雷系统应有效连通。

（9）等电位连接

1）防雷区等电位连接

① 所有进入建筑物的外来导电物在 LPZ0A、LPZ0B 与 LPZ1 区的界面处应作等电位连接。当等电位连接带采用不同材质的导体连接时，可采用熔接法进行连接，也可采用压接法。压接时压接处应进行热搪锡处理，等电位连接用的螺栓、垫片、螺母等应进行热镀锌处理。

② 最小导线截面：当连接线流过雷电流大于 75％时按表 8-6 设计，小于 25％时按表 8-7 设计。

连接等电位连接带或将其连到接地装置的导体的最小截面　　　　　　表 8-6

防雷建筑物的类别	等电位用材料	等电位截面（mm²）
第一、二、三类防雷建筑物	铜	16
	铝	25
	铁	50

将内部金属装置连到等电位连接带的导体的最小截面　　　　　　　表 8-7

防雷建筑物的类别	等电位材料	等电位截面（mm²）
第一、二、三类防雷建筑物	铜	6
	铝	10
	铁	16

2）总等电位及辅助等电位的连接

① 建筑物总等电位接地端子应在如下位置进行设计：

a. 变压器室，高、低配电间和发电机房的 PE（PEN）母线排处；

b. 进出建筑物的金属管道就近处，如给水、煤气、空调、暖气等管道；

c. 建筑物内大型金属构架处；

d. 人工接地装置处及其引出线处。

② 建筑物总等电位端子应采用不小于 $\phi12$ 的热镀锌圆钢或 $40mm \times 4mm$ 的热镀锌扁钢从建筑物基础防雷网格或引下线柱子钢筋作建筑物的总等电位电气预留端子，该电气预留应在离楼层地坪 0.3m 处设计多处的总等电位预留端子，端子应与总等电位接地箱连接，并暗敷或明敷在离地坪 0.3m 处的墙或柱子。

③ 建筑物辅助等电位接地端子应设计在如下位置：

a. 各层的强、弱电井；

b. 电子系统机房；

c. 建筑物屋面、室内大型设备安装位置或金属管道（如给水、煤气、空调、暖气等）就近处。

④ 建筑物应采用不小于 $\phi12$ 的热镀锌圆钢或 $40mm \times 4mm$ 的热镀锌扁钢从建筑物均压环、引下线柱子或防雷网格处预留辅助等电位接地端子，该接地端子应在离楼层地坪 0.3m 处的位置敷设辅助等电位接地端子，接地端子应与总等电位接地端子作电气连接。

⑤ 电子设备的保护接地和工频低压配电系统的保护接地应连接到建筑物的共用接地装置上，强电井和弱电井由基础总等电位各引一条 $40mm \times 4mm$ 的扁钢或铜排至各层的电缆井，所有的电子系统机房、卫生间、每层强弱电井管道应设计电气接地端子和接地端子箱。

⑥ 架空和直接埋地的金属管道在进出建筑物处应就近与防雷接地装置进行等电位连接。当不相连时，架空管道应接地，其接地电阻不大于 10Ω。

3）电子系统等电位连接

① 电子系统设备机房的等电位连接，可根据电子系统的工作频率分别采用星形（S型）结构或网形（M型）结构。一般情况下，当工作频率 $\geqslant 300kHz$ 时，应采用 M 型等电位连接网络；当频率 $< 300kHz$ 时，可采用 S 型等电位连接网络。

② 当采用 S 型等电位连接网时，电子系统的所有金属组件除等电位连接点外，应与共用接地系统的各组件有足够的绝缘（$>10kV$，$2/50\mu s$）；S 型等电位连接网络的所有设施管线和电缆应仅从一点进入该信息系统，设备之间的所有线路和电缆应按星型结构与各等电位连接线平行敷设，以免产生环路。用于限制从线路传导来的过电压的 SPD 也宜连该接地基准点。

③ 当采用 M 型等电位连接网络时，系统的各金属组件不应与共用接地系统各组件绝缘；M 型等电位连接网络应通过多点连接组合到共用接地系统中去，并形成 Mm 型的组合等电位连接；M 型等电位连接网络可用于延伸较大的开环系统，其所有设施管线和电缆可从若干点进入信息系统。

（10）电涌保护器（SPD）

1）一般要求

① 在直击雷非防护区（LPZ0A）或直击雷防护区（LPZ0B）与第一防护区（LPZ1）交界处应安装通过 I 级分类实验的 SPD 或限压型 SPD 作为第一级保护。第一防护区之后的各分区（含 LPZ1 区）交界处应安装限压型 SPD。使用直流电源的信息设备，视其工作电压要求，应安装适配的直流电源 SPD。

② 电源 SPD 的接地应就近接到等电位电气预留端子上，第二级及以后设计的 SPD 不

得利用电源 PE 线作为接地线，且连接 SPD 两端的导线长度应不大于 0.5m。当电压开关型 SPD 至限压型 SPD 之间的线路长度不大于 10m 或者限压型 SPD 电涌型保护器之间的线路长度不大于 5m 时，在两级 SPD 之间应加装退耦元件。当 SPD 具有能量自动配合功能时，SPD 之间的线路长度不受限制。SPD 应有过电流保护装置，并应有劣化显示功能。

③ 选择 TN 系统中的电涌保护器时，要求 $U_c \geqslant 1.15 U_0$。（U_c 最大持续运行电压，U_0 相间电压）。

2）SPD 的保护级数及要求

① SPD 的保护级数应按照《低压配电系统的电涌保护器（SPD）第 12 部分：选择和使用导则》GB/T 18802.12 中规定的要求选取。

② 低压配电系统中安装的第一级 SPD1 应设计在变压器低压侧配电柜或市电引入的低压配电柜上。

③ 当 SPD1 与被保护设备之间关系不能满足以下任何一个条件时，应在靠近被保护设备的分配电柜或设备附近设计第二级 SPD2。

a. 设备的耐过电压额定值 U_w 低于 SPD 的电压保护水平 U_p，并应有 20% 的裕度，即 $0.8 U_w \leqslant U_p$；

b. SPD 与被保护设备之间的线路长度不大于 10m；

c. 在建筑物内部存在雷击放电或内部干扰源产生的电磁场干扰。

如果 SPD2 尚不能满足上述三条件，还应设计第三级的 SPD3，使之满足上述三条件。

④ 第一级电源 SPD 等电位连接线的最小截面积应满足表 8-6 的要求，第二级及以后 SPD 等电位连接线的最小截面积应满足表 8-7 的要求。

3）SPD 防护系统的基本配合方案

① 方案一：所有的 SPD 取相同的残压值 U_{res}，这些 SPD 具有连续的伏安特性（如压敏电阻、二极管）。

② 方案二：所有 SPD 具有连续的伏安特性（如压敏电阻、二极管），SPD 的残压 U_{res} 呈台阶式，从第一个 SPD 向后续 SPD 逐个升高。这是一种用于供电系统的配合方案，本方案要求装在被保护设备内的保护元件的残压值要高于安装于设备之前的最末一个 SPD 的残压值。

③ 方案三：SPD1 含一个不连续伏安特性的组件（开关型 SPD，如放电间隙等），而后续的 SPD 包含具有连续伏安特性的组件（限压型 SPD）。

④ 方案四：用串联阻抗作内部配合的多个级联的 SPD 组合在一起，可构成一个双端口 SPD。其内部实施了成功的配合意味着将向下游的 SPD 或设备传送最小的能量。这些双端口 SPD 应恰当地与系统中的其他 SPD 按方案一、方案二或方案三进行充分配合。

⑤ 电源线路设计的 SPD 应经受得住局部的雷电流，应满足对电涌的最大箝位电压的要求，同时 SPD 应具有"熄灭"来自电源续流的能力。同时为了获得足够低的 U_{max}，各线路应以最短的导线连接至等电位连接带。外来导电部件及电力线、通信线应估算在等电位连接点的各个局部雷电流。

4）信号 SPD

电子系统信号线路 SPD 的选择，应根据线路的工作频率、传输介质、传输速率、传输带宽、工作电压、接口形式、特性阻抗等参数选用电压驻波比和插入损耗小的适配

SPD。SPD 参数的选择应符合表 8-8～表 8-10 的要求。

按耦合方式和 SPD 不同测试方法分类选用示例 表 8-8

瞬态源	对建筑物的直接雷击 S₁		在建筑物附近的雷击 S₂	对连接线路的直接雷击 S₃	在连接线路附近的雷击 S₄	交流电的影响
耦合	电阻性	感应	感应	电阻性	感应	电阻性
电压波形（μs）	—	1.2/50	1.2/50	—	10/700	50/60Hz
电流波形（μs）	10/350	8/20	8/20	10/350, 10/250	5/300	—
优选的测试类别	D1	C2	C2	D1, D2	B2	A2

在防雷区交界处使用的 SPD 额定值选型指南 表 8-9

防雷区	LPZ0/1	LPZ1/2	LPZ2/3	防雷区
电涌值范围	10/350μs 10/250μs	0.5～2.5kA 1.0～2.5kA	—	—
	1.2/50μs 8/20μs	—	0.5～10kV 0.25～5kA	0.55～1kV 0.25～0.5kA
	10/700μs 5/300μs	4kV 100A	0.5～4kV 25～100A	—

常用电子系统工作电压与 SPD 额定工作电压对应的设计参考值 表 8-10

序号	通信线类型	额定工作电压（V）	SPD 额定工作电压（V）
1	DDN/X.25/帧中继	<6 或 40～60	18 或 80
2	XDSL	<6	18
3	2M 数字中继	<5	6.5
4	ISDN	40	80
5	模拟电话线	<110	180
6	100M 以太网	<5	6.5
7	同轴以太网	<5	6.5
8	RS232	<12	18
9	RS422/485	<5	6
10	视频线	<6	6.5
11	现场控制	<24	29

（11）电子信息系统

1）电子信息系统机房雷击电磁脉冲防护

电子信息系统机房雷击电磁脉冲防护应根据机房所处的地理环境、位置、重要性和使用性质，采取如下措施：

①电子信息系统及机房应避开强电磁干扰，当无法避开时应采取有效的电磁屏蔽措施，一般情况下机房不宜设在建筑物的顶层。

②电子信息系统的等电位连接和 SPD 的选择应符合相关规范。

③电子信息系统由 TN 系统供电时，配电线路应采用 TN-S 系统的供电方式。

2）电子信息系统及其管线安全距离

电子信息系统线缆与配电箱、变配电房、电梯机房、空调机房、电力电缆及其他管线的最小净距应符合表 8-11~表 8-13 的规定。

电子信息系统线缆与其他管线的最小净距 表 8-11

其他管线	电子信息系统线缆	
	最小平行净距（mm）	最小交叉净距（mm）
防雷引下线	1000	300
保护地线	50	20
给水管	150	20
压缩空气管	150	20
热力管（不包封）	500	500
热力管（包封）	300	300
煤气管	300	20

电子信息系统线缆与电气设备之间的最小净距 表 8-12

名称	最小净距（m）
配电箱	1
变电室	2
电梯机房	2
空调机房	2

电子信息系统与电力电缆的最小净距 表 8-13

类别	与电子信息系统信号线缆接近状况	最小净距（mm）
380V 电力电缆 容量小于 2kV·A	与信号线缆平行敷设	130
	有一方在接地的金属线槽或钢管中	70
	双方都在接地的金属线槽或钢管中	10
380V 电力电缆 容量 2~5kV·A	与信号线缆平行敷设	300
	有一方在接地的金属线槽或钢管中	150
	双方都在接地的金属线槽或钢管中	80
380V 电力电缆 容量大于 5kV·A	与信号线缆平行敷设	600
	有一方在接地的金属线槽或钢管中	300
	双方都在接地的金属线槽或钢管中	150

注：当 380V 电力电缆的容量＜2kV·A，双方都在接地的线槽中，即两个不同线槽或在同一线槽中用金属板隔开，且平行程度≤10m 时，最小间距可以是 10mm。

3）电子信息系统管线敷设

电子信息系统管线应置于直击雷防护区（LPZ0$_B$）内，且天馈线的同轴电缆上部、下部及进机房入口前应将金属屏蔽层就近接地。当同轴电缆长度超过 60m 时，应每隔 30m 接近等电位连接一次。

电子信息系统户外的交流供电线路、视频信号线路、控制信号线路应有金属屏蔽层，并穿钢管埋地敷设，屏蔽层及钢管两端应就近接地，信号线路与供电线路应分开敷设，两者距离应满足表 8-13 的要求。

4）电子信息系统静电及电磁干扰

电子信息系统机房内采用的活动地板可由钢、铝或其他阻燃材料制成，活动地板表面应是导静电的,严禁裸露金属部分。机房内绝缘体的静电电位应不大于 1kV。

(12) 综合布线系统

1) 当综合布线区域内电磁干扰场强≥3V/m 时,应采取防护措施。综合布线电缆与电力电缆及其他管线的最小净距应符合表 8-14 和表 8-15 的要求。

综合布线电缆与电力电缆的最小净距　　　　　　表 8-14

条　件	最小净距(mm)		
	380V <2kV·A	380V 2~5kV·A	380V >5kV·A
对绞电缆与电力电缆平行敷设	130	300	600
有一方在接地的金属槽道或钢管中	70	150	300
双方均在接地的金属槽道或钢管中	10	80	150

电缆、光缆暗管敷设与其他管线的最小净距　　　　　　表 8-15

管线种类	平行净距(mm)	垂直交叉净距(mm)
避雷引下线	1000	300
保护地线	50	20
热力管(不包封)	500	500
热力管(包封)	300	300
给水管	150	20
煤气管	300	20
压缩空气管	150	20

2) 综合布线系统应根据环境条件选用相应的缆线和配线设备,或采取防护措施,并应符合下列规定:

① 当综合布线区域内存在的干扰低于上述规定时,宜采用非屏蔽线和非屏蔽配线设备进行布线;

② 当综合布线区域内存在的干扰高于上述规定时,或用户对电磁兼容性有较高要求时,宜采用屏蔽线和屏蔽配线设备进行布线,也可采用金属管线进行屏蔽;

③ 当综合布线存在上述的干扰源,且不能满足最小净距要求时,宜采用金属管线进行屏蔽。

3) 综合布线系统屏蔽应有良好的接地系统,并应符合下列规定:

① 单独设置接地体时,应不大于 4Ω;采用联合接地体时,应不大于 1Ω;

② 所有屏蔽层应保持连续性;

③ 屏蔽层的配线设备(FD 或 BD)端应良好接地,用户(终端设备)端视具体情况宜接地,两端的接地应连接至同一接地体。若接地系统中存在两个不同接地体时,其接地电位差应≤1Vr·m·s(电压有效值)。

4) 每楼层的配线柜都应采用适当截面的铜导线单独布线至接地体,也可采用竖井内集中用铜排或粗铜线引到接地体,导线或铜导体的截面应符合标准。接地导线应接成辐射式接地装置,避免构成直流环。

5) 综合布线的电缆金属槽道或钢管敷设应保持电气的连通性,并在两端有良好的接地。干线电缆的位置应尽可能位于建筑物的几何中心位置。综合布线系统有源设备的正极或外壳应与配线设备的机架绝缘，并用单独导线引至接地汇流排，与配线设备、电缆屏蔽层等接地，宜采用共用接地方式。

8.3.4　防雷装置检测

防雷装置的质量受到多种因素的影响，如环境、设计、材料、设备、施工方法、施工工艺、技术措施、人员素质等，具体表现在以下几个方面：

（1）波动性

人为因素是影响防雷装置质量的主要方面，如设计计算失误、材料使用错误、施工方法不当、未按规程操作等，都会引起质量波动，进而造成整个防雷系统的不稳定或不合格。

（2）隐蔽性

防雷装置施工过程中的隐蔽工程非常多，如钢筋绑扎、接地体和引下线焊接、埋地管道敷设等，若在施工中不及时进行监督，事后只能从表面上检查，难以发现内在的质量问题和缺陷。

（3）不可逆性

由于防雷装置和建（构）筑物同时施工，一旦完成便不可逆转，防雷装置建成后不可能像一般工业产品那样通过简单的拆卸、更换等手段进行维修或恢复。

防雷装置的特点决定了对其进行监督和检测的重要性和必要性。防雷装置检测是气象主管机构认可的防雷专业技术机构对防雷装置进行施工质量和安全性能的监督、检验、检查等技术服务性行为。防雷装置检测分为跟踪检测和定期检测。跟踪检测是针对新建、扩建、改建的建（构）筑物和其他设施上安装的防雷装置从施工到竣工的全过程检测，尤其是对隐蔽工程进行逐项检测，体现了对施工质量的监督。定期检测的对象是已投入使用的防雷装置，按照《防雷减灾管理办法》第十九条的规定，防雷装置应当每年检测一次，爆炸和火灾危险环境场所应当每半年检测一次。

1. 防雷装置检测业务流程

防雷装置跟踪检测可分为施工过程检测和竣工验收检测，业务流程如图 8-6、图 8-7所示。

防雷装置定期检测业务流程如图 8-8 所示。

2. 防雷装置跟踪检测的项目和要求

（1）接地装置

1）查看设计、施工资料，检查自然接地体材质、防腐措施与焊接工艺、与引下线连接，测量用材规格、截面积、厚度、埋设深度，计算自然接地体的表面积。

2）检查人工接地装置类型及规格、测量环形人工基础接地体材料规格尺寸、计算环形人工基础接地体的表面积。

3）检查、计算防直击雷的人工接地体与建筑物出入口或人行道之间的距离。

4）测试接地装置的接地电阻。

（2）引下线

1）查看设计、施工资料，检查引下线的设置、材质、规格（包括直径、截面积、厚度）、焊接工艺、防腐措施。

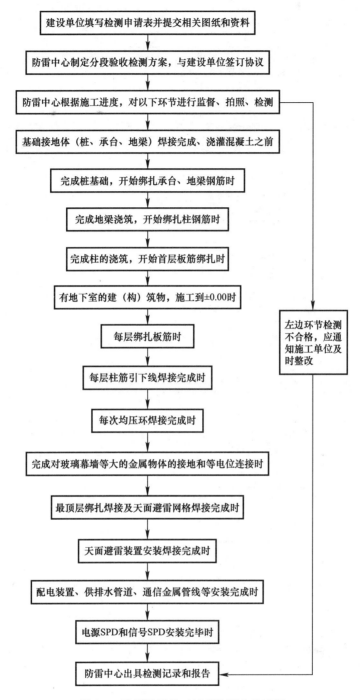

图 8-6 防雷装置施工过程检测业务流程

2）当利用柱筋作为引下线时，应检查：

① 应选用结构柱外侧柱筋；

② 当柱筋直径大于或等于 $\phi16$ 时，柱筋数量不应少于两根；

③ 当柱筋直径大于等于 $\phi10$ 且小于 $\phi16$ 时，柱筋数量不应少于四根；

④ 引下线应沿建筑物周边结构柱设置。

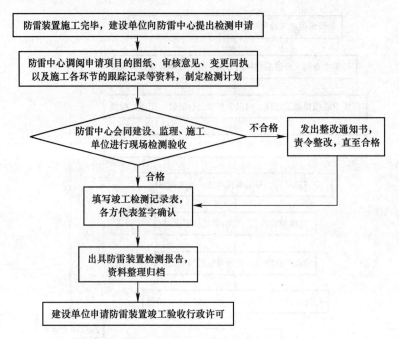

图 8-7 防雷装置竣工验收检测业务流程

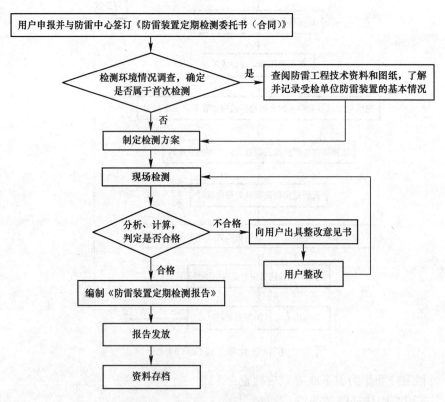

图 8-8 防雷装置定期检测业务流程

3）当引下线明敷时，检查其支持卡间距应均匀，水平直线部分 0.5～1.5m；垂直直线部分 1.5～3.0m，弯曲部分 0.3～0.5m。

4）检查引下线不应有明显机械损伤、断裂及严重锈蚀现象。

5）检查各类信号线路、电源线路与引下线之间距离，其水平净距不应小于1m，交叉净距不应小于0.3m。

6）记录、测量引下线布置的总根数及每相邻两根引下线的距离。

7）测试引下线的接地电阻，每根引下线为一个检测点，按编号顺序测试。

（3）接闪器

1）查看设计、施工资料，检查接闪器的材质、与引下线的焊接工艺、防腐工艺，测试接闪器的规格（包括直径、截面积、厚度），计算接闪器保护范围及其与保护物之间的安全距离。

2）当接闪器明敷时，应检查：

① 支持卡间距应均匀，水平直线部分0.5～1.5m；垂直直线部分1.5～3.0m，弯曲部分0.3～0.5m；

② 过伸缩缝时应设置补偿器；

③ 避雷带应沿女儿墙外侧边缘敷设，与边缘距离不宜大于100mm。

3）检查高于第一类建筑物且不在接闪器保护范围之内的树木与建筑物之间的净距不应小于5m。

4）检查接闪器不应有明显机械损伤、断裂及严重锈蚀现象。

5）检查接闪器上不应绑扎或悬挂各类电源线路、信号线路。

6）测试接闪器与每一根引下线的电气连接。

7）测试屋面电气设备和金属构件与防雷装置的电气连接。

8）测试防侧击雷装置与接地装置的电气连接。

（4）均压环

1）查看设计、施工资料，检查均压环的布置、连接状况、材料、搭接形式。

2）测量均压环的起始高度、环间距离、材料规格、搭接长度。

3）测试均压环与防雷引下线的电气连接。

（5）等电位连接

1）查看施工图，确定等电位连接点位置。

2）检查穿过各雷电防护区交界的金属部件，以及建筑物内的设备、金属管道、电缆桥架、电缆金属外皮、金属构架、钢屋架、金属门窗等较大金属物，应就近与接地装置或等电位连接带（板）作等电位连接，测试其电气连接。

3）检查第一、第二类防雷建筑物内的接地干线与接地装置的连接。

4）检查等电位连接线的材质、规格、连接方式及工艺。

5）测量等电位连接带的接地电阻。

6）测量等电位连接带之间连接导体两端的电气连接。

（6）电磁屏蔽

1）查看设计、施工资料，检查屏蔽层电气连通。屏蔽层应保持电气连通，金属线槽宜采取全封闭，两端应接地，测试其电气连接。

2）检查建筑物之间敷设的电缆。建筑物之间敷设的电缆，其屏蔽层两端应与各自建筑物的等电位连接带连接，测试其电气连接。

3）检查屏蔽电缆的金属屏蔽层。屏蔽电缆的金属屏蔽层至少应在两端且宜在防雷交界处作等电位连接，当系统要求只在一端作等电位连接时，应采用两层屏蔽，外层屏蔽应至少在两端作等电位连接，测试其电气连接。

4）检查爆炸和火灾危险环境使用的低压电气设备金属外壳。爆炸和火灾危险环境使用的低压电气设备金属外壳应接地；连接电气设备的电源线路、信号线路屏蔽外层与其金属外壳作等电位连接，测试其电气连接。

5）当电源采用 TN 系统时，从建筑物内总配电盘（箱）开始引出的配电线路和分支线路必须采用 TN-S 系统。

（7）电涌保护器（SPD)

1）查看设计、施工资料，检查 SPD 安装的位置、数量、型号规格、技术参数应与设计相符合。

2）在电源或信号线路上安装多级 SPD 时，检查 SPD 之间的线路长度应按生产厂家的试验数据采用。如无试验数据时，检查电压开关型 SPD 与限压型 SPD 之间的线路长度不宜小于 10m，限压型 SPD 之间的线路长度不宜小于 5m，长度达不到要求应加装退耦元件。

3）检查 SPD 表面应平整，光洁，无划伤，无裂痕和烧灼痕或变形，SPD 的标志应完整和清晰，状态指示器应处于正常工作状态。

4）检查各级 SPD 的连接线应平直，其长度不宜超过 0.5m，连接线的截面积应符合设计与规范要求。

5）测试 SPD 接地端子与接地装置的电气连接。

（8）测试阻值

1）检测防雷装置的接地电阻应符合设计要求。

2）第一类防雷建筑物采用独立的接地装置，每一引下线的冲击接地电阻不宜大于 10Ω；第二类防雷建筑物，每根引下线的冲击接地电阻不应大于 10Ω；第三类防雷建筑物，每根引下线的冲击接地电阻不宜大于 30Ω，但年预计雷击次数大于或等于 0.012 次/a，且小于或等于 0.06 次/a 的重要建筑物，则不宜大于 10Ω。

3）当建筑物防雷接地、防静电接地、电气设备的工作接地、保护接地及信息系统的接地等共用接地装置时，其接地电阻按各系统要求中的最小值确定。

4）当采取电气连接、等电位连接和跨接连接时，其过渡电阻不宜大于 0.03Ω。

5）露天钢质储罐、泵房外侧的管道接地、直径大于或等于 2.5m 及容积大于或等于 $50m^3$ 的装置，接地电阻不应大于 10Ω。

6）距离建筑物 100m 内的管道，其冲击接地电阻不应大于 20Ω。

7）专设的静电接地体，其接地电阻不应大于 100Ω。

8）静电接地电阻值有特殊规定的，按其规定执行；当采取间接静电接地时，其接地电阻不应大于 $1M\Omega$。

3. 防雷装置定期检测的项目和要求

（1）建筑物的防雷分类

1）根据建筑物的重要性、使用性质、发生雷电事故的可能性和后果，按 GB 50057 的规定确定该建筑物的防雷分类是否正确。

2）根据 GB 50057 规定的参数检查建筑物所处的地理环境、材料结构、当地年平均雷暴日数和建筑物的几何尺寸，计算年预计雷击次数，进行防雷分类的校核。

（2）接闪器

1）检查接闪器与建筑物顶部外露的其他金属物的电气连接、与避雷引下线电气连接、天面设施等电位连接。

2）检查接闪器的位置是否正确，焊接固定的焊缝是否饱满无遗漏，螺栓固定的应备帽等防松零件是否齐全，焊接部分补刷的防腐油漆是否完整，接闪器是否锈蚀 1/3 以上。避雷带是否平正顺直，固定点支持件是否间距均匀、固定可靠，每个支持件能否承受 49N（5kgf）的垂直拉力。

3）首次检测时应检查避雷网的网格尺寸是否符合规范要求。

4）首次检测时应用经纬仪或测高仪和卷尺测量接闪器的高度、长度，建筑物的长、宽、高，然后根据建筑物防雷类别用滚球法计算其保护范围。当建筑物高于所选滚球半径对应高度以上时，应有防侧击保护措施。

5）首次检测时应测量接闪器的规格尺寸，并符合 GB 50057 的要求。

6）检查避雷带跨越变形缝、伸缩缝是否有补偿措施。

7）检查接闪器上有无附着的其他电气线路。

8）当低层或多层建筑物利用屋顶女儿墙内或防水层内、保温层内的钢筋作暗敷接闪器时，要对该建筑物周围的环境进行检查，防止可能发生的混凝土碎块坠落等事故隐患。高层建筑物不应利用建筑物女儿墙内钢筋作为暗敷避雷带。

（3）引下线

1）首次检测应检查引下线隐蔽工程纪录。

2）检查明敷引下线是否平直，无急弯。卡钉是否分段固定，且能承受 49N（5kgf）的垂直拉力。引下线支持件间距是否符合水平直线部分 0.5～1.5m，垂直直线部分 1.5～3m，弯曲部分 0.3～0.5m 的要求。检查引下线、接闪器和接地装置的焊接处是否锈蚀，油漆是否有遗漏及近地面的保护设施。

3）首次检测时应用卷尺测量每相邻两根引下线之间的距离，记录引下线布置的总根数，每根引下线为一个检测点，按顺序编号检测。

4）首次检测时应用游标卡尺测量每根引下线的规格尺寸。

5）检查明敷引下线上有无附着的其他电气线路。如果有则应测量明敷引下线与附近其他电气线路的距离，一般不小于 1m。

6）检查断接卡的设置是否符合 GB 50057 的要求。

7）采用仪器检查引下线接地端与接地体的电气连接性能，检测每根引下线接地电阻是否符合规范要求。

（4）接地装置

1）首次检测时应查看隐蔽工程纪录；检查接地装置的结构和安装位置；检查接地体的埋设间距、深度、安装方法；检查接地装置的材质、连接方法、防腐处理。

2）检查接地装置的填土有无沉陷情况。

3）检查有无因挖土方、敷设管线或种植树木而挖断接地装置。

4）首次检测时应检查相邻接时的地中距离。

5）用毫欧表检测两相邻接地装置的电气连接。

6）测量接地装置的工频接地电阻值。

（5）电磁屏蔽

1）首次检测按图施工是否符合标准要求。

2）用毫欧表检查屏蔽网格、金属管（槽）、防静电地板支撑金属网格、大尺寸金属件、房间屋顶金属龙骨、屋顶金属表面、立面金属表面、金属门窗、金属格栅和电缆屏蔽层的电气连接，过渡电阻值不宜大于0.03Ω。用卡尺测量屏蔽材料规格尺寸是否符合规范要求。

3）计算建筑物利用钢筋或专门设置的屏蔽网的屏蔽效率。

（6）等电位连接

1）检查设备、管道、构架、均压环、钢骨架、钢窗、吊车、金属地板、电梯轨道、栏杆等大尺寸金属物与共用接地装置的连接情况。如已实现连接，应进一步检查连接质量，连接导体的材料和尺寸。

2）检查平行或交叉敷设的管道、构架和电缆金属外皮等长金属物，其净距小于规定要求值时的金属线跨接情况。如已实现跨接，应进一步检查连接质量，连接导体的材料和尺寸。

3）检查第一类防雷建筑物中长金属物的弯头、阀门、法兰盘等连接处的过渡电阻，当过渡电阻大于0.03Ω时，检查是否有跨接的金属线，并检查连接质量，连接导体的材料和尺寸。

4）检查由LPZ0区到LPZ1区的总等电位连接状况，如已实现其与防雷接地装置的两处以上连接，应进一步检查连接质量，连接导体的材料和尺寸。

5）检查低压配电线路是否全线埋地或敷设在架空金属线槽内引入。如全线采用电缆埋地引入有困难，应检查电缆埋地长度和电缆与架空线连接处使用的避雷器、电缆金属外皮、钢管和绝缘子铁脚等接地连接质量，连接导体的材料和尺寸。

6）检查第一类和处在爆炸危险环境的第二类防雷建筑物外架空金属管道进入建筑物前是否每隔25m接地一次，进一步检查连接质量，连接导体的材料和尺寸。

7）检查建筑物内竖直敷设的金属管道及金属物与建筑物内钢筋就近不少于两处的连接，如已实现连接，应进一步检查连接质量，连接导体的材料和尺寸。

8）所有进入建筑物的外来导电物均应在LPZ0区与LPZ1区界面处与总等电位连接带连接，如已实现连接应进一步检查连接质量，连接导体的材料和尺寸。

9）所有穿过各后续防雷区界面处导电物均应在界面处与建筑物内的钢筋或等电位连接预留板连接，如已实现连接应进一步检查连接质量，连接导体的材料和尺寸。

10）检查信息技术设备与建筑物共用接地系统的连接，应检查连接的基本形式，并进一步检查连接质量，连接导体的材料和尺寸。如采用S型连接，应检查信息技术设备的所有金属组件，除在接地基准点（ERP）处外，是否达到规定的绝缘要求。

11）等电位连接的过渡电阻的测试采用空载电压4～24V、最小电流0.2A的测试仪器进行检测，过渡电阻值一般不应超过0.03Ω。

（7）电涌保护器（SPD）

1）检查并记录各级SPD的安装位置、安装数量、型号、主要性能参数（如U_c、I_n、

I_{max}、I_{imp}、U_p 等）和安装工艺（连接导体的材质和导线截面、连接导线的色标、连接牢固程度）。

2）对 SPD 进行外观检查：SPD 的表面应平整，光洁，无划伤，无裂痕和烧灼痕或变形，标志应完整和清晰。

3）测量多级 SPD 之间的距离和 SPD 两端引线的长度，应符合规范要求。

4）检查 SPD 是否具有状态指示器。如有，则需确认状态指示应与生产厂说明相一致。

5）检查安装在电路上的 SPD 限压元件前端是否有脱离器。如 SPD 无内置脱离器，则检查是否有过电流保护器，检查安装的过电流保护器是否符合规范要求。

6）检查安装在配电系统中的 SPD，以及电信、信号 SPD 的 U_c 值是否满足规定要求。

7）检查 SPD 安装工艺和接地线与等电位连接带之间的过渡电阻。

8）如测试结果表明 SPD 劣化，或状态指示指出 SPD 失效，应告知用户及时更换。

附录 A 《防雷减灾管理办法》

第一章 总 则

第一条 为了加强雷电灾害防御工作，规范雷电灾害管理，提高雷电灾害防御能力和水平，保护国家利益和人民生命财产安全，维护公共安全，促进经济建设和社会发展，依据《中华人民共和国气象法》、《中华人民共和国行政许可法》和《气象灾害防御条例》等法律、法规的有关规定，制定本办法。

第二条 在中华人民共和国领域和中华人民共和国管辖的其他海域内从事雷电灾害防御活动的组织和个人，应当遵守本办法。

本办法所称雷电灾害防御（以下简称防雷减灾），是指防御和减轻雷电灾害的活动，包括雷电和雷电灾害的研究、监测、预警、风险评估、防护以及雷电灾害的调查、鉴定等。

第三条 防雷减灾工作，实行安全第一、预防为主、防治结合的原则。

第四条 国务院气象主管机构负责组织管理和指导全国防雷减灾工作。

地方各级气象主管机构在上级气象主管机构和本级人民政府的领导下，负责组织管理本行政区域内的防雷减灾工作。

国务院其他有关部门和地方各级人民政府其他有关部门应当按照职责做好本部门和本单位的防雷减灾工作，并接受同级气象主管机构的监督管理。

第五条 国家鼓励和支持防雷减灾的科学技术研究和开发，推广应用防雷科技研究成果，加强防雷标准化工作，提高防雷技术水平，开展防雷减灾科普宣传，增强全民防雷减灾意识。

第六条 外国组织和个人在中华人民共和国领域和中华人民共和国管辖的其他海域从事防雷减灾活动，应当经国务院气象主管机构会同有关部门批准，并在当地省级气象主管机构备案，接受当地省级气象主管机构的监督管理。

第二章 监测与预警

第七条 国务院气象主管机构应当组织有关部门按照合理布局、信息共享、有效利用的原则，规划全国雷电监测网，避免重复建设。

地方各级气象主管机构应当组织本行政区域内的雷电监测网建设，以防御雷电灾害。

第八条 各级气象主管机构应当加强雷电灾害预警系统的建设工作，提高雷电灾害预警和防雷减灾服务能力。

第九条 各级气象主管机构所属气象台站应当根据雷电灾害防御的需要，按照职责开展雷电监测，并及时向气象主管机构和有关灾害防御、救助部门提供雷电监测信息。

有条件的气象主管机构所属气象台站可以开展雷电预报，并及时向社会发布。

第十条 各级气象主管机构应当组织有关部门加强对雷电和雷电灾害的发生机理等基础理论和防御技术等应用理论的研究，并加强对防雷减灾技术和雷电监测、预警系统的研究和开发。

第三章 防雷工程

第十一条 各类建（构）筑物、场所和设施安装的雷电防护装置（以下简称防雷装置），应当符合国家有关防雷标准和国务院气象主管机构规定的使用要求，并由具有相应资质的单位承担设计、施工和检测。

本办法所称防雷装置，是指接闪器、引下线、接地装置、电涌保护器及其连接导体等构成的，用以防御雷电灾害的设施或者系统。

第十二条 对从事防雷工程专业设计和施工的单位实行资质认定。

本办法所称防雷工程，是指通过勘察设计和安装防雷装置形成的雷电灾害防御工程实体。

防雷工程专业设计或者施工资质分为甲、乙、丙三级。甲级资质由国务院气象主管机构认定；乙级和丙级资质由省、自治区、直辖市气象主管机构认定。

第十三条 防雷工程专业设计或者施工单位，应当按照有关规定取得相应的资质证书后，方可在其资质等级许可的范围内从事防雷工程专业设计或者施工。具体办法由国务院气象主管机构另行制定。

第十四条 防雷工程专业设计或者施工单位，应当按照相应的资质等级从事防雷工程专业设计或者施工。禁止无资质或者超出资质许可范围承担防雷工程专业设计或者施工。

第十五条 防雷装置的设计实行审核制度。

县级以上地方气象主管机构负责本行政区域内的防雷装置的设计审核。符合要求的，由负责审核的气象主管机构出具核准文件；不符合要求的，负责审核的气象主管机构提出整改要求，退回申请单位修改后重新申请设计审核。未经审核或者未取得核准文件的设计方案，不得交付施工。

第十六条 防雷工程的施工单位应当按照审核同意的设计方案进行施工，并接受当地气象主管机构监督管理。

在施工中变更和修改设计方案的，应当按照原申请程序重新申请审核。

第十七条 防雷装置实行竣工验收制度。

县级以上地方气象主管机构负责本行政区域内的防雷装置的竣工验收。

负责验收的气象主管机构接到申请后，应当根据具有相应资质的防雷装置检测机构出具的检测报告进行核实。符合要求的，由气象主管机构出具验收文件。不符合要求的，负责验收的气象主管机构提出整改要求，申请单位整改后重新申请竣工验收。未取得验收合格文件的防雷装置，不得投入使用。

第十八条 出具检测报告的防雷装置检测机构，应当对隐蔽工程进行逐项检测，并对检测结果负责。检测报告作为竣工验收的技术依据。

第四章 防雷检测

第十九条 投入使用后的防雷装置实行定期检测制度。防雷装置应当每年检测一次，对爆炸和火灾危险环境场所的防雷装置应当每半年检测一次。

第二十条 对从事防雷装置检测的机构实行资质认定。具体办法由国务院气象主管机构另行制定。

第二十一条 防雷装置检测机构对防雷装置检测后，应当出具检测报告。不合格的，提出整改意见。被检测单位拒不整改或者整改不合格的，防雷装置检测机构应当报告当地气象主管机构，由当地气象主管机构依法作出处理。

防雷装置检测机构应当执行国家有关标准和规范，出具的防雷装置检测报告必须真实可靠。

第二十二条　防雷装置所有人或受托人应当指定专人负责，做好防雷装置的日常维护工作。发现防雷装置存在隐患时，应当及时采取措施进行处理。

第二十二条　已安装防雷装置的单位或者个人应当主动委托有相应资质的防雷装置检测机构进行定期检测，并接受当地气象主管机构和当地人民政府安全生产管理部门的管理和监督检查。

第五章　雷电灾害调查、鉴定

第二十四条　各级气象主管机构负责组织雷电灾害调查、鉴定工作。

其他有关部门和单位应当配合当地气象主管机构做好雷电灾害调查、鉴定工作。

第二十五条　遭受雷电灾害的组织和个人，应当及时向当地气象主管机构报告，并协助当地气象主管机构对雷电灾害进行调查与鉴定。

第二十六条　地方各级气象主管机构应当及时向当地人民政府和上级气象主管机构上报本行政区域内的重大雷电灾情和年度雷电灾害情况。

第二十七条　大型建设工程、重点工程、爆炸和火灾危险环境、人员密集场所等项目应当进行雷电灾害风险评估，以确保公共安全。

各级地方气象主管机构按照有关规定组织进行本行政区域内的雷电灾害风险评估工作。

第六章　防雷产品

第二十八条　防雷产品应当符合国务院气象主管机构规定的使用要求。

第二十九条　防雷产品应当由国务院气象主管机构授权的检测机构测试，测试合格并符合相关要求后方可投入使用。

申请国务院气象主管机构授权的防雷产品检测机构，应当按照国家有关规定通过计量认证、获得资格认可。

第三十条　防雷产品的使用，应当到省、自治区、直辖市气象主管机构备案，并接受省、自治区、直辖市气象主管机构的监督检查。

第七章　罚　则

第三十一条　申请单位隐瞒有关情况、提供虚假材料申请资质认定、设计审核或者竣工验收的，有关气象主管机构不予受理或者不予行政许可，并给予警告。申请单位在一年内不得再次申请资质认定。

第三十二条　被许可单位以欺骗、贿赂等不正当手段取得资质、通过设计审核或者竣工验收的，有关气象主管机构按照权限给予警告，可以处 1 万元以上 3 万元以下罚款；已取得资质、通过设计审核或者竣工验收的，撤销其许可证书；被许可单位三年内不得再次申请资质认定；构成犯罪的，依法追究刑事责任。

第三十三条　违反本办法规定，有下列行为之一的，由县级以上气象主管机构按照权限责令改正，给予警告，可以处 5 万元以上 10 万元以下罚款；给他人造成损失的，依法承担赔偿责任；构成犯罪的，依法追究刑事责任：

（一）涂改、伪造、倒卖、出租、出借、挂靠资质证书、资格证书或者许可文件的；

（二）向负责监督检查的机构隐瞒有关情况、提供虚假材料或者拒绝提供反映其活动情况的真实材料的。

第三十四条　违反本办法规定，有下列行为之一的，由县级以上气象主管机构按照权限责令改正，给予警告，可以处 5 万元以上 10 万元以下罚款；给他人造成损失的，依法承担赔偿责任：

（一）不具备防雷装置检测、防雷工程专业设计或者施工资质，擅自从事相关活动的；

（二）超出防雷装置检测、防雷工程专业设计或者施工资质等级从事相关活动的；

（三）防雷装置设计未经当地气象主管机构审核或者审核未通过，擅自施工的；

（四）防雷装置未经当地气象主管机构验收或者未取得验收文件，擅自投入使用的。

第三十五条　违反本办法规定，有下列行为之一的，由县级以上气象主管机构按照权限责令改正，给予警告，可以处 1 万元以上 3 万元以下罚款；给他人造成损失的，依法承担赔偿责任；构成犯罪的，依法追究刑事责任：

（一）应当安装防雷装置而拒不安装的；

（二）使用不符合使用要求的防雷装置或者产品的；

（三）已有防雷装置，拒绝进行检测或者经检测不合格又拒不整改的；

（四）对重大雷电灾害事故隐瞒不报的。

第三十六条　违反本办法规定，导致雷击造成火灾、爆炸、人员伤亡以及国家财产重大损失的，由主管部门给予直接责任人行政处分；构成犯罪的，依法追究刑事责任。

第三十七条　防雷工作人员由于玩忽职守，导致重大雷电灾害事故的，由所在单位依法给予行政处分；致使国家利益和人民生命财产遭到重大损失，构成犯罪的，依法追究刑事责任。

第八章　附　　则

第三十八条　从事防雷专业技术的人员应当取得资格证书。

省级气象学会负责本行政区域内防雷专业技术人员的资格认定工作。防雷专业技术人员应当通过省级气象学会组织的考试，并取得相应的资格证书。

省级气象主管机构应当对本级气象学会开展防雷专业技术人员的资格认定工作进行监督管理。

第三十九条　本办法自 2011 年 9 月 1 日起施行。2005 年 2 月 1 日中国气象局公布的《防雷减灾管理办法》同时废止。

附录 B 《防雷装置设计审核和竣工验收规定》

第一章 总 则

第一条 为了规范雷电防护装置（以下简称防雷装置）设计审核和竣工验收工作，维护国家利益，保护人民生命财产和公共安全，依据《中华人民共和国气象法》、《中华人民共和国行政许可法》和《气象灾害防御条例》等有关规定，制定本规定。

第二条 县级以上地方气象主管机构负责本行政区域内防雷装置的设计审核和竣工验收工作。未设气象主管机构的县（市），由上一级气象主管机构负责防雷装置的设计审核和竣工验收工作。

第三条 防雷装置的设计审核和竣工验收工作应当遵循公开、公平、公正以及便民、高效和信赖保护的原则。

第四条 下列建（构）筑物、场所和设施的防雷装置应当经过设计审核和竣工验收：

（一）《建筑物防雷设计规范》规定的第一、二、三类防雷建筑物；

（二）油库、气库、加油加气站、液化天然气、油（气）管道站场、阀室等爆炸和火灾危险环境及设施；

（三）邮电通信、交通运输、广播电视、医疗卫生、金融证券、文化教育、不可移动文物、体育、旅游、游乐场所等社会公共服务场所和设施以及各类电子信息系统；

（四）按照有关规定应当安装防雷装置的其他场所和设施。

第五条 防雷装置设计未经审核同意的，不得交付施工。防雷装置竣工未经验收合格的，不得投入使用。

新建、改建、扩建工程的防雷装置必须与主体工程同时设计、同时施工、同时投入使用。

第六条 防雷装置设计审核和竣工验收的程序、文书等应当依法予以公示。

第二章 防雷装置设计审核

第七条 防雷装置设计实行审核制度。建设单位应当向气象主管机构提出申请，填写《防雷装置设计审核申报表》（附表1、附表2）。

建设单位申请新建、改建、扩建建（构）筑物设计文件审查时，应当同时申请防雷装置设计审核。

第八条 申请防雷装置初步设计审核应当提交以下材料：

（一）《防雷装置设计审核申请书》（附表3）；

（二）总规划平面图；

（三）设计单位和人员的资质证和资格证书的复印件；

（四）防雷装置初步设计说明书、初步设计图纸及相关资料；

需要进行雷电灾害风险评估的项目，应当提交雷电灾害风险评估报告。

第九条 申请防雷装置施工图设计审核应当提交以下材料：

（一）《防雷装置设计审核申请书》（附表3）；

（二）设计单位和人员的资质证和资格证书的复印件；

（三）防雷装置施工图设计说明书、施工图设计图纸及相关资料；

（四）设计中所采用的防雷产品相关资料；

（五）经当地气象主管机构认可的防雷专业技术机构出具的防雷装置设计技术评价报告。

防雷装置未经过初步设计的，应当提交总规划平面图；经过初步设计的，应当提交《防雷装置初步设计核准意见书》（附表 4）。

第十条 防雷装置设计审核申请符合以下条件的，应当受理。

（一）设计单位和人员取得国家规定的资质、资格；

（二）申请单位提交的申请材料齐全且符合法定形式；

（三）需要进行雷电灾害风险评估的项目，提交了雷电灾害风险评估报告。

第十一条 防雷装置设计审核申请材料不齐全或者不符合法定形式的，气象主管机构应当在收到申请材料之日起五个工作日内一次告知申请单位需要补正的全部内容，并出具《防雷装置设计审核资料补正通知》（附表 5、附表 6）。逾期不告知的，收到申请材料之日起即视为受理。

第十二条 气象主管机构应当在收到全部申请材料之日起五个工作日内，按照《中华人民共和国行政许可法》第三十二条的规定，根据本规定的受理条件做出受理或者不予受理的书面决定，并对决定受理的申请出具《防雷装置设计审核受理回执》（附表 7）。对不予受理的，应当书面说明理由。

第十三条 防雷装置设计审核内容：

（一）申请材料的合法性；

（二）防雷装置设计文件是否符合国家有关标准和国务院气象主管机构规定的使用要求。

第十四条 气象主管机构应当在受理之日起二十个工作日内完成审核工作。

防雷装置设计文件经审核符合要求的，气象主管机构应当办结有关审核手续，颁发《防雷装置设计核准意见书》（附表 8）。施工单位应当按照经核准的设计图纸进行施工。在施工中需要变更和修改防雷设计的，应当按照原程序重新申请设计审核。

防雷装置设计经审核不符合要求的，气象主管机构出具《防雷装置设计修改意见书》（附表 9）。申请单位进行设计修改后，按照原程序重新申请设计审核。

第三章 防雷装置竣工验收

第十五条 防雷装置实行竣工验收制度。建设单位应当向气象主管机构提出申请，填写《防雷装置竣工验收申请书》（附表 10）。

新建、改建、扩建建（构）筑物竣工验收时，建设单位应当通知当地气象主管机构同时验收防雷装置。

第十六条 防雷装置竣工验收应当提交以下材料：

（一）《防雷装置竣工验收申请书》（附表 10）；

（二）《防雷装置设计核准意见书》；

（三）施工单位的资质证和施工人员的资格证书的复印件；

（四）取得防雷装置检测资质的单位出具的《防雷装置检测报告》；

（五）防雷装置竣工图纸等技术资料；

（六）防雷产品出厂合格证、安装记录和符合国务院气象主管机构规定的使用要求的证明文件。

第十七条　防雷装置竣工验收申请符合以下条件的，应当受理。

（一）防雷装置设计取得当地气象主管机构核发的《防雷装置设计核准意见书》；

（二）施工单位和人员取得国家规定的资质和资格；

（三）申请单位提交的申请材料齐全且符合法定形式。

第十八条　防雷装置竣工验收申请材料不齐全或者不符合法定形式的，气象主管机构应当在收到申请材料之日起五个工作日内一次告知申请单位需要补正的全部内容，并出具《防雷装置竣工验收资料补正通知》（附表 11）。逾期不告知的，收到申请材料之日起即视为受理。

第十九条　气象主管机构应当在收到全部申请材料之日起五个工作日内，按照《中华人民共和国行政许可法》第三十二条的规定，根据本规定的受理条件作出受理或者不予受理的书面决定，并对决定受理的申请出具《防雷装置竣工验收受理回执》（附表 12）。对不予受理的，应当书面说明理由。

第二十条　防雷装置竣工验收内容：

（一）申请材料的合法性；

（二）安装的防雷装置是否符合国家有关标准和国务院气象主管机构规定的使用要求；

（三）安装的防雷装置是否按照核准的施工图施工完成。

第二十一条　气象主管机构应当在受理之日起十个工作日内作出竣工验收结论。

防雷装置经验收符合要求的，气象主管机构应当办结有关验收手续，出具《防雷装置验收意见书》（附表 13）。

防雷装置验收不符合要求的，气象主管机构应当出具《防雷装置整改意见书》（附表 14）。整改完成后，按照原程序重新申请验收。

第四章　监督管理

第二十二条　申请单位不得以欺骗、贿赂等手段提出申请或者通过许可；不得涂改、伪造防雷装置设计审核和竣工验收有关材料或者文件。

第二十三条　县级以上地方气象主管机构应当加强对防雷装置设计审核和竣工验收的监督与检查，建立健全监督制度，履行监督责任。公众有权查阅监督检查记录。

第二十四条　上级气象主管机构应当加强对下级气象主管机构防雷装置设计审核和竣工验收工作的监督检查，及时纠正违规行为。

第二十五条　县级以上地方气象主管机构进行防雷装置设计审核和竣工验收的监督检查时，不得妨碍正常的生产经营活动，不得索取或者收受任何财物和谋取其他利益。

第二十六条　单位和个人发现违法从事防雷装置设计审核和竣工验收活动时，有权向县级以上地方气象主管机构举报，县级以上地方气象主管机构应当及时核实、处理。

第二十七条　县级以上地方气象主管机构履行监督检查职责时，有权采取下列措施：

（一）要求被检查的单位或者个人提供有关建筑物建设规划许可、防雷装置设计图纸等文件和资料，进行查询或者复制；

（二）要求被检查的单位或者个人就有关建筑物防雷装置的设计、安装、检测、验收和投入使用的情况作出说明；

（三）进入有关建筑物进行检查。

第二十八条 县级以上地方气象主管机构进行防雷装置设计审核和竣工验收监督检查时，有关单位和个人应当予以支持和配合，并提供工作方便，不得拒绝与阻碍依法执行公务。

第二十九条 从事防雷装置设计审核和竣工验收的监督检查人员应当经过培训，经考核合格后，方可从事监督检查工作。

第五章 罚 则

第三十条 申请单位隐瞒有关情况、提供虚假材料申请设计审核或者竣工验收许可的，有关气象主管机构不予受理或者不予行政许可，并给予警告。

第三十一条 申请单位以欺骗、贿赂等不正当手段通过设计审核或者竣工验收的，有关气象主管机构按照权限给予警告，撤销其许可证书，可以处1万元以上3万元以下罚款；构成犯罪的，依法追究刑事责任。

第三十二条 违反本规定，有下列行为之一的，由县级以上气象主管机构按照权限责令改正，给予警告，可以处5万元以上10万元以下罚款；给他人造成损失的，依法承担赔偿责任；构成犯罪的，依法追究刑事责任：

（一）涂改、伪造防雷装置设计审核和竣工验收有关材料或者文件的；

（二）向监督检查机构隐瞒有关情况、提供虚假材料或者拒绝提供反映其活动情况的真实材料的；

（三）防雷装置设计未经有关气象主管机构核准，擅自施工的；

（四）防雷装置竣工未经有关气象主管机构验收合格，擅自投入使用的。

第三十三条 县级以上地方气象主管机构在监督检查工作中发现违法行为构成犯罪的，应当移送有关机关，依法追究刑事责任；尚构不成犯罪的，应当依法给予行政处罚。

第三十四条 国家工作人员在防雷装置设计审核和竣工验收工作中由于玩忽职守，导致重大雷电灾害事故的，由所在单位依法给予行政处分；构成犯罪的，依法追究刑事责任。

第三十五条 违反本规定，导致雷击造成火灾、爆炸、人员伤亡以及国家或者他人财产重大损失的，由主管部门给予直接责任人行政处分；构成犯罪的，依法追究刑事责任。

第六章 附 则

第三十六条 各省、自治区、直辖市气象主管机构可以根据本规定制定实施细则，并报国务院气象主管机构备案。

第三十七条 本规定自2011年9月1日起施行。2005年4月1日中国气象局公布的《防雷装置设计审核和竣工验收规定》同时废止。

附：

《中华人民共和国行政许可法》有关条文

第三十二条　行政机关对申请人提出的行政许可申请，应当根据下列情况分别作出处理：

（一）申请事项依法不需要取得行政许可的，应当即时告知申请人不受理；

（二）申请事项依法不属于本行政机关职权范围的，应当即时作出不予受理的决定，并告知申请人向有关行政机关申请；

（三）申请材料存在可以当场更正的错误的，应当允许申请人当场更正；

（四）申请材料不齐全或者不符合法定形式的，应当当场或者在五日内一次告知申请人需要补正的全部内容，逾期不告知的，自收到申请材料之日起即为受理；

（五）申请事项属于本行政机关职权范围，申请材料齐全、符合法定形式，或者申请人按照本行政机关的要求提交全部补正申请材料的，应当受理行政许可申请。

行政机关受理或者不予受理行政许可申请，应当出具加盖本行政机关专用印章和注明日期的书面凭证。

附件附表：

1.《防雷装置设计审核申报表》（初步设计）

2.《防雷装置设计审核申报表》（施工图设计）

3.《防雷装置设计审核申请书》（初步设计＼施工图设计）

4.《防雷装置初步设计核准意见书》

5.《防雷装置设计审核资料补正通知》（初步设计）

6.《防雷装置设计审核资料补正通知》（施工图设计）

7.《防雷装置设计审核受理回执》（初步设计＼施工图设计）

8.《防雷装置设计核准意见书》

9.《防雷装置设计修改意见书》

10.《防雷装置竣工验收申请书》

11.《防雷装置竣工验收资料补正通知》

12.《防雷装置竣工验收受理回执》

13.《防雷装置验收意见书》

14.《防雷装置整改意见书》

附录 C 《防雷工程专业资质管理办法》

第一章 总 则

第一条 为了加强防雷工程专业资质管理，规范防雷工程专业设计和施工行为，维护国家利益，保护人民生命财产和公共安全，依据《中华人民共和国气象法》、《中华人民共和国行政许可法》和《气象灾害防御条例》等有关规定，制定本办法。

第二条 在中华人民共和国境内从事防雷工程专业设计或者施工的单位，应当按照本办法的规定申请防雷工程专业设计或者施工资质。经认定合格，取得《防雷工程专业设计资质证》或者《防雷工程专业施工资质证》后，方可在资质等级许可的范围内从事防雷工程专业设计或者施工。

第三条 防雷工程专业资质分为设计资质和施工资质两类，资质等级分为甲、乙、丙三级。

国务院气象主管机构负责全国防雷工程专业资质的管理工作，承担甲级防雷工程专业设计和施工资质的认定工作。省、自治区、直辖市气象主管机构负责本行政区域内防雷工程专业资质的管理工作，承担乙、丙级防雷工程专业设计和施工资质的认定工作。

第四条 甲级资质单位可以从事《建筑物防雷设计规范》规定的第一类、第二类、第三类防雷建筑物，以及各类场所和设施的防雷工程的设计或者施工。

乙级资质单位可以从事《建筑物防雷设计规范》规定的第二类、第三类防雷建筑物，以及各类场所和设施的防雷工程的设计或者施工。

丙级资质单位可以从事《建筑物防雷设计规范》规定的第三类防雷建筑物的防雷工程的设计或者施工。

不可移动文物防雷工程的设计或者施工应当由乙级以上资质单位承担。

第五条 《防雷工程专业设计资质证》和《防雷工程专业施工资质证》分正本和副本，由国务院气象主管机构统一印制。

第六条 防雷工程专业资质的认定应当遵循公开、公平、公正以及便民、高效和信赖保护的原则。

第七条 防雷产品生产、经销、研制单位不得申请防雷工程专业设计资质。

第二章 资质申请条件

第八条 申请防雷工程专业设计或者施工资质的单位必须具备以下基本条件：

（一）企业法人资格；

（二）有固定的办公场所和防雷工程专业设计或者施工的设备和设施；

（三）从事防雷工程专业的技术人员必须取得《防雷工程资格证书》；

（四）有防雷工程专业设计或者施工规范、标准等资料并具有档案保管条件；

（五）建立质量保证体系，具备安全生产基本条件和完善的规章制度。

第九条 申请甲级资质的单位除了符合本办法第八条的基本条件外，还应当同时符合以下条件：

（一）注册资本人民币一百五十万元以上；

（二）具有与承担业务相适应的防雷工程专业技术人员和辅助专业技术人员。取得《防雷工程资格证书》的专业技术人员中，三名以上具有防雷相关专业高级技术职称，六名以上具有防雷相关专业中级技术职称；

（三）近三年完成防雷工程总额不少于八百万元，所完成的综合防雷工程不少于二十个，每个工程额不低于三十万元，其中至少有一个工程额不低于一百五十万元；

（四）所承担的防雷工程，必须经过当地气象主管机构的设计审核和竣工验收；

（五）取得乙级资质三年以上，每年年检合格。

第十条　申请乙级资质的单位除了符合本办法第八条的基本条件外，还应当同时符合以下条件：

（一）注册资本人民币八十万元以上；

（二）具有与承担业务相适应的防雷工程专业技术人员和辅助专业技术人员。取得《防雷工程资格证书》的专业技术人员中，两名以上具有防雷相关专业高级技术职称，四名以上具有防雷相关专业中级技术职称；

（三）近三年内完成防雷工程总额不少于四百万元，所完成的综合防雷工程不少于二十个，每个工程额不低于十五万元，其中至少有两个工程额不低于五十万元；

（四）所承担的防雷工程，必须经过当地气象主管机构的设计审核和竣工验收；

（五）取得丙级资质一年以上，每年年检合格。

第十一条　申请丙级资质的单位除了符合第八条的基本条件外，还应当同时符合以下条件：

（一）注册资本人民币五十万元以上；

（二）具有与承担业务相适应的防雷工程专业技术人员和辅助专业技术人员。取得《防雷工程资格证书》的专业技术人员中，一名以上具有防雷相关专业高级技术职称，三名以上具有防雷相关专业中级技术职称。

第三章　资质申请与受理

第十二条　申请甲级资质的单位，应当向企业注册所在地的省、自治区、直辖市气象主管机构提出申请；申请乙、丙级资质的单位，应当向企业注册所在地的设区的市级气象主管机构提出申请。

甲级资质的受理时间为每年的九月，乙、丙级资质的受理时间为每年的三月和十一月。

第十三条　满足本办法第八条和第十一条相应条件的，可以申请防雷工程专业设计或者施工的丙级资质。申请单位应当提交以下书面材料：

（一）申请书；

（二）《防雷工程专业设计资质申请表》（附表 1）或者《防雷工程专业施工资质申请表》（附表 2）；

（三）《企业法人营业执照》、《税务登记证》（国税和地税）和《法人组织代码证》正、副本的原件及复印件；

（四）《专业技术人员简表》（附表 3），取得《防雷工程资格证书》的专业技术人员的高级、中级技术职称证书、身份证明、劳动合同、社会保险关系和《防雷工程资格证书》

的原件及复印件；

（五）企业质量管理手册和防雷工程质量管理手册；

（六）企业固定办公场所产权证明或租赁合同的原件及复印件；

（七）仪器、设备及相关设施清单。

第十四条 符合本办法第八条和第九条、第十条相应条件的，可以申请防雷工程专业设计或者施工的甲级或者乙级资质。申请单位除了提交本办法第十三条所规定的书面材料外，还应当提交以下书面材料：

（一）现有资质证书正、副本复印件；

（二）《已完成防雷工程项目表》（附表4）；

（三）三个以上防雷工程的用户使用证明；

（四）两个已完成的防雷工程全套技术资料；

（五）由气象主管机构发放的已完成防雷工程的设计审核、竣工验收等相关资料。

第十五条 气象主管机构应当在收到全部申请材料之日起五个工作日内，根据《中华人民共和国行政许可法》第三十二条的规定决定是否受理。

第四章 资质审查与评审

第十六条 省、自治区、直辖市气象主管机构负责组织对本行政区域内申请甲级资质的单位进行初审；设区的市级气象主管机构负责组织对本行政区域内申请乙、丙级资质的单位进行初审。主要审查申请单位提供的材料是否真实、完整，是否符合相应的资质条件。

初审合格的，在《防雷工程专业设计资质申请表》或者《防雷工程专业施工资质申请表》的"初审意见"栏内签署初审单位意见和加盖印章，并于受理之日起二十个工作日内将申请表及其他申报材料一同报上一级气象主管机构。初审不合格的，由初审单位出具书面凭证，退回申请单位，并说明理由。

第十七条 甲级资质由国务院气象主管机构委托防雷工程专业甲级资质评审委员会组织评审，评审结果报国务院气象主管机构。国务院气象主管机构应当在收到评审结果后二十个工作日内作出认定。认定通过的，颁发《防雷工程专业设计资质证》或者《防雷工程专业施工资质证》。

乙、丙级资质由省、自治区、直辖市气象主管机构委托防雷工程专业乙、丙级资质评审委员会组织评审，评审结果报省、自治区、直辖市气象主管机构。省、自治区、直辖市气象主管机构应当在收到评审结果后二十个工作日内作出认定，认定通过后报国务院气象主管机构备案，并颁发《防雷工程专业设计资质证》或者《防雷工程专业施工资质证》。

未通过认定的，在认定决定作出后十个工作日内由认定机构出具书面凭证，退回原申请单位，并说明理由。

第十八条 防雷工程专业甲级资质评审委员会的人员组成由国务院气象主管机构确定；防雷工程专业乙、丙级资质评审委员会的人员组成由省、自治区、直辖市气象主管机构确定，并报国务院气象主管机构备案。

防雷工程专业资质评审委员会在评审前，可以根据工作需要指派两名以上工作人员到申请单位进行现场核查；评审时以投票方式进行表决，并提出评审意见。

第五章 监 督 管 理

第十九条 省、自治区、直辖市气象主管机构对防雷工程专业设计和施工资质实行年检制度。年检不符合要求的,限期整改。整改后仍不符合要求的,年检为不合格。年检不合格的,降低等级或者注销资质。

在规定的年检时间内没有参加年检的,其资质证书自动失效,且一年内不得重新申请资质。

第二十条 防雷工程专业设计和施工资质的有效期为三年。在有效期满三个月前,申请单位应当向原认定机构提出延续申请。原认定机构根据年检记录及资质申请条件,在有效期满前一个月内作出准予延续、降低等级或者注销的决定。逾期未提出延续申请的,资质证书自动失效,且一年内不得重新申请资质。

第二十一条 取得资质的单位在资质证书有效期内名称、地址、注册资本、法定代表人等发生变更的,应当在工商行政管理部门批准后三十个工作日内,向原认定机构办理资质证变更手续。

取得资质的单位发生合并、重组、分立以及工商注册地跨省、自治区、直辖市变更的,应当按照本办法规定的程序及时向所在地的省、自治区、直辖市气象主管机构申请核定资质。

企业合并的,合并后存续或者新设立的企业可以承继合并前各方中较高等级的资质;企业分立、重组的,分立、重组后的企业资质等级根据实际达到的资质条件重新核定;企业跨省、自治区、直辖市变更工商注册地的,经原认定机构同意后,由新注册所在地的省、自治区、直辖市气象主管机构核定资质。

第二十二条 取得资质的单位,应当按照资质等级承担相应防雷工程专业设计或者施工。禁止无资质证或者超出资质等级承接防雷工程专业设计和施工,禁止将防雷工程转包或者违法分包。

取得《防雷工程资格证》的专业技术人员,不得同时在两个以上防雷工程专业资质单位兼职执业。

第二十三条 取得资质的单位,需要承接本省、自治区、直辖市行政区域外防雷工程的,应当到工程所在地的省、自治区、直辖市气象主管机构备案,并接受当地气象主管机构的监督管理。

第二十四条 任何单位不得以欺骗、弄虚作假等手段取得资质,不得伪造、涂改、出租、出借、挂靠、转让《防雷工程专业设计资质证》或者《防雷工程专业施工资质证》。

第二十五条 国务院气象主管机构负责对省、自治区、直辖市气象主管机构的资质认定工作进行监督检查。

省、自治区、直辖市气象主管机构负责对从事防雷工程专业设计和施工的单位进行监督检查,并定期将监督检查情况和处理结果予以记录、归档,向社会公告。

第六章 罚 则

第二十六条 申请单位隐瞒有关情况、提供虚假材料申请资质认定的,有关气象主管机构不予受理或者不予行政许可,并给予警告。申请单位在一年内不得再次申请资质认定。

第二十七条 被许可单位以欺骗、贿赂等不正当手段取得资质的,有关气象主管机构按照权限给予警告,撤销其资质证书,可以处 1 万元以上 3 万元以下罚款;被许可单位在三年内不得再次申请资质认定;构成犯罪的,依法追究刑事责任。

第二十八条 违反本办法规定,有下列行为之一的,由县级以上气象主管机构按照权限责令改正,给予警告,可以处 5 万元以上 10 万元以下罚款;有违法所得的,没收违法所得;给他人造成损失的,依法承担赔偿责任;构成犯罪的,依法追究刑事责任:

(一)伪造、涂改、出租、出借、挂靠、转让防雷工程专业设计或者施工资质证书的;

(二)向负责监督检查的机构隐瞒有关情况、提供虚假材料或者拒绝提供反映其活动情况的真实材料的;

(三)未取得资质证书或者资质证书已失效,承接防雷工程的;

(四)超出资质等级或者未经备案承接本省、自治区、直辖市行政区域外防雷工程的;

(五)防雷工程资质单位承接工程后转包或者违法分包的;

(六)其他违法行为。

第二十九条 国家工作人员在防雷工程专业设计和施工资质的认定和管理工作中玩忽职守、滥用职权、徇私舞弊的,依法给予行政处分;构成犯罪的,依法追究刑事责任。

第七章 附 则

第三十条 各省、自治区、直辖市气象主管机构可以根据本办法制定实施细则,并报国务院气象主管机构备案。

第三十一条 本办法自 2011 年 9 月 1 日起施行。2005 年 4 月 1 日中国气象局公布的《防雷工程专业资质管理办法》同时废止。

附:

《中华人民共和国行政许可法》有关条文

第三十二条 行政机关对申请人提出的行政许可申请,应当根据下列情况分别作出处理:

(一)申请事项依法不需要取得行政许可的,应当即时告知申请人不受理;

(二)申请事项依法不属于本行政机关职权范围的,应当即时作出不予受理的决定,并告知申请人向有关行政机关申请;

(三)申请材料存在可以当场更正的错误的,应当允许申请人当场更正;

(四)申请材料不齐全或者不符合法定形式的,应当当场或者在五日内一次告知申请人需要补正的全部内容,逾期不告知的,自收到申请材料之日起即为受理;

(五)申请事项属于本行政机关职权范围,申请材料齐全、符合法定形式,或者申请人按照本行政机关的要求提交全部补正申请材料的,应当受理行政许可申请。

行政机关受理或者不予受理行政许可申请,应当出具加盖本行政机关专用印章和注明日期的书面凭证。

附表见附件:

1.《防雷工程专业设计资质申请表》

2.《防雷工程专业施工资质申请表》

3.《专业技术人员简表》

4.《已完成防雷工程项目表》

参 考 文 献

[1] 中国机械工业联合会. GB 50057—2010 建筑物防雷设计规范 [S]. 北京：中国计划出版社，2011.

[2] 中国建筑标准设计研究院等. GB 50343—2012 建筑物电子信息系统防雷技术规范 [S]. 北京：中国建筑工业出版社，2012.

[3] 清华大学物理系等 GB/T 19271. 1—2003 雷电电磁脉冲的防护 第 1 部分：通则 [S]. 北京：国家质量监督检验检疫总局，2003.

[4] 电力工业部电力科学研究院高压研究所. DL/T 620—1997 交流电气装置的过电压保护和绝缘配合 [S]. 北京：中国电力出版社，1997.

[5] 电力工业部电力科学研究院高压研究所. DL/T 621—1997 交流电气装置的接地 [S]. 北京：中国电力出版社，1997.

[6] 中国石化工程建设公司 SH/T 3164—2012 石油化工仪表系统防雷工程设计规范 [S]. 北京：中国石化出版社，2013.

[7] 中华人民共和国水利部 GB/T 50265—2010 泵站设计规范 [S]. 北京：中国计划出版社，2011.

[8] CJ/T XXXX. 1—200X 城市公用事业自动化系统工程技术规范第 7 部分：城市给排水厂站自动化系统（讨论稿）

[9] 南通五建建筑工程有限公司等. GB 50601—2010 建筑物防雷工程施工与质量验收规范 [S]. 北京：中国计划出版社，2010.

[10] 广东省防雷中心. QX/T 106—2009 防雷装置设计技术评价规范 [S]. 北京：气象出版社，2009.

[11] 上海气象局等. GB/T 21431—2008 建筑物防雷装置检测技术规范 [S]. 北京：中国标准出版社，2008.

[12] 湖北省质量技术监督局. DB42/T 510—2008 建筑物防雷装置跟踪检测技术规范 [S]. 北京：中国标准出版社，2008.

[13] 中南建筑设计院. 99D501—1、99（03D501—1）、99（07）D501—1. 建筑物防雷设施安装（含 2003、2007 年局部修改版）[S]. 北京：中国计划出版社，2007.

[14] 中国航空工业规划设计研究院 D501—1～4. 防雷与接地安装（2003 年合订本）[S]. 北京：中国计划出版社，2007.

[15] 李景禄等. 现代防雷技术 [M]. 北京：中国水利水电出版社，2009.

[16] 李祥超，姜翠宏，赵学余. 防雷工程设计与实践 [M]. 北京：气象出版社，2010.

[17] 任元会等. 工业与民用设计手册（第三版）[M]. 北京：中国电力出版社，2005.

[18] 崔福义，彭永臻，南军. 给排水工程仪表与控制（第二版）[M]. 北京：中国建筑工业出版社，2006.

[19] 刘兴顺等. 建筑物电子信息系统防雷技术设计手册 [M]. 北京：中国建筑工业出版社，2005.

[20] 中国市政工程中南设计研究院. 给水排水设计手册（第 8 册）电气与自控（第二版）[M]. 北京：中国建筑工业出版社，2002.

[21] 郭建林等. 建筑电气设计计算手册（第三分册）防雷与消防系统 [M]. 北京：中国电力出版社，2011.

[22] 国家发展和改革委员会固定资产投资司，中国机电设备招标中心. 招标投标概论（一）[M]. 北

京：中国经济出版社，2004.

[23] Martin A. Uman. 防雷技术与科学 [M]. 北京：气象出版社，2011.

[24] 李维红，陈尚德，李韦霖. 防雷工程预算研究 第七届中国国际防雷论坛论文摘编 2008-12.

[25] 周亚，王学玲. 农村配电变压器防雷接地的探讨 [J]. 农村电气化，2008（7）.

[26] 黄仁康，黄智丰. 大型泵站高压直配电机防雷设计与应用 [J]. 排灌机械，2004（4）.

[27] 高建文，李全景，杨东亮等. 共用接地系统的技术要求 [J]. 现代农业科技，2010（15）.

[28] 潘挺，林升亮，叶绍文. 低压配电系统中电涌保护器的选择及安装 [J]. 建筑电气资讯，2009（9）.

图书在版编目(CIP)数据

供排水系统防雷技术/吴春富,黄剑,杨悦新编
著. —北京:中国建筑工业出版社,2013.11
ISBN 978-7-112-15957-4

Ⅰ.①供… Ⅱ.①吴… ②黄… ③杨… Ⅲ.①给
排水系统-防雷设施 Ⅳ.①TU991

中国版本图书馆 CIP 数据核字(2013)第 237342 号

防雷技术属于电子类学科的雷电防护专业,与气象学科关系密切。本书秉承
行业细分模式,探讨水务行业内雷电防护的相关问题,力求内容全面、具体、有
针对性和可操作性。为供排水系统的防雷设计、施工、工程验收提供技术参考,
为供排水企业防雷设施的运行维护、安全管理,以及为防雷工程立项整改提供参
考依据。

责任编辑:于 莉 田启铭
责任设计:董建平
责任校对:姜小莲 党 蕾

供排水系统防雷技术
吴春富 黄 剑 杨悦新 编著
*
中国建筑工业出版社出版、发行(北京西郊百万庄)
各地新华书店、建筑书店经销
北京科地亚盟排版公司制版
北京中科印刷有限公司印刷
*
开本:787×1092毫米 1/16 印张:14½ 字数:355千字
2014年2月第一版 2014年2月第一次印刷
定价:**49.00**元
ISBN 978-7-112-15957-4
(24720)